对地观测传感网信息服务的模型与方法

Model and Method of
Earth Observation Sensor Web Service

陈能成 陈泽强 何杰 闵敏 著

武汉大学出版社

图书在版编目(CIP)数据

对地观测传感网信息服务的模型与方法/陈能成,陈泽强,何杰,闵敏著.—武汉:武汉大学出版社,2013.1
ISBN 978-7-307-10237-8

Ⅰ.对… Ⅱ.①陈… ②陈… ③何… ④闵… Ⅲ.地球观测—空间大地测量—传感器—网络服务—研究 Ⅳ.①P228 ②TP212

中国版本图书馆 CIP 数据核字(2012)第 253874 号

责任编辑:谢文涛　　责任校对:黄添生　　版式设计:马　佳

出版发行:武汉大学出版社　(430072　武昌　珞珈山)
(电子邮件:cbs22@whu.edu.cn 网址:www.wdp.com.cn)
印刷:武汉中远印务有限公司
开本:787×1092　1/16　印张:19.5　字数:459 千字　插页:2
版次:2013 年 1 月第 1 版　　2013 年 1 月第 1 次印刷
ISBN 978-7-307-10237-8/P·206　　定价:39.00 元

版权所有,不得翻印;凡购买我社的图书,如有质量问题,请与当地图书销售部门联系调换。

陈能成，1974年生，武汉大学博士，美国乔治梅森大学博士后，武汉大学珞珈特聘教授、博士生导师，教育部新世纪优秀人才获得者，湖北省自然科学基金创新群体、教育部创新团队和国家自然科学基金创新群体骨干成员。1997、2000、2003年分别获工学学士（武汉测绘科技大学大地测量专业）、硕士（武汉测绘科技大学地图学与地理信息系统）和博士（武汉大学摄影测量与遥感专业）学位；2000年留校任教，2004年晋升副教授，2008年破格晋升教授。担任SCAR-AGI（国际南极科学考察委员会地理信息工作组）专家组成员，IEEE Geoscience and Remote Sensing、武汉大学学报.信息科学版与极地研究等杂志的审稿人和国家863、国家自然科学基金与湖北省学位论文网评专家。主持了国家重点基础研究973计划课题、国家自然科学基金项目、国家863计划项目等在内的多项研究课题，参与了美国宇航局、开放地理信息联盟和国家863重大重点等项目。长期从事网络地理信息系统与服务的理论方法、技术攻关及平台研发，目前主要研究兴趣为传感网、模型网和智慧城市。在国内外重要刊物和国际会议上发表了100余篇学术论文，三大检索60余篇，出版了专著《网络地理信息系统的方法与实践》。研究成果获2008年国际科技研发奖、2005年国家科技进步二等奖、2004年湖北省科技进步一等奖和2003年测绘科技进步一等奖等。

序

随着传感器、通信技术和3S技术的飞速发展，使得信息服务从原来的在线服务逐渐发展为目前的即时服务。对地观测传感网是传感器网络、遥感、互联网、地理信息系统及服务计算技术相结合的产物。

本书作者从2006年起在美国乔治梅森大学空间信息科学与研究中心师从美国地理信息标准委员主席狄黎平教授开始研究对地观测传感网，参与了美国宇航局对地观测传感网研究计划，作为主要成员构建了"Sensor Web 2.0"系统，获得了2008年国际科技研发创新奖（R&D Top 100 Award）。2008年回国后，在武汉大学测绘遥感信息工程国家重点实验室创建了对地观测传感网研究小组（http：//swe.whu.edu.cn/），先后获得了国家863计划项目、国家973计划和国家自然科学基金等项目的支持，开发了传感器建模与可视化软件SensorModel和对地观测传感网信息服务平台GeoSensor。

在这本著作中，作者阐述了对地观测传感网信息服务的国内外进展、概念与特征、体系架构、关键技术、软件平台和典型应用，主要提出了虚拟传感网与决策支持系统耦合的自适应观测数据服务模型、数据与传感器的网络化规划服务、可扩展的传感器观测服务、对地观测数据服务搜索、多版本地球空间信息服务统一访问、传感网信息服务协同和组合等理论与方法，以对地观测传感网信息服务平台GeoSensor为基础，结合鸟类迁徙、视频变化检测和洪水检测为例，介绍了典型应用。

本书是作者多年来长期从事对地观测传感网的理论方法、体系结构、平台研发的结晶，具有较高的理论高度和实用价值。阅读本书，计算机科学的读者可以了解对地观测传感网的需求及其进展，地球空间信息科学的读者可以了解计算机和通信技术的知识，应用开发人员可以了解对地观测传感网信息服务的软件体系结构和接口协议。

随着Web3.0、下一代互联网、云计算和传感网技术的发展，智慧地球和智慧城市的问世，对地观测传感网信息服务呈现出虚拟化、智能化、普适化和主动化等特点，并朝着空天地集成化的协同观测、高效处理和聚焦服务发展。目前，空天地集成化的对地观测传感网及其各种应用已经成为国际研究的热门问题。祝愿作者的研究更上一层楼，做出更大的成就！

2012/8/1

前　言

对地观测传感网是对地观测的"物联网",它是将具有感知、计算和通信能力的传感器以及传感器网络与万维网相结合而产生的,具备大规模网络化观测、分布式信息高效融合和实时信息服务的能力。自从 2003 年第一个卫星传感网原型系统的实现,激发了将对地观测传感器与地理信息系统无缝连接的发展,无论是"智慧地球"、"智慧城市"、"智慧流域"的建设,或是个人的"智慧出行",都离不开对地观测传感网技术的支持。

本书作者从 2006 年开始,系统地开展了对地观测传感网信息服务的理论方法、体系框架、平台开发和应用案例的研究。本书从对地观测传感网信息服务的国内外研究进展出发,阐述了传感器网络和对地观测传感网的概念,概括了对地观测传感网的三层架构和八大特征;在对地观测传感网的服务模型上,提出了耦合决策模型和虚拟传感网的自适应观测数据服务模型,包含 5 个核心部件、4 个信息模型和编码规范、3 种服务模式和 4 种接口协议;围绕网络环境下对地观测传感器和数据的发现、注册、规划、访问、处理、组合和协同等科学问题,提出了数据与传感器规划服务、柔性对地观测数据服务、遥感观测服务快速注册、基于本体推理和能力匹配的开放地理信息服务发现、基于片段和语义模式匹配的多版本地理信息服务统一访问、基于云架构的传感网数据处理服务、知识驱动的传感网服务链构建等,系统地构建了对地观测传感网即时服务方法体系;在对地观测传感网信息服务软件平台上,介绍了 GeoSensor 的体系结构、技术特点和主要功能,剖析了基于传感网服务的鸟类迁徙、视频变化检测、洪水检测和制图应用案例;最后阐述了对地观测传感网服务虚拟化、智能化、普适化和主动化等发展趋势,并论述了对地观测传感网分布式融合和对地观测语义传感网的挑战。

本书的研究成果,获得了国家 973 项目《空天地一体化对地观测传感网的理论与方法》(2011CB707101)、教育部新世纪优秀人才项目《地理空间传感网资源动态管理与布局优化的理论与方法》(NCET-11-0394)、国家自然科学基金面上项目《地学工作流驱动的传感网即时协同制图方法》(41171315)、国家 863 项目《基于虚拟传感网的自适应观测服务技术及原型研制》(2007AA12Z230)、国家自然科学基金创新群体项目《多传感器对地观测网络数据精确处理与空间信息智能服务》(41021061)等科研项目的资助,作者对以上各方面的支持表示热忱的感谢!

作者所在的武汉大学"智慧地球"研究团队,由年轻而富于朝气的青年教师、博士生和硕士生组成,先后培养了 20 余名研究生。在国内外公开发表了相关学术论文 90 余篇,其中,被 SCI、EI 检索收录 65 篇次。可以这样说,《对地观测传感网信息服务的模型与方法》一书是整个研究团队集体智慧的结晶和辛勤劳动的成果。

作者衷心感谢中国科学院院士龚健雅教授多年来对学生的关爱和扶持,感谢他亲自为本书作序。时光如梭，记得15年前的夏天，我有幸成为我国第一批特聘教授、跨世纪学科带头人龚健雅院士的学生，从此我的学习与生活揭开了崭新的一页。导师认真刻苦的工作态度、严谨的学风和团队合作的理念，是我学习的楷模。

中国工程院院士、中国科学院院士、国际摄影测量与遥感专家和地理信息科学权威李德仁教授长期以来对本方向的研究给予了莫大的关怀和照顾，在此表示衷心的感谢。

还要感谢武汉大学出版社，特别是王金龙先生的大力支持。他们的艰辛劳动，促成了本书的顺利出版。

本书的完成，狄黎平教授、王伟教授、乐鹏教授、卜方玲副教授、严颂华副教授、王超博士、王泉博士、陈旭博士、喻歌农博士、赵霈生博士、陈爱军博士、白玉琪博士等也起到了重要的作用；国家科技部、国家自然科学基金委、教育部等提供了支持与帮助。在此，一并表示衷心的感谢！

感谢家人，正是他们多年的支持、理解与宽容才使我完成了本书！

感谢所有支持作者从事对地观测传感网研究与开发的个人与单位！

由于作者水平有限，书中难免存在不足和疏漏之处，敬请广大读者批评和指正。

陈能成

2012年8月1日于武汉

目 录

第1章 绪论 1
1.1 传感器 1
1.2 传感器网络(sensor Network) 2
1.2.1 典型架构技术 3
1.2.2 典型服务模式 4
1.2.3 相关标准与技术规范 4
1.2.4 国内外相关应用案例 5
1.3 传感网(Sensor Web) 5
1.3.1 美国宇航局传感网(NASA Sensor Web) 5
1.3.2 开放地理信息联盟传感网(OGC Sensor Web) 9
1.4 对地观测传感网(Earth Observation Sensor Web) 13
1.5 本书的内容和组织结构 16

第2章 自适应观测数据服务模型 18
2.1 对地观测数据服务模式 18
2.1.1 基于目录导航的数据下载模式 18
2.1.2 基于元数据的查询与预订模式 18
2.1.3 观测数据开放式服务模式 18
2.1.4 观测数据即时服务模式 20
2.2 自适应观测数据服务模型 21
2.2.1 核心部件 22
2.2.2 信息模型 25
2.2.3 服务模式 35
2.2.4 接口协议 36

第3章 数据和传感器规划服务 57
3.1 传感器规划服务 57
3.1.1 概述 57
3.1.2 操作 59
3.1.3 交互流程 60
3.1.4 实现情况 61

3.2 数据和传感器规划服务的设计与实现 ………………………………… 63
   3.2.1 DSPS 的体系架构 ………………………………………………… 63
   3.2.2 DSPS 的交互设计 ………………………………………………… 64
   3.2.3 DSPS 的实现 ……………………………………………………… 66
3.3 DSPS 关键技术 …………………………………………………………… 68
   3.3.1 基于资源适配器的规划服务中间件 …………………………… 68
   3.3.2 基于消息通知机制的任务调度机制 …………………………… 71
   3.3.3 基于抽象工厂类的多模式消息适配器 ………………………… 71
   3.3.4 基于插件机制的客户端适配器组件 …………………………… 73
3.4 DSPS 与 SGP4 的连接 …………………………………………………… 74
   3.4.1 传感器资源配置文件 …………………………………………… 74
   3.4.2 传感器实例的实现 ……………………………………………… 76
   3.4.3 结果 ……………………………………………………………… 77
3.5 DSPS 与 ECHO 的连接 ………………………………………………… 78
   3.5.1 传感器资源配置文件 …………………………………………… 79
   3.5.2 传感器实例的实现 ……………………………………………… 81
   3.5.3 结果 ……………………………………………………………… 82

第4章 多用途传感器观测服务 ………………………………………… 84
4.1 传感器观测服务 ………………………………………………………… 84
   4.1.1 交互序列 ………………………………………………………… 85
   4.1.2 已有实现 ………………………………………………………… 89
4.2 多源异构传感器观测服务 ……………………………………………… 90
   4.2.1 多用途服务体系结构 …………………………………………… 90
   4.2.2 多用途服务的交互设计 ………………………………………… 91
   4.2.3 多用途服务的实现 ……………………………………………… 92
   4.2.4 传感器观测服务实验 …………………………………………… 98
4.3 传感器观测服务注册 …………………………………………………… 102
   4.3.1 注册体系 ………………………………………………………… 102
   4.3.2 注册流程 ………………………………………………………… 104
   4.3.3 实例研究：EO-1 SOS 的注册 ………………………………… 106

第5章 地理信息服务搜索 ……………………………………………… 109
5.1 空间信息搜索 …………………………………………………………… 109
5.2 搜索引擎 ………………………………………………………………… 111
   5.2.1 Lucene 的工作原理 …………………………………………… 111
   5.2.2 Hadoop 的基本原理 …………………………………………… 113
   5.2.3 Nutch 的工作原理 ……………………………………………… 114

5.3 本体 ··· 115
 5.3.1 本体的构建 ··· 116
 5.3.2 本体网络语言 ·· 118
5.4 基于本体的地理信息服务搜索 ··· 121
 5.4.1 高精度服务搜索体系结构 ··· 121
 5.4.2 基于能力匹配的服务发现 ··· 122
 5.4.3 OWS 本体的创建与注册 ·· 124
5.5 地理信息服务搜索实验 ·· 128
 5.5.1 地理信息服务搜索部署 ·· 128
 5.5.2 地理信息服务本体创建与注册 ··· 133
 5.5.3 地理信息服务查询 ·· 134

第6章 地理信息服务统一访问 ·· 138
6.1 地理信息服务访问 ·· 138
6.2 基于片段的模式匹配方法 ··· 140
 6.2.1 体系结构 ·· 140
 6.2.2 方法实现 ·· 142
 6.2.3 方法实验 ·· 151
6.3 基于语义的模式匹配方法 ··· 160
 6.3.1 体系结构 ·· 160
 6.3.2 方法实现 ·· 161
 6.3.3 方法实验 ·· 166
6.4 动态信息提取方法 ·· 168
 6.4.1 信息提取和转换基本原理 ··· 169
 6.4.2 信息提取和转换规则生成 ··· 169
 6.4.3 网络服务模式信息提取和转换实验 ··· 171
6.5 多版本网络服务统一访问原型系统实现 ··· 174
 6.5.1 系统设计考虑 ·· 174
 6.5.2 总体架构 ·· 174
 6.5.3 系统部件 ·· 175
 6.5.4 系统主要功能 ·· 176
6.6 南极空间数据基础设施集成应用 ··· 183
 6.6.1 南极空间数据基础设施 ·· 183
 6.6.2 南极空间服务和数据注册 ··· 183
 6.6.3 南极空间服务统一访问 ·· 184
 6.6.4 实例 ·· 186

第7章 传感网数据处理服务 ·· 188
7.1 地理空间数据网络处理 ·· 188

7.2 传感网数据处理服务模型 ………………………………………………………… 189
7.3 网络处理服务分类 ……………………………………………………………… 191
  7.3.1 空间处理 …………………………………………………………………… 191
  7.3.2 专题处理 …………………………………………………………………… 192
  7.3.3 时间处理 …………………………………………………………………… 193
  7.3.4 元数据处理 ………………………………………………………………… 193
7.4 基于云计算的网络处理服务 …………………………………………………… 194
  7.4.1 Apache Hadoop 简介 ……………………………………………………… 194
  7.4.2 云计算环境下 WPS 的设计和实现 ………………………………………… 195
7.5 基于网络处理服务的 NDVI 计算 ……………………………………………… 198

第 8 章 协同和事件通知服务 …………………………………………………………… 202
8.1 Web 服务异步传输机制 ………………………………………………………… 202
  8.1.1 Web 服务异步传输协议 …………………………………………………… 202
  8.1.2 异步调用模式 ……………………………………………………………… 203
  8.1.3 基于 SOAP 应用的异步服务的实现技术 ………………………………… 207
8.2 OGC 异步服务传输机制 ………………………………………………………… 207
  8.2.1 OGC OWS 服务的消息通信机制 ………………………………………… 207
  8.2.2 OGC OWS 异步服务调用模式 …………………………………………… 209
  8.2.3 OGC 消息通知服务 ………………………………………………………… 209
8.3 基于消息通知的 OGC 网络服务异步操作 …………………………………… 212

第 9 章 传感网服务组合 ………………………………………………………………… 215
9.1 工作流 …………………………………………………………………………… 215
9.2 地理信息服务链 ………………………………………………………………… 218
9.3 传感网空间信息服务链 ………………………………………………………… 220
  9.3.1 抽象工作流 ………………………………………………………………… 221
  9.3.2 具体工作流 ………………………………………………………………… 223
  9.3.3 实现 ………………………………………………………………………… 224
9.4 基于传感网工作流的野火热点探测实验 ……………………………………… 226
  9.4.1 GPW 原型 ………………………………………………………………… 226
  9.4.2 野火灾害应急响应系统的使用 …………………………………………… 227
  9.4.3 EO-1 实时 Hyperion 数据火点分类服务 ………………………………… 227

第 10 章 传感网信息服务平台——GeoSensor ………………………………………… 230
10.1 GeoSensor 系统简介 …………………………………………………………… 230
  10.1.1 GeoSensor 服务端 ………………………………………………………… 230
  10.1.2 GeoSensor 客户端 ………………………………………………………… 231

10.2 技术特点……………………………………………………………………………………231
  10.2.1 跨平台的部署……………………………………………………………………231
  10.2.2 开放的地图服务…………………………………………………………………232
  10.2.3 多类型可扩展的传感器服务……………………………………………………232
10.3 功能简介……………………………………………………………………………………232
  10.3.1 传感器服务功能…………………………………………………………………232
  10.3.2 网络地图服务功能………………………………………………………………232
  10.3.3 网络数据处理服务功能…………………………………………………………232
  10.3.4 客户端的基本功能………………………………………………………………232
10.4 使用示例……………………………………………………………………………………233
  10.4.1 传感器观测服务操作……………………………………………………………233
  10.4.2 传感器规划服务操作……………………………………………………………242
  10.4.3 网络覆盖服务……………………………………………………………………246
  10.4.4 网络地图服务……………………………………………………………………248
  10.4.5 网络处理服务操作………………………………………………………………251

第11章 系统用例

11.1 基于传感网服务的鸟类迁徙………………………………………………………………253
  11.1.1 鸟类迁徙模型与数据服务系统互操作框架……………………………………255
  11.1.2 数据服务工作流…………………………………………………………………257
  11.1.3 模型状态流………………………………………………………………………262
11.2 基于传感网服务的视频变化检测实验……………………………………………………263
  11.2.1 基于传感网服务的视频变化检测框架…………………………………………264
  11.2.2 实时变化检测实现………………………………………………………………265
  11.2.3 结果………………………………………………………………………………266
11.3 基于传感网服务的洪水检测与制图………………………………………………………272
  11.3.1 方法………………………………………………………………………………273
  11.3.2 泰国洪水检测与制图实验及结果………………………………………………279

第12章 总结和展望

12.1 全书总结……………………………………………………………………………………281
12.2 发展趋势……………………………………………………………………………………283
  12.2.1 对地观测传感网服务……………………………………………………………284
  12.2.2 对地观测传感网融合……………………………………………………………286
  12.2.3 对地观测语义传感网……………………………………………………………287

参考文献…………………………………………………………………………………………290

第1章 绪　　论

　　计算机、通信、微电子和传感器等技术的快速发展，传感器、互联网和地理信息的不断融合，对地观测数据的获取、存储、表达、处理和应用已经开始发生巨大的变化。1999年8月30日发行的《商业周刊》杂志上描述21世纪的21项新概念时，（Neil Gross，1999）对未来的观测系统做出了预测，称之为"地球的电子表皮"，并描述为："在下一个世纪，地球将披上一层电子表皮。它将以网际网络为骨架，并传达感知。这层电子表皮由上百万个电子传感器组成，包括温度计、压力计、空气污染探测器、照相机、麦克风、葡萄糖感测器、心电图感测器、脑波感测器等。这些电子传感器无时无刻地观察并监控城市、濒临绝种的动物、大气层、船舶、高速公路上的交通、载货卡车、人类的日常对话、身体状况，甚至是我们的梦。"李德仁于2005年提出了广义空间信息网格的概念和框架，指出智能传感器网络将实现地理信息系统和传感器的无缝连接。自然杂志发表封面论文（Butler, 2006）《2020 Vision: Everywhere, Everything》指出，传感网（Sensor Webs）是2020年的计算远景，它将首次实现大规模实时获取与处理现实世界的数据，是一个触及现实世界的信息科学，将是下一个科技前沿。

1.1　传感器

　　传感器是获取自然和社会生活各种信息的主要途径与手段，它已经被广泛应用于工业生产、太空探索、海洋探测、环境保护、资源调查、医学诊断、生物工程、文物保护等活动，传感器技术在发展经济、推动社会进步方面具有重要作用。传感器是一种能把物理量或化学量转变成便于利用的电信号的器件。国际电工委员会（International Electrotechnical Committee，IEC）的定义是："传感器是测量系统中的一种前置部件，它将输入变量转换成可供测量的信号"。我国国家标准（GB7665-1987）中将传感器（Transducer/Sensor）定义为："能够感受规定的被测量并按照一定的规律转换成可用输出信号的器件或装置，通常由敏感元件和转换元件组成"。

　　传感器种类繁多，不同领域分类不尽相同。例如，按工作机理，可分为物理、化学、生物等类型；按构成原理，可分为结构与物性两大类型；按能量模式，可分为能量控制和能量转换两种类型；按用途，可分为如位移、压力、振动、温度等类型；按信号输出模式，可分为模拟和数字两种类型；按转换过程，可分为双向和单向等；按感测距离，可分为原位（in-situ）和远程（remote）传感器；根据是否真实存在于物理世界而分为现实和虚拟传感器。目前，在人们的日常生活中各种传感器已经无处不在。随着科技的不断发展，传感器未来的发展将趋向更小、更轻、更省电、更低成本，应用范围也将更广泛。

1.2 传感器网络 (Sensor Network)

随着网络通信技术的发展，出现了各种网络通信技术和协议（如微波通信、卫星通信等），使得科学家不需要实地到传感器所在监测站点去获取数据，而是通过网络通信技术就可以实时获取部署在地球任何角落的传感器的数据。

传感器网络（Sensor Network）便是指这样一组通过网络基础设施相互连接的传感器，它既可指人们通常所说的无线传感器网络（Wireless Sensor Network，WSN），也可以是指一组网络连接的气象站点，一组网络连接的摄像头，甚至是一组小卫星等。（Akyildiz 等，2002）曾经定义传感器网络为一组由计算机网络连接起来的用于协作监测某种现象的传感器节点。如图 1-1 所示，每个传感器节点的硬件构成大体包含四大组成部分：感知、处理器、无线通信和能量单元。除了传感器节点外，传感器网络通常还包括汇聚节点和管理节点。大量的传感器节点随机部署在监测区域内部或附近，能够通过自组织方式构成网络。监测数据沿传感器节点逐跳传输，在传输过程中监测的数据可能被多个节点处理，经过多条路由后到达汇聚节点，最后通过互联网或卫星通信网到达管理节点。用户通过管理节点对传感器网络进行配置和管理，发布监测任务以及收集监测数据。传感器网络（Tilak 等，2002）具有可靠、精确、灵活性、低成本、高效率、部署方便等特点，这使得传感器网络具有广泛的应用领域，可以实现各种环境下的可靠监测、信息采集和融合处理。

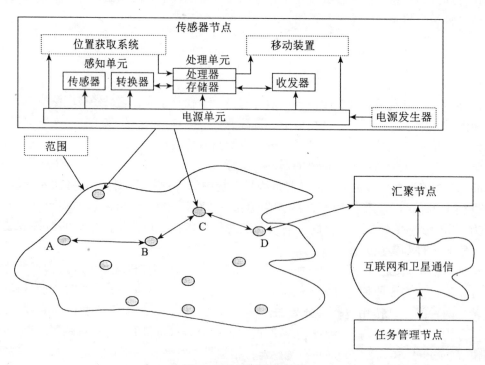

图 1-1 传感器网络结构

无线传感器网络是目前发展最快的一种传感器网络，它有助于更准确、灵活地从远程位置监测和控制各种观测现象。因此，甚至有人将无线传感器网络等同于传感器网络。如今，国内外对无线传感器网络的研究已经涉及各个应用领域，并取得极大进展（Yuen等，2006）。基于 WSN 的地基观测系统是由部署在监测区域内的具有传感、数据处理和短距离无线通信功能的传感器节点通过自组织方式形成的多跳网络。其目的是利用传感器节点对特定感知对象的信息进行数据采集及处理，并且通过多跳网络进行传输，以协同工作方式完成监测任务（David 等，2004，Philippe 等，2001）。无线传感器网络技术提供的时间连续性数据极大丰富了对地观测数据，（宫鹏，2007）认为地面观测传感器网络是空天地一体化的对地感知网服务系统的重要组成部分，其对地学研究的作用类似于遥感，但是它更侧重于用地面传感器网络技术获得在地面不同空间结构位置上的参数信息。

1.2.1 典型架构技术

目前无线传感器网络采用的典型体系架构主要有：EYES 工程移动传感器网络架构（Havinga 等，2003）和 EASINET 网络架构（Yao 等，2002）。

EYES 工程是一个为期 3 年（2002—2005）的欧洲研究项目（IST-2001-34734），它是一个自组织和协作的节能传感器网络，实现了分布式信息处理、无线通信和移动计算的集成。该工程的目的是开发新的传感器网络体系架构和相关技术，实现新型传感器的高效组网。EYES 工程通过提供一个灵活的平台，支持了大规模的移动传感器网络应用。在 EYES 架构中，定义了两个关键的抽象系统层：传感器和组网层、分布式服务层。①传感器和组网层：该层包括传感器节点和网络协议。自适应的路径定位协议允许消息通过多种传感器节点传递，同时顾及到节点的移动性和拓扑结构的动态变化。因为传感器节点的能源供应有限，通信协议必须高效节能。②分布式服务层：分布式服务层是支持移动传感器应用的分布式服务，分布式服务互相协同以实现分布式服务。这些分布式服务器具有高可用性，分布式服务主要包含两种类型：查询服务、信息服务（支持大数据量的获取、处理、分发和应用）。

EASINET 网络架构认为基于无线传感器网络的观测系统是一个非常复杂的系统应用，它涉及前端器件、设备、系统以及网络服务。EASINET 将观测系统按照四个层次建立了模型，包括感知层、传输层、支撑层和应用层。①感知层：感知层主要通过各种类型的传感器对物质属性、环境状态行为态势等静、动态的信息进行大规模、分布式的信息获取与状态辨识，针对具体感知任务对多类型、多角度、多尺度的信息进行在线计算，并与网络中的其他单元共享资源进行交互与信息传输。②传输层：传输层的主要功能是直接与现有的互联网、移动通信网、无线接入网、无线局域网或者卫星网等基础网络设施进行接入和传输。③支撑层：支撑层是在高性能计算技术的支撑下，将网络内大量的信息资源通过计算整合成一个可以互联互通的大型智能网络，为上层服务管理和大规模行业应用建立起一个高效、可靠和可信的支撑技术平台。通过能力强大的中心计算及存储机群和智能信息处理技术，对网络内的海量信息进行实时的高速处理，对数据进行智能化的挖掘、管理、控制和存储。④应用层：应用层根据用户的需求可以构建面向各类行业实际应用的管理平台和运行平台，并根据各种应用的特点集成相关的内容服务。EASINET 各层次间既相互独立又紧密联系。为了实现整体系统的优化功能服务于某一具体应用，各层间资源需要协同分配与共享。

1.2.2 典型服务模式

无线传感器网络作为一个分布式观测系统，能够提供标准化服务、适应资源和应用需求动态变化的自适应策略和机制，无线传感器网络包括以下四种典型服务模式：

（1）基于数据库启发的方法：把整个网络看做一个分布式数据库，用户使用类似SQL的查询命令获取所需的数据，查询通过网络分发到各个节点，节点判定感知数据是否满足查询条件，决定数据的发送与否，典型系统有COUGAR（Yao等，2002）和TinyDB（Madden等，2005）。

（2）基于元组空间的方法：元组空间就是一个共享存储模型，数据被表示为基本数据结构——元组，通过对元组的读、写和移动实现进程的协同，典型系统有TinyLinme（Carlo等，2005）。此方法非常适合具有移动特性的服务，并具有很好的扩展性，缺点是其实现对系统资源要求也相对较高。

（3）基于事件驱动的方法：基于事件通知的通信模式，通常采用发布/订阅机制，可提供异步的、多对多的通信模式，典型系统有DSWare（Li等，2005；Di，2007），它是一个位于应用层和网络层之间的数据服务中间件，为应用提供数据服务的抽象。事件驱动的方法有许多的优点，例如支持局部决策、分布式存储共享等，缺点在于对异构和移动传感器网络支持不足。

（4）基于服务发现的方法：根据网络环境的变化而被动作出反应，如网络拓扑、节点功能等发生变化时，调整某些参数，来满足一定的服务质量（Quality of Service，QoS）需求，典型系统有TinyCubus（David等，2004）。这类系统具有良好的自适应性，但异构性、通用性和移动性支持仍需进一步加强。

1.2.3 相关标准与技术规范

随着无线传感器网络应用的不断拓展，迄今为止，无线传感器网络的标准化工作受到了许多国家及国际标准组织的重点关注，已经完成了一系列标准规范的制定，其中最出名的就是IEEE 802.15.4/ZigBee规范。IEEE 802.15.4定义了短距离无线通信的物理层及链路层规范，ZigBee则定义了网络互联、传输和应用规范。此外，针对特定行业的IEEE1451标准族提供了一套通用的接口访问无线或有线传感器。IEEE1451标准族（Kang，2000）是智能传感器接口标准，它描述了一系列开放、通用、协议无关的通信接口用于连接传感器或执行器到微处理器、仪器系统、控制/现场网络。这些标准的主要特点是定义了传感器电子数据表格（TEDS）。TEDS是一个连接传感器的存储设备，用以存储传感器识别、标定、校正数据、测量范围和有关的生产信息等。

中国的传感器网络标准化工作于2006年底启动，2007年底经国家标准化管理委员会批准，组建了传感器网络标准化工作组。该工作组已主持完成我国的传感器网络6项标准征求意见稿（徐勇军等，2008），包括：《总则》、《术语》、《低速无线传感器网络网络层和应用支持子层技术规范》、《信号接口规范》、《信息安全通用技术规范》、《标识传感节点编码规范》。另外，该工作组提交给 ISO/IECJTC1（ISO/IEC 信息技术委员会）的一项关于"传感器网络信息处理服务和接口规范"的国际标准提案 ISO/IECJTC1N9940 已通过新工作项目（NP）投票。

1.2.4 国内外相关应用案例

美国加州大学伯克利分校利用传感器网络（Alan 等，2002）监控大鸭岛（Great Duck Island）的生态环境，在岛上部署 30 个传感器节点，传感器节点采用 Mica mote 节点，包括监测环境所需的温度、光强、湿度、大气压力等多种传感器。系统采用分簇的网络结构，传感器节点采集的环境参数传输到网关，然后通过传输网络、基站、Internet 网络传输数据到数据库中，用户或管理员可以通过 Internet 远程访问监测区域。哈佛大学 Matt welsh 等人将传感器网络应用于火山的监测（Geoffrey 等，2006），他们分别于 2004 年和 2005 年对厄瓜多尔的 Tungurahua 和 Reventodaor 两座火山进行监测。该网络由 16 个传感器节点组成，每个传感器间隔 200~400 米不等。在 19 天的观测中，网络观测到 230 次喷发和其他事件。美国加利福尼亚州索诺马县应用 WSN 研究红木树林的现状（Gilman 等，2005），每个传感器节点用于测量空气温度、相对湿度以及光合有效辐射作用，在树的不同高度放置节点，生物学家可以追踪红木树林小气候的空间渐变情况，从而验证其生物学理论。

国内近年来使用传感器网络开展对地观测的应用也日益增多。在 2008 年汶川大地震后形成的唐家山堰塞湖的处置过程中，中科院上海微系统与信息技术研究所快速架设的"堰塞湖远程宽带视频监视系统"用于应急管理，提供实时监控（http://ch.undp.org.cn/downloads/cpr/2.pdf）。北京师范大学项目组研制的"极端环境无线传感器网络观测平台"在南极成功安装，可以观测垂直剖面 9 层雪温、雪表面湿度、光照、大气压、雪深等参数（http://polar.chinare.cn/times/4431.html?projid=755）。Liu Yunhao 等在浙江天目山建立了多达 1000 个传感器节点的"绿野千传 GreenOrbs"观测系统，GreenOrbs 可以实现准确和经济的大片森林郁闭度测量，另外，GreenOrbs 还可以通过对温度、湿度和风力等环境关键因素的观测，进行准确火灾风险评估。

1.3 传感网（Sensor Web）

1.3.1 美国宇航局传感网（NASA Sensor Web）

传感网这一概念起源于喷气推进实验室开始的传感网原型系统，用于从无线传感器网络的单纯监控扩展到周围环境的智能感知与控制。Delin 等的定义为"传感网是由一组空间分散的无线通信传感器节点组成的系统，这些传感器节点易于部署于新环境进行监测和探测。每个节点都包括与环境交互进行数据采集的变换器模块和进行通信的通信模块"。传感网区别于传感器网络（Delin 和 Jackson，2001）的独特性在于一个传感器节点获取的信息可以被其他节点共享和使用，并且还会根据网络中其他传感器的各种测量行为来进行自我调整以适应整个感测环境。

Talabac 认为传感网就是一个带感知节点的分布式系统，这些节点由通信网络连接并整合为一个独立的、高度协作的虚拟系统。它可以自主进行监测，并通过修改观测状态优化返回科学信息的方式来对各种事件、观测以及其他源于各种感知节点的信息作出反应动作。

NASA 先进信息系统技术组（Advanced Information Systems Technology（AIST），2005）报告中提出"传感网是一个智能的整合性观测网络，这个网络由分散的传感器构成，监测点包括从地球表面到地球内部空间，其目的在于为用户提供实时的、基于需求的数据和分析。由传感网产生的观测可以被用于各种决策支持。"

AIST 组在 2003—2007 年期间开展了卫星传感网 1.0 的实验。如图 1-2 所示。

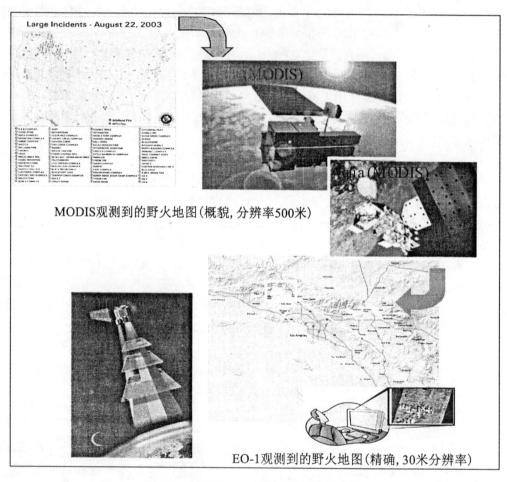

图 1-2　NASA Sensor Web 1.0 观测示意图

2003 年 8 月 22 日在南加州发生了野火事件，野火管理局通过 MODIS 卫星观测到了野火发生的地面分辨率为 500 米的分布图，根据野火的火点位置，调用 EO-1 高光谱卫星，获得了 30 米分辨率的野火地图，进行决策使用。这样的观测与处理流程，通过如图 1-3

所示的面向服务的体系框架来完成。在卫星数据节点中，部署了 EO-1 的卫星规划服务（EO-1 SPS）和观测数据服务（EO-1 SOS）；在数据处理节点中，部署了网络坐标转换服务（WCTS）、网络覆盖服务（WCS）、网络处理服务（WPS）；所有的服务都注册到网络目录服务（CSW），并且通过工作流引擎（BPELPower）进行串联；客户端实现了三种方式的数据获取。

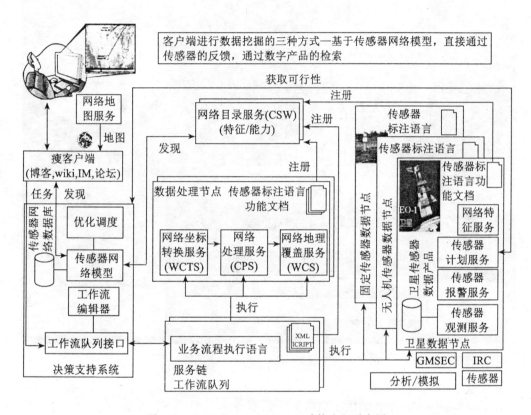

图 1-3 NASA Sensor Web 1.0 功能流程示意图

AIST 的重新定义为："传感网是由分布式观测单元组成的协同观测系统，那些分散的资源整合起来作为一个独立的、自主的、任务可定制的、动态适应并可重新配置的观测系统，该系统通过标准的服务接口来提供原始观测数据、经处理后的数据和与这些数据相关的元数据。"这个定义开始强调为了进一步获取观测传感器之间的反馈性，并且提出了基于面向服务（SOA）架构的太空观测概念和实施计划，主要关注于地质、生态和天气预测三种应用场景。

AIST 在 2007 年夏季开展了卫星传感网 2.0 的计划，联合使用 MODIS 陆地卫星、DMSP 气象卫星、EO-1 高光谱卫星、Ikhana 无人机和地面传感器进行南加州森林野火监测与救援。如图 1-4 所示，美国国家野火监测中心（NIFC）根据突发野火报告（ICS 209）对全国范围内的突发野火进行优先级排序；根据优先级对野火区域利用 MODIS 卫星进行跟踪和火点检测；根据检测点的位置，利用美国国防部气象卫星 DMSP 进行火点区域的云预测；根据火点位置和云覆盖情况，调用 EO-1 卫星进行野火精确跟踪与烧伤评估；根据评估报告，调用 Ikhana 无人机进行灭火和航拍，同时采用地面观测设备进行真实性验证。

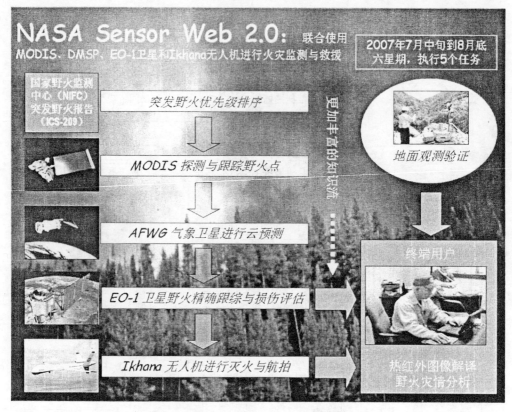

图1-4 NASA Sensor Web 2.0 观测示意图

在卫星传感网2.0中，采用了面向资源的服务体系架构（ROA）和多种工作流协同技术，其主要功能是协同两个星期中五个复杂任务的传感器规划、观测、数据获取、数据处理和模型操作，用于森林野火的监测与救援。功能流程如图1-5所示，包含任务请求客户端、工作流协同服务、目录服务、传感器服务工作流、数据处理服务工作流、火灾热点探测与毁伤评估工作流、模型耦合工作流和结果显示客户端七个主要部分。传感器工作流完成卫星传感器的规划和数据获取任务，它是基于 XPDL（XML Process Definition Language）的工作流；数据处理服务工作流主要完成数据的预处理和坐标转化等网络处理服务，它是基于 BPEL（Business Process Execution Language）的工作流；热点探测与毁伤评估工作流是基于 BPEL 的工作流，主要完成基于 EO-1 Hyperion 高光谱观测数据的野火热点提取（110、150、210、213 4个波段）和毁损区域的提取（32个波段的数据）；模型耦合工作流是基于 SensorML 过程链的工作流，实现气象模型和火灾扩散模型的耦合。

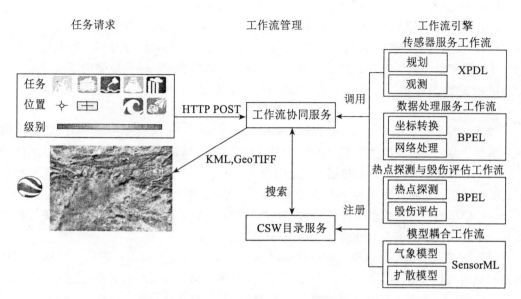

图 1-5 NASA Sensor Web 2.0 功能流程示意图

1.3.2 开放地理信息联盟传感网（OGC Sensor Web）

1999 年以来，OGC 和 ISO 一直在致力于传感网标准和协议的研究。如图 1-6 所示，OGC 认为，传感网是沟通决策支持系统、模型和异构传感器之间的桥梁，负责传感器的发现、注册、访问、控制、警告、过滤。OGC 传感网（Sensor Web Enablement，SWE）已制订了 9 个标准规范，包含 4 个信息模型和 5 个服务实现规范。

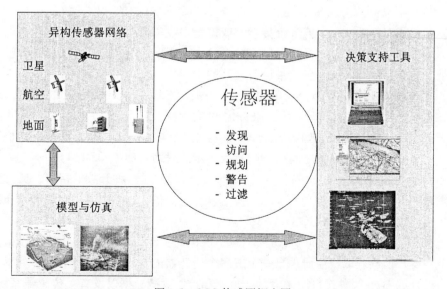

图 1-6 OGC 传感网概念图

1.4 个信息模型

(1) 通用数据模型（SWE Common Data Model）：定义了底层数据模型，用来形式化表达 SWE 实现框架中的传感器及其观测相关的数据。这些模型允许用户和/或服务器用一种自我描述和语义激活的方式组织、编码和传输传感器数据集。通用数据模型被用来定义传感器相关数据的表达、性质、结构和编码，应用于其他信息模型和服务实现规范（OGC 08-094r1）。

(2) 传感器建模语言（Sensor Model Language, SensorML）：它是一个基于 XML 编码的传感器观测系统公共描述框架。提供 XML 标准模式来描述传感器，包括传感器系统的几何、动态、观测特征值以及传感器指派任务的参数，用于发现、检索和控制基于网络分布式的传感器。它将成为《栅格与影像数据的传感器模型》ISO 19130 标准的应用模式。基于过程模型的方式可以表达任何物理观测过程和逻辑处理算法，从而有助于传感器观测与数据处理过程的演算与理解（OGC 07-000）。

(3) 观测和测量编码标准（Observation & Measurement, O&M）：它是一个基于 XML 编码的观测与测量描述公共框架。定义了观测与量测术语及其之间的关系，通过建立观测模型与采样要素模型，以用户为出发点，强调了语义的感兴趣要素与属性。该标准框架可以提高观测数据的发现、实时获取以及存档的能力（OGC 10-025r1）。

(4) 事件模式建模语言（Event Pattern and Model Language, EML）：它是用来描述事件和事件处理模式，从而进行复合事件处理和事件流处理。在 EML 里引入事件，事件流，事件云的概念，将事件处理分为简单模式，复杂模式，时间模式，重复性模式。通过这种事件处理，得到更高等级的事件，并将原始事件储存到因果向量里。EML 避免了简单、浅层意义的事件处理，融入了深层次、高效、便捷的事件处理，在 SES 中事件过滤等级三中重要地位（OGC 08-132）。

2. 五个信息服务规范

(1) 传感器规划服务（Sensor Planning Service, SPS）：是一种开放的接口，通过这个服务，客户能够判断从一个或多个传感器或模型中收集数据的可行性或向传感器提交收集数据的请求和配置处理。该标准提供 Web 服务接口用来请示基于用户驱动的观测数据。该标准是客户端与传感器等信息收集设备交互的中间代理（OGC 09-000）。

(2) Web 通知服务（Web Notification Service, WNS）：是一种开放的接口，通过这个服务，客户能够在一个或多个其他服务之间执行同步或异步的对话。它提供标准的 Web 服务接口用来为其他服务如 SPS、SAS 等建立一个异步通信机制，通过这种机制，客户能够在一个或多个其他服务之间执行同步或异步的对话（OGC 05-114）。

(3) 传感器警告服务（Sensor Alter Service, SAS）：是一种开放的接口，通过这个服务能够发布和订阅传感器或仿真系统的预警信息。它提供让传感器节点宣告和发布观测资料与背景描述资料的平台（OGC 06-028r3）。

(4) 传感器观测服务（Sensor Observation Service, SOS）：是一种开放的接口，通过这个服务，客户能够获取或注册来自一个或多个传感器的观测、传感器和平台的描述。该服务提供标准的 Web 服务接口用来请示、过滤和检索观测数据以及有关传感器系统信息。该标准是客户端与观测数据存储仓库交互的中间代理（OGC 06-009r6）。

(5) 传感器事件服务 (Sensor Event Service, SES): 提供了一系列的 API 用来管理事件订阅和消息发送,包括用户定义订阅事件,将传感器信息注册到 SES 中,传感器将数据发布到 SES 中并过滤,SES 向数据消费者发送通知。在 SES 中数据过滤中,包括三种过滤等级,三种过滤等级分别产生不同等级的数据或事件,然后按用户订阅中的规则来判断,然后触发相应的机制,向用户发送消息,指导用户做出合适决策 (OGC 08-133)。

3. 三种信息服务流程

(1) 传感器观测服务流程: 如图 1-7 所示,传感器被注册到 SOS,并将观测结果也发布到 SOS 或插入 SOS 数据库,被注册/发布的传感器与观测可能通过 SOS 服务获取到。为了保证被发现,将通过用传感器建模语言 (SensorML) 描述的传感器与 SOS 服务注册到目录服务。右下角的用户可以通过目录服务接口,发送搜索请求,然后目录服务响应出一个能满足搜索需求的 SOS 服务列表。最终,用户绑定到 SOS,并取回基于观测与测量 (O&M) 编码的观测数据。

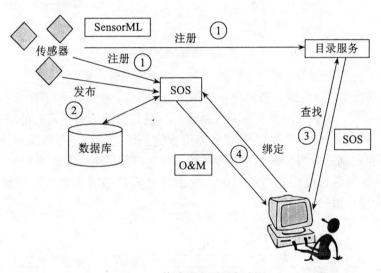

图 1-7 传感器观测服务流程

(2) 传感器规划-观测服务流程: 如图 1-8 所示,该流程稍比图 1-7 流程复杂。此时,目录服务不再直接根据用户的请求而响应 SOS 实例。用户通过 SPS 服务对要指派的传感器根据需求进行任务定制,然后目录服务就提供 SPS 服务的链接。其中 SPS 与传感器间的通信相对于用户来说是透明的。假设一颗卫星要进行红外传感,须要重新经过调整才能观测到需要的地理位置,这样的指派任务需要耗费一定时间,此时对于图 1-7 流程来说,用户就会在完全不知原因的情况下进行等待。但对于图 1-8 流程而言,当传感器观测到符合需求的场景时,传感器将其观测到的数据存入数据库并链接到 SOS 服务。此时 SPS 通过 WNS 通知用户数据已经可以进行获取。因此,该服务流程的优势在于 SPS 能即时响应任务请求,结合 WNS 可以实现异步通信机制。

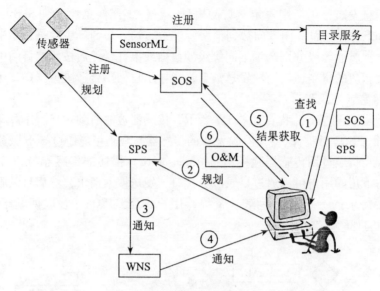

图 1-8　传感器规划-观测服务流程

（3）传感器规划—观测—警告服务流程：通常会面临并不是所有的数据都是我们需要或感兴趣的情景，因此，需要有一种机制来对其进行过滤，将不需要的服务/数据过滤掉。如图 1-9 所示，在传感器规划-观测服务流程的基础上，用户可以从网络目录服务中预订 SAS，并接收到适合的 SAS 信息。传感器不停地将观测结果发送到 SAS，其中 SAS 根据阈值条件对数据进行过滤，当过滤后的数据符合用户的需求时，以预警的形式通过 WNS 将结果传递给用户。

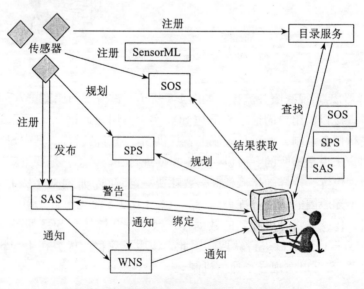

图 1-9　传感器规划—观测—警告服务流程

1.4 对地观测传感网（Earth Observation Sensor Web）

对地观测传感网（Earth Observation Sensor Web）就是执行地球观测任务的集成化观测网，又可称为（地理）空间传感网（GeoSpatial Sensor Web），它是对地观测传感器与传感器网络与互联网结合的信息系统。对地观测传感网的发展与全球对地观测集成系统（GEOSS——Global Earth Observing System of Systems）以及美国国家科学基金会（National Science Foundation，NSF）资助建立的国家级电子基础设施计划（CyberInfrastructure，CI）密切相关。

GEOSS 的十年执行计划目标是准备在现有的对地观测基础框架上建立的分布式系统，该体系结构模型将在现有系统基础上逐步建立一套由分布式系统构成的系统，每个系统将包括一个观测组件，一个数据处理和存档组件以及一个数据交换和分发组件。CI 则提出了一种宽广的整合性技术以支持逐渐复杂的大尺度合作性科学议题，它支持先进的、基于因特网的数据获取、存储、管理、集成、挖掘、可视化以及其他计算和信息处理服务。在科学应用上，CI 是一种有效的技术解决方案，可以将数据、计算机和人三者结合起来，从而获得先进的科学理论和知识。同时，CI 也包括了计算机操作、设备维护、软件开发、标准和规范制定，以及提供安全和用户支持等其他关键服务的技术人员和组织机构。

在这两大背景下发展起来的对地观测传感网，其目标就是利用传感网这种新数据采集、查询、处理方法和系统来进行基于应用和科学目的的环境事件的地球感知，从而促进基于空间的地球科学研究和应用。它具有传感网的所有特性，所有的传感器资源都是以 Web 为中心的，无论是现实的传感器还是以传感器标准接口提供数据和信息的数据系统或仿真模型，都可以成为网络上可访问的真实传感器或虚拟传感器。所有的地球观测数据和信息资源都可以统一在 Web 服务架构下，所有的传感器都可以通过标准服务接口进行访问。因此，对地观测传感网可以极大提高地球观测资源的使用性、互操作性、灵活性以及共享性。

对地观测传感网不仅仅包括可网络获取的传感器和无线通信基础设施，还包括构筑在两者基础之上的面向领域的各种应用。对地观测传感网从下至上分为如图 1-10 所示的 3 层：传感器层、通信层，以及信息层。

图 1-10 对地观测传感网层次结构

传感器层是对地观测传感网的基础。该层包括各种类型的传感器。这些异构传感器可以部署于任意空间位置，通过与物理世界观测对象之间的各种交互来采集所需的观测数据。目前，已经有多于 100 种物理、化学和生物属性可以通过地球观测传感器进行观测。

通信层控制着数据或命令在传感器层内部和信息层内部以及两层之间的传输。它应该包括各种媒介、协议、拓扑关系等。该层可以是因特网、卫星、手机或基于无线通信的网络等。该层配置受特定空间环境研究的需要和限制的影响。

信息层是对地观测传感网的核心，它通过各种基于标准接口的 Web 服务来存储、分发、交换、管理、显示和分析各种感知资源，感知资源包括传感器，传感器位置，传感器实时、近实时或存档测量，对传感器的命令和控制，以及与用户应用相关的传感器测量和其他信息科学模型。传感网的信息层随数据传输和访问命令、数据使用和数据用户的不同而存在巨大差异性和多样性。互操作性是感知网信息层的关键。用户应该可以无缝访问和使用传感网异构感知资源，支持不同来源的数据进行合并和整合。这三层密切相关，由下至上共同构成了对地观测传感网。

我们认为，对地观测传感网（Earth Observation Sensor Webs）是一体化全球对地观测集成系统（GEOSS）的核心，体现了智慧地球（Smart Planet）的理念，它具有全面的事件感知能力、强大的协同观测能力、高效的数据处理能力和智能的决策支持能力，具有以下三大内涵。

（1）从系统科学角度出发，它是集成化的协同感知网（Sensing Web）。对地观测传感网将各种传感器资源组成对地观测传感网，可以形成一个自组织的动态协同观测系统，每个传感器节点都具有独立的事件感知和观测能力，为了某种观测目标，所有节点又可以动态地整合起来作为一个整体，形成全局观测系统，有效地解决目前观测平台间传感器、数据、信息不能互补的瓶颈问题，实现自主的、任务可定制的、动态适应并可重新配置的观测系统。它作为一种新型观测模式能够动态组织多种观测资源，隔离具体观测平台、地面处理系统和决策支持系统之间的紧密依赖关系，实现灵性的可伸缩观测系统架构，从而灵活构建满足多种应用需求的观测网络环境，提高观测资源的使用效率，发挥观测资源的聚焦效能，并为用户提供个性化和普适化的观测资源使用环境。

（2）从计算角度而言，它是网络化的服务网（Service Web）。传感网目前的定义虽然比以往更强调以网络为中心，并包含了传感数据和信息，但是并没有包括虚拟的传感器。而从计算角度看，虚拟传感器和真实存在的物理传感器并没有任何差别。因此，从计算角度出发，根据面向服务的构架和 Web 服务环境，传感网可以定义为"一组遵循特定传感器行为和接口规范的互操作的 Web 服务"。从这个意义上，任何包含算法或仿真模型的Web 服务都可以成为传感网里的一个传感器，只要这个 Web 服务遵循了标准规范接口和操作。这样的传感器可以称为虚拟传感器。并且从这个定义角度出发，我们可以根据遵循的规范来划分不同的传感网。例如，遵循了 OGC SWE 规范的可以被称为 OGC 传感网，而遵循了 IEEE 规范的则被称为 IEEE 传感网。根据这种定义，所有 Web 服务的特性对于互联网使能的传感器都适用，例如动态性、灵活性、即插即用、自描述和可扩展等。同时，该定义表明每个互联网使能的传感器产生的数据和信息都是可以共享的，并且传感网服务也是可以进行相互链接的。

（3）从应用角度而言，它是可互操作的模型网（Model Web）。对地观测传感网可以认为是沟通"异构传感器系统"、"模型与仿真"和"决策支持系统"之间的桥梁，它能提供传感器、观测和模型的标准化描述，为多粒度、不对称、高动态复杂网络环境下多用户任务和可变传感器资源提供一致性理解，为综合定量应用模型的建立与精化、应用模型驱动与优化观测奠定基础。

从以上对地观测传感网的描述，可以看出对地观测传感网定义随着人们认识的深入以及应用范围的扩展而不断进化。目前对地观测传感网定义都开始明确以万维网为中心，其特征包含了以下八个方面：

（1）网络传感器类型多样化。随着传感器技术的发展，目前出现的传感器类型多种多样，无论是空中的远程传感器（如卫星、太空船、无人机等），位于地面的各种原位传感器（如温度传感器、湿度传感器、摄像头等），还是水下传感器；无论是真实存在的各种传感器还是各种具有传感器行为的计算机仿真系统等虚拟传感器等，都可以通过万维网进行访问。

（2）传感网资源具有共享性。对地观测传感网是一个分布式的开放式系统，支持各种服务和资源共享。

（3）传感网服务具有互操作性。通过各种标准化行为和接口可以对 Web 上各种传感器资源（数据、模型、分析）和服务进行共享性访问。数据和信息的无缝传输，应用的相互调用，有助于完成逻辑上统一的任务。传感网的一个节点可以与其他传感网节点交换信息并进行交互。这包括：在传感网内整合地面和空间装置并实现这些装置之间的实时交互。此外，传感网也是 Internet 的一部分，支持实时信息查询。这要求传感网支持以数据为中心的路由和内部网络处理。

（4）传感网具有动态实时性。传感网可以通过动态的任务定制来请求访问目标观测，能够实时获取数据和信息服务。这改变了过去空间观测数据的静态性特点，尤其适合与一些与时间紧密相关的事件观测。例如，对于森林火灾、海啸地震等具有时间连续性的灾害性事件跟踪观测。

（5）传感网具有自治性。具有通过自治性操作和动态的重配置进行适应性反馈的能力。传感网不仅可以接受外部人类用户的命令和配置，而且自身具有自治性特点。当传感器节点失效、增加、或链接可靠性发生变化时，可以根据情况不断动态调整操作行为和传感器节点配置从而促使观测满足需求。

（6）传感网具有可扩展性。每个传感器节点都是一个相对独立的小系统，但又可以通过各种标准接口进行整合，成为一个更大的系统，发挥更大的功能以共同实现特定的观测需求，并且能够容纳以后新出现的具有一致标准接口的传感器节点，从而进一步扩大传感网。

（7）传感网具有灵活性。首先，每个传感器的空间部署位置十分灵活。各种真实或虚拟的传感器可以根据观测的需求灵活的部署于任意空间，这使得观测覆盖范围较之以前大大增加，极大拓展了人类的空间访问能力，尤其是一些以前人类难以到达的地点。其次，每个传感器节点都具有即插即用性，整个传感网中可以根据用户需求调整传感器节点间的不同组合以完成不同的任务。

（8）传感网系统具有智能性。它可以根据当前网络状况、环境状况以及科学目标等任务需要不断优化网络拓扑、网络带宽、电能消耗、数据优先性等资源的使用。这是传感网与一般的数据采集系统最重要的区别：传感网不仅仅具有采集数据的功能，其采集的数据是应基于用户需求的，甚至是根据需求进行处理后的数据。因此，其智能性体现为：①基于对各种现状（网络状况、环境状况等）的充分了解，优化资源配置；②根据预先定义的任务需要和科学目标优化数据流；③通过网络内部的处理产生满足用户需要的答案而不是简单返回原始观测数据。

总而言之，对地观测传感网可以更加充分合理地利用观测资源，满足日益多样的观测需求，使人们能够透明、高效、可定制地使用观测资源，从而真正实现网络环境下多传感器资源的动态管理、事件智能感知、多平台系统耦合、和空间信息实时服务，从已有的地球空间信息（4A—Anytime, Anywhere, Anything and Anyone）服务转变为灵性（4R—Right Time, Right Information, Right Place and Right Person）服务。

1.5 本书的内容和组织结构

第1章为绪论。主要介绍了传感器、传感器网络、无线传感器网络的概念，重点阐述了传感网研究进展，分析了对地观测传感网的3种内涵和8大特征，在此基础上阐述了本书的主要内容组织。

第2章为自适应观测数据服务模型。在阐述对地观测数据服务模式演化的基础上，提出了自适应观测数据服务模型，包含双向循环、3种数据流程、4个信息模型、5个服务部件和11个接口协议。

第3章为数据和传感器规划服务。在介绍开放地理信息联盟传感器规划服务接口规范的基础上，针对物理传感器和数据预订系统的规划需求，阐述了数据和传感器规划服务（DSPS）的技术路线、设计考虑和关键技术，针对典型的数据预订系统 NASA ECHO 和卫星轨道仿真系统 NOARD SGP4 进行了实验。

第4章为多用途传感器观测服务。在介绍传感器观测服务接口规范的基础上，针对传感器网络的多样性、数据存储的异构性和用户需求的不确定性等特点，提出了多用途传感器观测服务的体系框架、部件组成、交互机制。在此基础上，利用网络目录服务（CSW）和传感器观测服务（SOS）实现了传感器和观测数据的注册。最后采用 EO-1 SOS 和 LAITS CSW 进行了验证。

第5章为开放式地理信息服务搜索。首先介绍了空间信息搜索的概念、搜索引擎和本体的研究现状；其次从高精度开放式地理信息服务搜索体系结构、基于能力匹配的开放式地理信息服务发现、OWS本体的创建与注册出发，阐述了基于能力匹配和本体推理的地理信息服务搜索基本方法；最后以开源搜索引擎（Nutch）为实验平台，以网络地图服务（WMS）为例进行了验证。

第6章为开放地理信息服务统一访问。首先介绍了开放地理信息服务访问的三种模式；其次，针对开放地理信息服务模式版本多和语义不一致问题，提出了基于片断模式匹配和基于节点语义的模式匹配方法；再次，阐述了基于模式样式模板的开放地理信息服务信息提取方法；最后，以南极空间数据基础设施（AntSDI）多版本地理信息服务的集成为例进行了验证。

第7章为传感网数据处理服务。首先介绍了地理空间数据网络处理的特点，阐述了

OGC 网络处理服务（WPS）及其实现；其次提出了传感网数据处理服务模型和介绍了网络处理服务分类；再次，基于 Apache Hadoop 阐述了云计算环境下 WPS 的设计和实现；最后，以 NDVI 的计算为例进行了验证。

第 8 章为协同和事件通知服务。介绍了异步 Web 服务的调用模式以及目前常见的传输协议，在此基础介绍了实现异步 Web 服务的通用方法，针对目前 OGC Web 服务的通信机制，基于 OGC SWE 中的异步通信服务，提出了一种基于异步消息通知扩展的 OGC 服务方法。

第 9 章为传感网服务组合。阐述了工作流的定义和发展历程、地理信息服务链的定义和实现方式，提出了传感网地理空间过程建模的生命周期和主要部件，以野火热点探测为例，阐述了基于 BPEL 的传感网服务工作流的构建和执行。

第 10 章为传感网信息服务平台。从体系结构、技术特点、功能简介和客户端应用示例等方面阐述了自主研发的传感网信息服务平台——GeoSensor。

第 11 章为传感网信息服务典型应用实例。阐述了传感网信息服务技术在鸟类迁徙、视频变化检测和洪水检测与制图中的应用。

第 12 章为全文总结与展望。阐述了本书的主要贡献和空天地集成的一体化对地观测传感网的机遇与挑战。

第2章 自适应观测数据服务模型

2.1 对地观测数据服务模式

为了处理、存储、管理和分发对地观测数据，许多国家投入巨资开发地球观测服务数据和信息系统。目前，观测数据服务体系可以概括为四种模式：基于目录导航的原始数据下载、基于元数据的查询与预订、开放式观测数据服务和即时观测数据服务。

2.1.1 基于目录导航的数据下载模式

观测数据服务最原始的一种方式，仅仅将观测数据文件从服务器端下载到客户端进行保存，服务器机器和客户机机器对数据不做任何处理。在提供数据服务以前，位于服务器上的数据预处理软件系统对本地的观测数据进行操作，将操作结果数据形成数据文件，即磁盘数据集，保存在服务器机器的磁盘上，并且形成编目数据库，编目数据库以网页链接的方式提供在线的导航和下载。这种数据文件可以是 HDF、NETCDF、GeoTIFF 等格式。典型的系统有：MODIS 的地面产品分发应用系统。

2.1.2 基于元数据的查询与预订模式

通过标准的元数据库，根据关键字和时空条件进行查询，获得查询结果集，在此基础上生成用户订单，服务系统生成数据集产品后分发给用户。元数据查询是一个基本的数据库查找应用，具备简单的空间查询功能。每个可用的数据集合由记录来描述，元数据记录包含一套事先定义好的字段，描述用户可能感兴趣的各种数据集合的特征。通常的元数据字段内容有主题事物（如陆地、海洋、雪冰、天气等），空间参考（如坐标系和投影等），物理文件格式，信息源和信息的准确性，空间范围（如被数据覆盖的地理区域）和分辨率（如空间分辨率、光谱分辨率）等。典型的系统：NASA 的 EODIS（针对不同用户开发的用于地球观测数据的获取、存档、管理和分发的网络信息系统，它是全球变化数据和信息系统-GCDIS 的一部分，在美国本土包含 9 个数据中心，如图 2-1 所示）。

2.1.3 观测数据开放式服务模式

通过 Web 目录服务构建数据集和服务的目录管理系统，通过 Web 要素服务提供要素（如点、线、面、体等几何观测量）数据服务，通过 Web 覆盖服务提供覆盖（如数字高程模型、陆地覆盖等观测量）数据服务。典型的系统有：LAITS 的 GeoBrain（如图 2-2 所示，通过使用 OGC 的 Web 数据服务和知识管理技术，把 NASA EOS 的数据分发给高校教

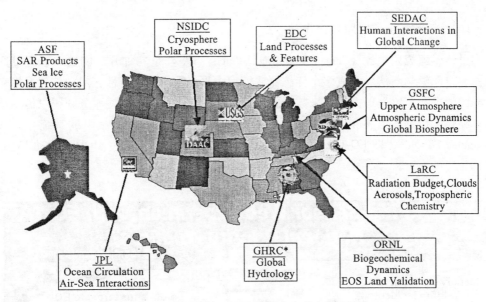

图 2-1　NASA 的 EODIS 数据中心节点分布图

师和研究者,通过扩展 OGC 的 Web 目录服务,实现数据集、服务、处理和服务链的管理,通过引擎实现服务链的实例化和执行,获得数据产品)。

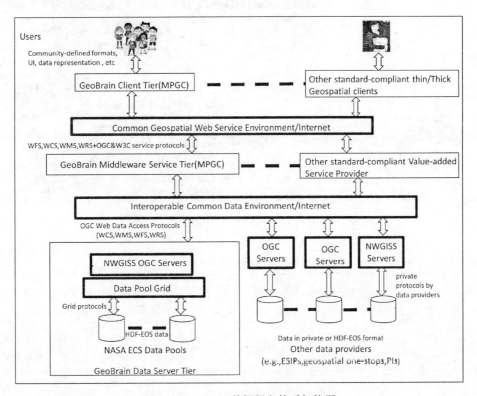

图 2-2　GeoBrain 数据服务体系架构图

2.1.4 观测数据即时服务模式

通过传感器规划服务（Sensor Planning Service，SPS）是一种开放的接口，通过这个服务，客户能够判断从一个或多个传感器或模型中收集数据的可行性，或向传感器提交收集数据的请求和配置处理提供未来数据的预订，然后通过传感器观测服务获得以传感器模型语言编码的传感器描述和以测量与观测标准编码的观测数据集。典型的系统有：EO-1的 Extended Mission，即 EO-1 SWE 测试项目（如图 2-3 所示，通过 MODIS 驱动 EO-1 的观测）。

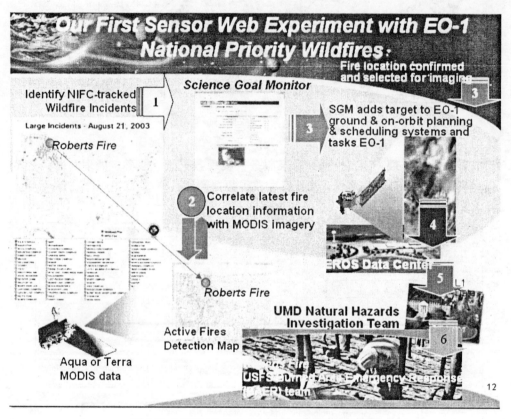

图 2-3 NASA EO-1 Sensor Web 测试项目示意图

表 2-1　　　　　　　观测数据服务的四种模式比较表

特性＼模式	基于目录的数据下载	基于元数据的查询与预订	开放式观测数据服务模式	即时观测数据服务模式
信息模型	无	元数据标准	地理标志语言标准；	传感器标志语言；观测与测量标准；

续表

特性\模式	基于目录的数据下载	基于元数据的查询与预订	开放式观测数据服务模式	即时观测数据服务模式
服务模型	无	无	Web 目录服务；Web 覆盖服务；Web 要素服务	传感器观测服务；传感器规划服务；Web 通知服务
数据查询	无	有	有	无
数据浏览	有	有	有	无
数据订购	无	有	有	有
数据处理	无	无	有	无
数据计划	无	无	无	有
典型系统	MODIS	EODIS	GeoBrain	EO-1 Sensor Web

表 2-1 为观测数据服务的四种模式在信息模型、服务模型、数据查询、浏览、订购、处理、计划和典型系统几个方面的比较。目前基于元数据的查询与预订模式技术路线最成熟，用得最广泛；开放式观测数据服务模式是目前数据分发与共享的发展方向，处于普及阶段；即时观测数据服务模式目前处于实验阶段。因此，结合四种模式的优点，并能提供预测和反馈的自适应服务体系是未来智能对地观测实时数据服务的发展方向。

2.2 自适应观测数据服务模型

目前的观测数据服务系统体系结构的特点是被动的、厂商依赖的、封闭式的顺序服务，无法满足应急响应系统快速、准确、动态、异步的数据聚焦需求；更无法对观测活动进行规划、观测结果进行反馈和物理事件进行预测。当前的发展趋势是结合对地观测传感网、服务体系架构和自适应技术，提供在线的观测数据按需服务。

自适应是工控系统中广泛使用的核心内容。一个工控系统包含一个预测器和测量器。预测器获得初始条件并做出预测，测量器测量现象的状态。通过内置的反馈装置，将测量值和预测结果进行比较，并对其内部状态进行调整。通过预测-反馈机制，系统可以迅速地理解现实世界的事件模型并做出精确预测。

我们把自适应的概念应用于地球空间信息决策支持系统的观测数据在线按需服务，如图 2-4 所示，一个自适应实时观测服务系统包括一个事件观测（EO）部件和一个决策支持系统（DSS）部件，并由一个自适应实时观测服务系统（SODS）框架部件连接前两个部件。EO 测量事件的状态，DSS 事件模型则预测状态的演化。反馈服务处理 EO 的测量数据并在模型运行的时候将这些数据和初始状态一起传给 DSS。预测服务将 DSS 预测与用户需求进行比较，用以安排或选择更加优化或有针对性的数据或传感器，实现传感器观测的规划。

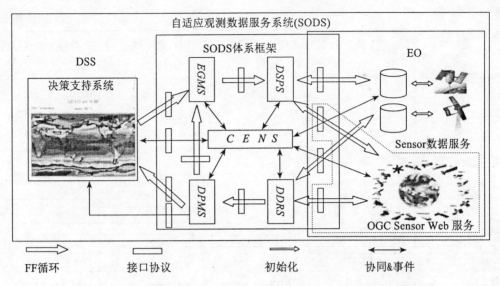

图 2-4 耦合虚拟传感网和决策支持系统的自适应观测数据服务模型

SODS 系统包含五个主要的服务部件,即协同和事件通知服务(CENS)、事件目标监视服务(EGMS)、数据和传感器规划服务(DSPS)、数据发现与访问服务(DDRS)和数据处理模型服务(DPMS);SODS 系统内外部接口协议包含 OGC 的数据服务协议和 Sensor Web 协议,通过 DDRS 进行数据和服务的发现与访问;SODS 数据请求从 EGMS 中产生。

2.2.1 核心部件

1. 数据发现与访问服务(DDRS)

如图 2-5 所示,DDRS 向其他服务暴露三个标准的接口:Web 覆盖服务(WCS)、Web

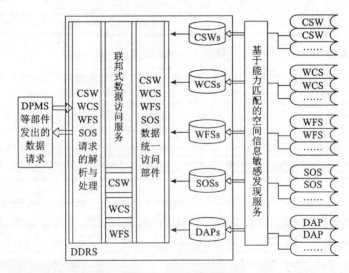

图 2-5 DDRS 示意图

要素服务（WFS）和目录服务（CSW），DDRS 的主要功能是从分布式的异构服务数据源中发现和访问数据。为了实现传感器和数据的发现，采用服务能力匹配的空间搜索引擎，实现异构数据和服务的精确发现；为了屏蔽异构多版本服务数据源的差异，采用联邦式数据访问服务机制，针对 WCS、WFS、OPeNDAP 和 SOS 开发不同的访问引擎，实现不同服务数据源的统一访问。同时在 DDRS 中内置 CSW、WCS 和 WFS 代理服务，实现不同版本异构服务数据源的转换，具体包含：从 OPeNDAP 服务数据源向 WCS 服务的转换，从 SOS 实时服务数据源向 WCS 服务的转换，从 SOS 实时服务数据源向 WFS 服务的转换，从 OPeNDAP 目录服务数据源向 CSW 服务的转换，不同版本 WCS 服务之间的转换，不同版本 CSW 服务之间的转换，不同版本 WFS 服务之间的转换。

2. 数据处理模型服务（DPMS）

如图 2-6 所示，DPMS 负责管理和执行地球空间处理模型——GPMs，它从 DDRS 获得数据、服务或处理模型，通过模型设计器或模型自动生成器生成抽象的 GPMs 模型库，这些模型库以记录的方式存储在目录服务中；实例化服务和 BPEL 引擎服务是 DPMS 中的两个核心服务，GPMs 通过实例化生成可执行的数据和服务描述信息，通过 BPEL 引擎服务执行具体操作，生成高层次地球科学数据产品，通过 WCS 或 WFS 数据接口提供给 EGMS。

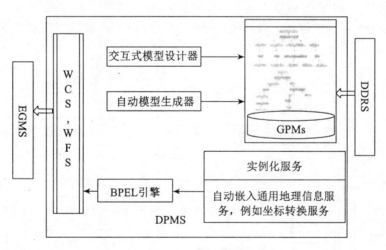

图 2-6　DPMS 示意图

3. 数据和传感器规划服务（DSPS）

如图 2-7 所示，DSPS 生成数据订阅信息，并把这些订阅信息发送给数据预订系统或传感器规划系统从而获得需求的数据。对于 Sensor Web 系统，数据请求将转化为传感器规划请求并提交给传感器规划服务，传感器规划服务通过 Sensor 的计划系统制定观测的计划，通过 CENS 注册观测消息，最后通过 SOS 服务获得观测数据。

4. 协同和事件通知服务（CENS）

如图 2-8 所示，CENS 负责管理 DPMS、DDRS、DSPS 部件之间的消息传递，并且负责

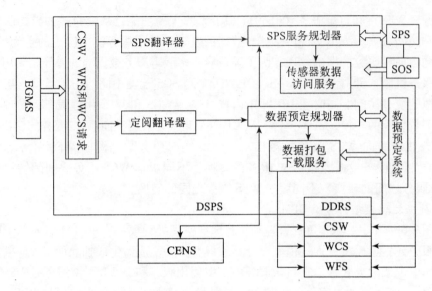

图 2-7 DSPS 示意图

数据发现、预处理、下载操作之间的协同。Web 通知服务（WNS）是 CENS 服务的核心部件，它遵循 OGC 的 SWE 标准，实现同步消息的订阅、传递、通知等功能。在事件注册器中管理着一系列激活的事件，事件状态的变化将通过 CENS 通知相应的服务部件。

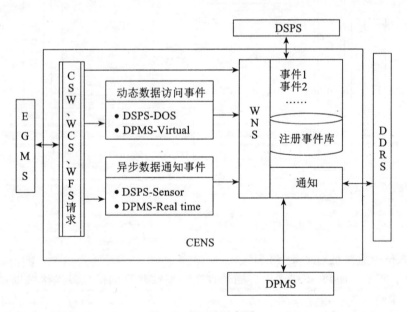

图 2-8 CENS 示意图

5. 事件目标监视服务（EGMS）

EGMS 接收 DSS 的输入以及 DPMS 产生的地理产品作为输入，以便分析达到科学目标还需求确定是否模型还需要附加的或精化的地理产品来满足这些科学目标。EGMS 中使用地理产品而不是传感器测量可以对科学目标分析活动隐藏了 EO 世界的复杂性，并且可以在不影响 EGMS 的情况下实现动态插入和删除传感器。

和 DPMS 类似，EGMS 需要一种通用方法来评价是否满足了不同的科学目标。因此，在 EGMS 中，同样可以使用 DPMS 中的虚拟地理产品方法。我们可以将目前已有的一些科学目标监测原型系统转化为 Web 服务，并使这些服务对 EGMS 具有可访问性。信息内容、系统不确定性的对象标准等可以用来确保 EGMS 能提供附加或精化的地理空间数据需要的准确的描述。在 EGMS 和 DPMS 之间的接口可以是 WCS 和 WFS。

2.2.2 信息模型

在基于虚拟传感网的自适应观测数据服务系统中，数据包含：传感器描述信息、原始观测值和产品信息。SODS 在实现中主要用到了以下四个标准的信息模型和编码规范：地理标志语言（GML）（Portele, 2007），传感器建模语言（SensorML）（Botts, 2007），观测和度量编码规范（O&M）（Cox, 2006）和变换器模型语言（TML）（Havens, 2007）。其相互关系如图 2-9 所示。

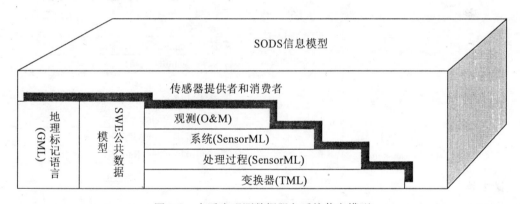

图 2-9　自适应观测数据服务系统信息模型

1. SWE 通用数据模型（SWE Common Data Model）

SWE 通用数据模型是用一种以自我描述、语义激活的方式来定义和封装传感器及其观测的底层数据。更准确地说，SWE 通用数据模型用来定义传感器及其观测相关数据的表达、本质、结构和编码。该模型的主要目的是实现传感网互操作，首先可以在语法层面上，之后在语义层面上，使得传感器及其观测数据可以更好地被机器理解，在复杂的工作流程中可以被自动处理，在智能传感器网络节点之间也可以被轻松分享。目前最新的 SWE 通用数据模型编码标准 V2.0 是对原来被包含在 SensorML 标准（OGC 07-000）中的 SWE 通用数据模型 V1.0 的升级，它于 2011 年 1 月 4 日已经被独立列为 OGC SWE 框架下的信息模型标准之一（OGC 08-094r1）。SWE 通用数据模型具有以下特点：

一致性：为传感器属性，传感器输入、输出值、参数，观测值提供统一支持；

灵活性：支持内联或外引操作，支持二进制和 ASCII 编码，支持压缩；

强健性：对于每个数据元素，可以描述其数据类型、语义、标记和描述、计量单位、约束、质量以及扩展信息；

高效性：允许 ASCII 和二进制数据块，以及外部文件或数据流。

SWE 通用数据模型除了用于描述动态生成的数据集、数据子集、处理和网络服务输入输出和实时流数据外，主要旨在描述静态数据（文件）。其中传感器观测数据的类别范围可以从简单现场温度数据到航空飞机流式输出的卫星图像和全运动视频。

基于 XML 表达的 SWE 通用数据模型的作用是它可以应用于其他 OGC SWE 标准中，例如传感器模型语言（SensorML）、传感器观测服务（SOS）、传感器警告服务（SAS）、传感器规划服务（SPS）以及观测与测量标准（O&M）。SWE 通用数据模型以一个统一的、可互操作的方式用来定义任意数据字段和数据集合，它支持各种各样的数据类型，例如数量、个数、布尔、类别、时间以及集合类型（如数据记录、阵列、矢量和矩阵）。SWE 通用数据模型具有强健的 XML 描述、高效的封装和分析原始数据的能力。

SWE 通用数据模型中包含了以下数据类型，如表 2-2 所示：

表 2-2　　　　　　　　　　　　SWE 通用数据类型

数据成分 Data Component	简单成分 Simple Component	标量类型 Scalar Type	布尔 Boolean
			文本 Text
			分类 Category
			计数 Count
			数量 Quantity
			时间 Time
		范围类型 Range Type	分类范围 Category Range
			计数范围 Count Range
			数量范围 Count Range
			时间范围 Time Range
		质量数据 Quality	质量集合 Quality Union
			Nil 值 Nil Values
		约束类型 Constraints	允许标记 Allowed Tokens
			允许值 Allowed Values
			允许时间 Allowed Times
		集合类型 Union	任意标量 Any Scalar
			任意数值 Any Numerical
			任意范围 Any Range
	复合成分 Complex Component	记录成分 Record Component	数据记录 Data Record
			矢量 Vector
		选择成分 Choice Component	数据选择 Data Choice
		块成分 Block Component	数据阵列 Data Array
			矩阵 Matrix
非数据成分			数据流 Data Stream

2. 传感器模型语言（Sensor Model Language，SensorML）

1998 年，在国际对地观测卫星委员会（CEOS）的组织下，Mike Botts 博士开始研究传感器模型语言——SensorML（Sensor Model Language），该研究得到了 NASA AIST 计划的资助，并于 2000 年，SensorML 被引入 OGC，成为后来发展传感网信息服务（SWE）框架的助推剂。SensorML 标准一直得到更新与扩展，其中 2007 年的 SensorML1.0.1 为目前最新版本。

SensorML 是 SWE 框架的信息模型之一，它基于 XML 编码，提供 XML 标准模式来描述传感器，包括传感器系统的几何、动态以及观测特征值、以及传感器指派任务的参数，用于发现，检索、控制基于网络分布式的传感器。它还用来定义与观测测量及测量后相关的处理，例如空间转换、观测数据地理定位及其他处理等。无论是动态还是静态平台的传感器，原位还是遥感的传感器，它们都能通过 SensorML 来描述。从简单的视觉温度计到复杂的电子显微镜和地球观测卫星，它们都能够通过简单过程和复合过程来表达。

SensorML 在实际的应用中具有以下作用：

（1）电子规格参数表：作为最基础的应用，SensorML 可用标准的数字形式提供传感器部件和系统的规格参数表格。

（2）传感器、传感器系统和过程的发现：通过 SensorML，传感器系统或过程能够很容易被理解与发现。它提供了丰富的元数据信息集合，它们能够用于挖掘和发现传感器系统和观测过程。这些元数据包括标识、分类、限制（如时间、法律、安全）、能力、特征、联系、引用以及输入、输出、参数、系统位置等。

（3）观测值的世系信息：SensorML 可对观测值提供一个完整的明确的描述，即它可以详细描述观测值获取的过程——从一个或多个探测器获得数据，到数据处理甚至到分析器解译整个过程。它不仅能提供观测值的可信度，在大多数情况下，通过对过程的一些修改或已知信号源模拟，部分或者整个过程可重现。

（4）观测值的按需处理：在 SensorML 中，过程链可以用来描述观测值的地理定位或更高层次的处理，使其能够通过网络被发现与分发，以及不需要传感器或过程的先验知识而被按需执行。解决在不同传感器应用领域内差异的扩大化、数据处理的"烟囱式"系统等问题是 SensorML 的原始动机。SensorML 实现了将处理分配到网络中任意节点，从传感器到数据中心再到单独用户的掌上电脑，这个过程不需要特定的传感器软件支持。

（5）任务分派、观测和报警服务的支持：传感器系统或其模拟的 SensorML 形式描述可以用来挖掘信息以支持传感器观测服务（SOS）、传感器规划服务（SPS）、传感器警报服务（SAS）。SensorML 建立在公共数据类型之上，它们也被应用于整个 OGC 传感网实现（SWE）框架内。

（6）即插即用、自动配置、自治的传感器网络：SensorML 促进了即插即用传感器、仿真、过程的发展，使它们可以无缝地加入决策支持系统（DSS）。支持 SensorML 的传感器和过程有自描述的特点，这也促进了传感器网络自动配置以及自治传感器网络的发展。在这些网络中传感器能够发布供其他传感器订阅和响应的警告和任务。

（7）传感器参数的归档：最后，SensorML 提供了一个关于传感器和过程的基本参数和假设归档的机制。因此，即使是最初任务结束很久之后，这些系统的观测值仍然可以进行重处理和改善。

SensorML 中所有过程都源自抽象过程（AbstractProcess），而抽象过程本身是源自抽象要素（AbstractFeature）。所有要素都包含了名称和描述属性，同时，所有过程都包括输入、输出和参数，这三个元素都采用 SWE 数据类型中任意数据类型（AnyData），如图 2-10 所示。

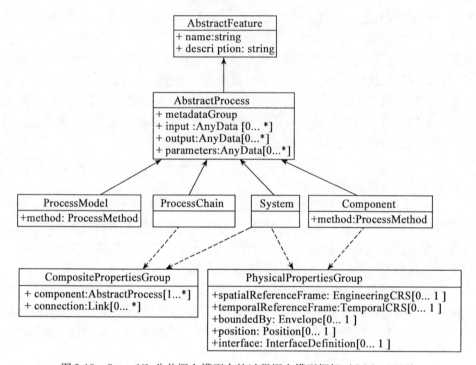

图 2-10　SensorML 公共概念模型中的过程概念模型框架（OGC，2007）

SensorML 过程概念模型分为两类：①物理过程，如原子过程（ProcessModel）、系统（System），描述了传感器的时间空间参考、位置和与其相关的接口信息。②非物理过程被认为是逻辑（纯数学）运算操作，如部件（Component）、过程链（ProcessChain）。非物理过程如图 2-11 左部，右部为物理过程模型。根据过程模型的复杂程度，还可以分为原子过程，如原子过程（ProcessModel）、部件（Component），它们通过过程方法的描述，实现从输入到输出的转换。复合过程，如过程链（ProcessChain）、系统（System），它是将原子过程链接起来的过程。其中元数据组是各过程模型中公共的元素。

非物理过程（Non-Physical Process）可认为是纯计算的过程，是纯数学运算或模拟，描述了输入、输出、参数、方法以及元数据。其中原子过程（ProcessModel）被用来定义为非物理的原子过程，它可以组成更加复杂的过程链。原子过程（ProcessModel）的所有属性都来源于基类过程，并在方法属性中描述一个过程方法（ProcessMethod）。按照方法定义中指定的执行规范执行，可以实现 SensorML 按需的处理。过程链（ProcessChain）是基于复合过程模型设计的，它由一系列过程组成，可包含原子过程和其他过程链。除了原

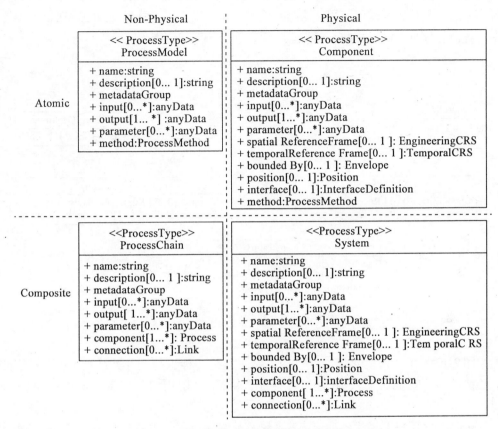

图 2-11 物理和非物理过程分类视图（OGC，2007）

子过程（ProcessModel）中所包括的输入，输出，参数，和元数据组元素外，过程链（ProcessChain）还增加了部件引用，用"连接"（Connections）元素详细说明过程链中处理部件之间的联结。"链接"（Connections）元素包括一系列"链接"（Link）对象，它们提供各个处理部分中的资源和目的文件"端口"，其中资源是处理部分或数据部分的输出，目的文件数据部分一般是一个处理的输出或参数，或者过程链本身的输出。

  物理过程（Physical Process）是指涉及时间和空间的具体的过程，空间时间参考系、物理接口描述很重要，如传感器、传感器系统，取样器、传感器平台等观测过程。其中包括的部件（Component）是物理的原子过程，它不能再被分割成更小的子过程。部件可认为是原子过程的物理等价物，但是它包括物理过程中的时空参考框架（ReferenceFrame）、位置（Position）和接口（Interface），增加了过程方法（ProcessMethod）元素来描述 Component 的物理处理。系统（System）是一组物理和非物理过程组成的复合的过程，可认为是过程链（ProcessChain）的物理等价物。系统（System）源自物理过程，它继承了参考框架（ReferenceFrame）、位置（Position）和接口（Interface）等元素。与过程链一样，系统分别引用部件（Components）和连接（Connections）元素，描述一系列过程和过程之间的链接。另外，System 通过位置元素可以提供各部件的相对位置。

过程元数据组（MetadataGroup）提供的五种可选元数据元素来对过程的元数据信息进行描述的，它被所有过程应用。这些元数据描述用以支持传感器资源的发现，过程处理结果的转换与分析，以及帮助人们建立起传感器描述的通用框架。

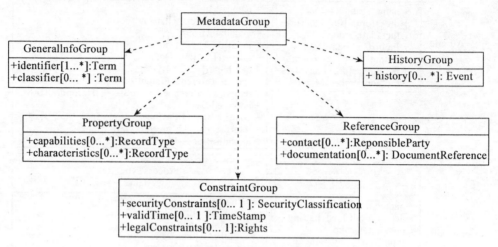

图 2-12　SensorML 公共概念模型中的元数据组（OGC，2007）

如图 2-12 所示，这些元数据组包括一般信息组（标识符、分类符）、约束（有效时间、法律约束、安全约束）、属性组（性能、特征）、引用组（联系、文档资源）和历史组。

SensorML 之所以能描述各种传感器系统及其观测过程，得益于它采用了 SWE 通用数据类型作为底层数据描述格式。SensorML 系统中几乎所有的属性以及输入输出数据和参数的描述主要涉及以下 SWE 通用数据类型，包括：

（1）原始数据类型，补充 GML 中实现的数据类型；

（2）通用目的的聚合数据类型，包括记录（records）、阵列（arrays）、向量（vectors）和矩阵（matrices）；

（3）特殊语义的复合数据类型，包括位置（position）、曲线（curve）和时间聚合类型（time-aggregates）；

（4）为原始和复合数据类型增加语义、质量指标和约束的标准编码；

（5）支持语义定义的特殊部件；

（6）XML 和非 XML 阵列编码的表示方法。

3. 观测与量测（Observations and Measurements，OM）

观测与量测是 OGC SWE 框架下的信息模型之一，其目标是"定义关于观测与量测术语及其之间的关系，建立通用数据编码模型，提高发现、获取实时和存档数据的能力。"观测与量测规范定义了两大类模型：观测模型和采样要素模型，它们以用户为出发点，强调语义的感兴趣要素及其属性。

观测与量测规范中定义的模型来源于可复用对象模型。测量学中，"量测"与"观测"两个概念是有区别的。"观测"在观测与量测标准规范中是通用的概念；而"量测"被保留为描述结果是数值类型的，作为观测的一类特殊类型。

观测与量测为 OGC 传感器网络整合架构及其传感器观测服务提供了一个框架和编码规范，为数据共享提供了标准基础。OM 采用 XML 模式描述了统一标准的传感器观测数据，消除了异构传感器观测数据格式的差异性。它可以实现不同传感器观测数据标准化描述，考虑了传感器观测对象及其属性、观测时间及地理位置变化、观测过程及其结果的通用性，提供了传感器观测数据发现所需要的信息，包括传感器观测数据的观测时间、位置、过程的描述，并提供了观测数据结果值编码规范，结合 SWE 通用数据编码体系框架，使异构传感器观测结果能够在网络环境中发现、访问、处理、共享。OM 模型是一种通用的自解析的数据模型。用户不必使用特定的开发类库，就可以实现数据发现、访问、共享，减少了数据之间的操作难度，提高数据的可利用率。OM 模型告诉用户如何解析数据，获取数据。OM 数据模型包含：

（1）自身结构的描述：数据编码格式的描述。只要知道数据模型的结构描述，那么就可以清晰分析出该模型包含的数据信息，提取数据。

（2）数据的描述：用于描述数据的内容、空间范围、质量、管理方式、数据的所有者、数据的提供方式等有关的元数据信息。

（3）数据体本身：用户感兴趣要素的观测属性的结果值。

OM 在实际应用中具有以下作用：

（1）传感器观测和量测结果的发现：通过 OM 描述的观测与量测过程及结果能够很容易被理解与发现。它提供了丰富的观测元数据信息集合，它们能够用于挖掘和发现观测与量测过程和结果。这些元数据包括观测属性、观测手段、感兴趣要素、现象时间以及结果时间等。

（2）观测值的来源信息：OM 信息模型可以链接到 SensorML 传感器观测过程模型，因此它对观测值提供一个完整的明确的描述，即它可以详细描述观测值得到的过程：从一个或多个探测器获得数据，到数据处理甚至到分析器解译这样的过程。

（3）多源异构观测数据的标准化：通过定义一套标准化的观测与量测描述框架，采用 SWE 通用数据类型实现对任何数据进行统一编码。

（4）支持感知网观测服务：由于消除了异构传感器观测数据格式的差异性，基于 OGC 感知网观测服务，实现观测数据的统一发布、注册与发现。

（5）观测与量测事件及其结果的归档：最后，OM 提供了一个以标准的数字形式对观测与量测事件、基本参数以及数据结果归档的机制。因此，即使是该观测与量测事件最初任务结束很久之后，其涉及事件过程、参数与数据仍然可以重新分析。

在观测与量测规范中，观测（observation）定义为一个描述现象结果的动作事件，通过观测过程（procedure）观测感兴趣要素（featureOfInterest）的属性，即观测属性（observedProperty），产生结果（result）。其中结果可以是任何类型。在 OM 中，采用 SWE 通用数据模型来对结果进行编码，可以是 quantities、categories、temporal、geometry values、coverages 及其聚合数据类型。

采样要素模型是对观测模型的补充，引入了采样策略，是观测的中间组件，关联于观测模型的感兴趣要素。当用户无法进行直接观测或者只能观测到对象其他属性时,利用采样要素进行观测,然后通过算法、处理链获取最终结果,或者根据领域知识及采样要素与感兴趣要素关系推算出结果。

在观测与量测规范中,观测模型都源自 observation,而 observation 定义为一个描述现象结果的动作事件。所有观测都包括感兴趣要素、观测属性、观测过程和结果,并在此基础上可以扩展元素。观测概念模型如图 2-13 所示:

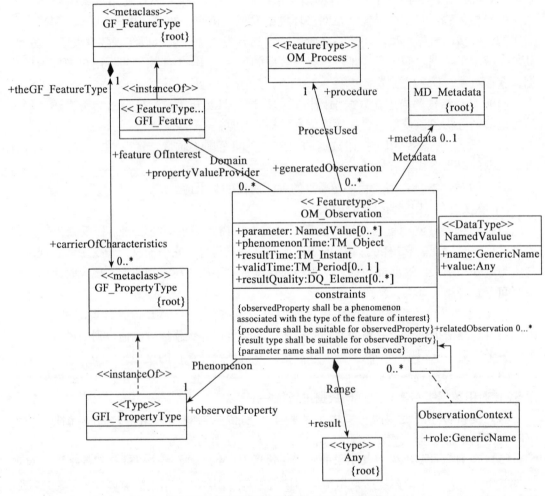

图 2-13 OM 观测概念模型(OGC,2010)

所有观测模型包含 4 个关键属性:observedProperty、featureOfInterest、procedure、result。此外还包括可扩展属性:parameter、phenomenonTime、resultTime、resultQuality。

当进行观测时,观测的要素属性可能不是最终的观测属性。在这样的情况之下,我们把该要素作为感兴趣要素的一部分,通过采样概念,关联到最终感兴趣对象的观测属性。

观测模型与采样要素模型之间的关系:采样要素模型引入采样策略,采样要素是观测的中间组件，关联于观测模型的感兴趣要素。采样要素模型是对观测模型的补充。

当无法进行直接观测或者只能观测对象其他属性时，利用采样概念，通过采样进行观测，然后通过算法、处理链获取最终结果，或者根据领域知识及采样要素与感兴趣要素关系推算出结果。

有以下几种情况，需要采用采样要素模型：

观测特性不是最终感兴趣的特性。当进行观测时，观测结果值依赖于其他观测结果，也就是说观测现象不是目标现象，需要通过算法或处理链获取最终感兴趣要素的结果值。初始观测感兴趣要素必须是关联于目标要素属性。

最大相似要素（proximate feature）。由于某些原因，有些时候某些领域中要素无法直接观测获取。在这种情况之下，获取最大相似要素，根据这两者关系及采样策略，转换为最终观测要素。

某些环境中，这两种情况共存：①域要素的直接观测是不切实际的；②只能观测关联于观测要素的一个属性。

基于采样要素的观测模型，获取要素属性值的过程是间接的。一般是通过基本参数，如相似观测属性，算法或处理链，来获取最终感兴趣要素。在某些情况下，基于域要素的采样要素之间的关系，将近似要素的属性值转换为最终感兴趣要素的属性。采样要素与相关联观测通过感兴趣要素匹配，相关联观测属性 observedProperty 与采样要素相对应的。采样概念模型如图 2-14 所示：

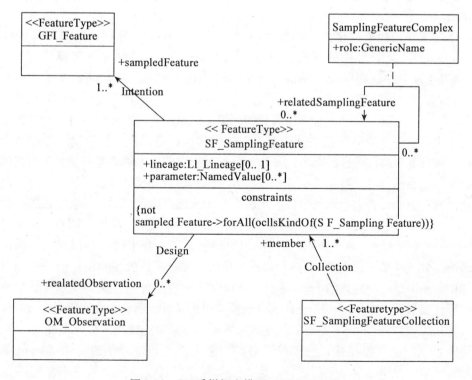

图 2-14　OM 采样概念模型（OGC，2010）

基本采样要素模型包含以下几个公共元素：sampledFeature、related Observation、relatedSamplingFeature、surveyDetails。

O&M 信息模型除了可以表达任何传感器观测数据相关信息外，还可以描述观测结果的数据结构和编码部分。O&M 概念模型引入了 SWE 通用数据模型（SWE Common Data Model），SWE 通用数据标准目前作为一个独立的标准规范，它是 OM 信息模型能形式化表达传感器观测数据的支撑。O&M 由数据结构和编码部分构成。

数据结构包含简单数据类型和聚合数据类型。简单数据类型：数值（Quantity）、计数（Count）、布尔型（Boolean）、类别（Category）和时间（Time）等。聚合数据类型：数据记录（DataRecord），简单数据记录（SimpleDataRecord），数据阵列（DataArray），矢量（Vector），条件值（ConditionalValue），曲线（Curve）等。

数据值通过各种编码方式进行封装，如文本块（TextBlock）、二进制块（BinaryBlock）、XML 链接或通过 MIME-type 定义。

4. 事件模式标记语言（Event Pattern Markup Language，EML）

事件模式标记语言（EML）（OGC 08-132）是 OGC 于 2008 年至今正在讨论的规范。EML 是基于 XML 语法为基础的建模语言，它用来描述事件和事件处理模式，从而进行复合事件处理和事件流处理。EML 引入事件，事件流，事件云的概念，将事件处理分为简单模式，复杂模式，时间模式，重复性模式。通过这种事件处理，得到更高等级的事件，并将原始事件储存到因果向量里。EML 避免了简单、浅层意义的事件处理，融入了深层次，高效，便捷的事件处理，并在传感器事件服务（SES）中对于事件过滤等级三起到了重要作用。

EML 定义了四种事件模式，其概念模型如图 2-15 所示，分别是简单事件处理模式（SimplePattern），复合事件处理模式（ComplexPattern），定时事件处理模式（TimerPattern）以及重复事件处理模式（RepetitivePattern）。这四种事件处理模式丰富了 SES 的事件过滤能力，从而能从简单的事件得到更高等级的事件，帮助用户主动按需获取感兴趣区域数据，辅助用户做出科学，合理，高效的决策。简单模式是对单个事件处理，简单事件处理还能用在事件过滤等级二中并能派生出如平均值、最大值。复杂模式处理两个事件流，因此带有复合事件处理的能力，复杂事件处理模式的输入通常是其他处理模式的处理结果。值得注意的是，只有简单事件处理模式才能连接到外部事件流。除此之外，重复模式能选出所有的满足查询规则的事件。定时模式用来选择指定/依赖时间点/段的事件。

EML 里的每个模式定义了选择函数，视图，Guards。这可以被比作标准的 SQL 查询语句"Select * from * where *"。选择函数明确定义了一种事件处理模式的结果是如何算出来的（如平均值，最大值），这可以进一步用在复杂事件处理和用户向 SES 预订的输入实例中。视图是这个模式的 From 部分，它包含了一组事件的子集，比如是最后五分钟产生的事件或最后十个事件。Guards 是这个模式里的 where 部分。在 EML 中 Guards 定义了 OGC 的过滤能力正如 SES 等级二阐述的那样。Guards 过滤适用于任何事件。

EML 涉及以下数据结构：对于简单事件，它主要是通过事件的名称（InputName）、属性约束（PropertyRestrictions）进行表达；复杂事件模式涉及多个简单事件模式（FirstPattern，SecondPattern）、简单模式间的逻辑操作（OperatorLogical）、逻辑结构（Operator-

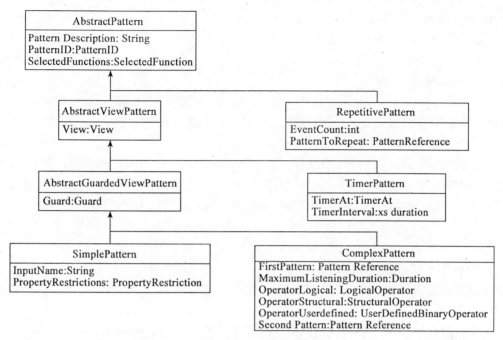

图 2-15　EML 概念模型

Structural）等数据类型；定时事件模式主要由时间瞬时点（TimeAt）和时间间隔（TimeInterval）进行表达；重复事件模式则是由事件个数（EventCount）、模式引用（PatternReference）以及对于指定事件名称重复选择的数（SelectFunctionNumber）来表达。

2.2.3　服务模式

如图 2-16 所示，包含三种可能的数据流：直接数据访问模式、虚拟数据访问模式和实时数据访问模式。

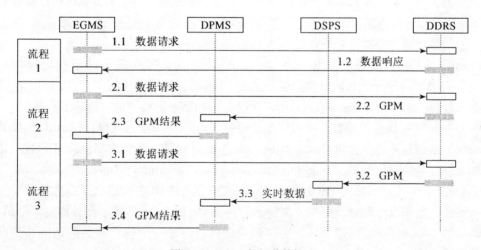

图 2-16　SODS 的三种数据流

1. 直接数据访问模式

通过 DDRS 查询 CSWs 中注册的数据集就能满足数据请求的模式，称为直接数据访问模式。

2. 虚拟数据访问模式

如果数据不能直接从 CSWs 中获得，但可以发现一个地理空间处理模型（GPM），通过 DDRS 获得 GPM 中的数据需求，GPM 能够正确执行，这种过程称为虚拟数据访问模式。

3. 实时数据获取模式

如果数据不能直接从 CSWs 中获得，但可以发现一个地理空间处理模型，但 GPM 不能直接从 DDRS 获得数据立即执行，模型通过 DSPS 预订传感器的观测，一段时间获得数据后 GPM 能够成功执行，从而获得观测数据产品，这种过程称为实时数据获取模式。

2.2.4 接口协议

1. 存档地球空间数据在线服务协议

地球空间存档数据在线服务协议：OGC 数据互操作协议和海洋科学领域广泛采用的 OPeNDAP 协议。

用于获取数据的 OGC 协议包括网络地图服务（WMS）（de laBeaujardiere，2004）、网络要素服务（WFS）（Vretanos，2004）、网络覆盖服务（WCS）（Evans，2003），以及 Web 目录服务（CSW）（Nebert and Whiteside，2004）。WMS、WFS、WCS 被分别设计成通过可互操作的接口，以栅格地图（如 JPEG 图像），要素类型（如气象台数据），以及覆盖数据（如空间影像）来获取地理空间数据。

a. 网络目录服务（CSW）

网络目录服务（Catalogue Service for Web，CSW）访问接口包含 7 个用于客户端对服务进行访问的操作（operation），包括：GetCapabilities、DescribeRecord、GetDomain、GetRecords、GetRecordById、Harvest 与 Transaction。其中 GetCapabilities、DescribeRecord、GetRecords 与 GetRecordById 为 OGC 网络目录服务实现的必选操作，其余为可选操作。这 7 种操作分为 3 类。第一类是基本服务操作（service operations），基本服务操作是所有 OGC Web Services 系列服务都包含的操作，客户端可以借助于基本服务操作获取一个 OGC 网络服务的功能描述，基本服务操作只包含 GetCapabilities 操作；第二类是查询操作，包含 DescribeRecord、GetDomain、GetRecords 与 GetRecordById，客户端借助于查询操作获得 OGC 网络目录服务的元数据信息模型以及从 OGC 网络目录服务中搜索信息；第三类是管理操作，包含 Harvest 与 Transaction，用于对服务中的信息进行增加、删除或修改。

GetCapabilities 操作使得客户端可以在运行时（runtime）动态获得目标 OGC 网络目录服务的元数据信息。一个成功 GetCapabilities 操作的返回是一个包含目标服务元数据信息的 XML 文档。该文档包含 ServiceIdentification、ServiceProvider、OperationsMetadata 以及 Filter_ Capabilities 四个部分。ServiceIdentification 包含与该 OGC 网络目录服务实现有关的元数据信息，比如服务名称、版本、关键字等；ServiceProvider 描述了服务提供者的信息；OperationsMetadata 详细地描述了服务接口元数据，包含每一个操作的访问地址、访问方法、参数等；Filter_ Capabilities 包含该服务所支持的过滤功能，即搜索功能。

DescribeRecord 操作使得客户端可以在运行时动态获得网络目录服务所采用的元数据信息模型。利用 GetCapabilities 操作，客户端可以获得网络目录服务元数据信息模型中所包含的所有类型，而利用 DescribeRecord 操作，客户端可以获得元数据信息模型中每一种类型的详细定义。

客户端可以利用 GetDomain 操作在运行时获得某一元数据记录元素数值的允许范围。通常情况下 GetDomain 返回的取值范围要比该元素数据类型所定义的取值范围要小。

GetRecords 操作是网络目录服务最主要的操作。在资源发现的通用模型中所包含的最主要方法包含两个操作：搜索（search）与呈现（present）。OGC 网络目录服务规范中定义的 GetRecords 操作，基于 HTTP 协议的"请求-返回"模式将搜索与呈现两种操作融合在一起。客户端在 GetRecords 操作的请求中指定搜索的目标元数据类型、搜索条件以及元数据结果返回形式，对网络目录服务进行查询。

GetRecordById 是资源搜索通用模型中的呈现操作，它用于从网络目录服务中获取由某一标识（identifier）所代表的元数据记录。

Transaction 操作用于创建、修改和删除目标网络目录服务中的元数据记录。ransaction 操作采用"推（push）"的方式在目标网络目录服务中创建新的元数据记录。而 Harvest 操作采用"拉（pull）"的方式提取指定地理空间信息的元数据信息并注册到网络目录服务中。客户端只在 Harvest 的请求中指定目标地理空间信息的访问位置，网络目录服务本身负责解析目标地理空间信息并得到其元数据信息。Harvest 操作分为同步（synchronous）与异步（asynchronous）两种方式。当客户端采用同步方式请求 Harvest 操作时，目标网络目录服务在收到请求后立即开始处理，并在处理结束后返回结果给客户端，在此期间客户端一直处于等待状态；而当客户端采用异步方式请求 Harvest 操作时，目标网络目录服务在收到请求后立即返回给客户端确认消息，客户端在收到确认消息后就停止等待状态，之后网络目录服务可以安排时间进行处理，并在处理结束后按照事先在 Harvest 请求中指定的方式通知客户端。当有大量的地理空间信息需要被注册到目标网络目录服务中时，宜采用异步方式调用 Harvest 操作以避免客户端的长时间等待。

表 2-3 列出了 OGC 网络目录服务中所有 7 种操作所支持以及首选的 HTTP 通信以及数据信息编码方法。

表 2-3 操作所支持以及首选的 HTTP 通信以及数据信息编码方法

操作	HTTP 方法	数据信息编码类型
GetCapabilities	GET（POST）	KVP（XML）
DescribeRecord	POST（GET）	XML（KVP）
GetDomain	POST（GET）	XML（KVP）
GetRecords	POST（GET）	XML（KVP）
GetRecordById	GET（POST）	KVP（XML）
Harvest	POST	XML（KVP）
Transaction	POST	XML

b. 网络地图服务（WMS）

网络地图服务（Web Map Service，WMS）（NRA，2005）规范规定了一个服务行为，即从地理信息动态制作具有地理参照系的地图。这里的"地图（map）"是指地理信息作为适合在电脑屏幕上输出的数字图像文件的图示表达，一个"地图（map）"并不是数据本身。由 WMS 产生的地图通常是以 PNG，GIF 或 JPEG 等图片格式显示，偶尔也可以作为多比例尺矢量图形（Scalable Vector Graphics，SVG）中的基于矢量的图形元素来显示，或者还可以是网络计算机图形元数据文件（WebCGM）格式。

WMS 规范规定了检索一个服务器所需要进行的各种操作，包括提供地图的描述、检索一幅地图和向服务器查询显示在地图上的要素等。它适用于图形格式地图的图示化再现，但不适用于获取要素本身的数据或者覆盖的数据值。

Web 地图服务定义了 GetCapabilities、GetMap、GetFeatureInfo 三种操作。Web 地图服务操作可以通过在标准的 web 浏览器窗口中以统一资源定位符（URLs）的形式输入请求来调用。例如：当请求一幅地图时，URL 中应指出什么信息会显示在地图上，所期望的坐标参考系统是什么，输出图像的宽度和高度等等。当两个或更多的图层由相同的地理参数和输出尺寸产生时，可将两幅图精确的重叠产生一幅合成图。支持透明背景的图像格式（如 GIF 或 PNG 格式）的使用允许下面的图层可见。而且，可以从不同的服务器请求地图。因此，Web 地图服务支持分布式的地图服务器网络，用户可以从中制作自定义的地图。

（1）GetCapabilities：在 Web 地图服务中，GetCapabilities 操作是必选的，其目的是为了获得服务元数据。服务元数据是一些可以机读（或者人读）的关于服务器信息内容及可接收的请求参数值的描述。调用 GetCapabilities 操作需要用到的参数如表 2-4 所示。

表 2-4　　　　　　　　　　GetCapabilities 操作的参数描述

请求参数	参数是否可选	参数描述
VERSION = version	可选	请求规范版本，目前版本为 1.3.0
SERVICE = WMS	必选	请求的服务类型
REQUEST = GetCapabilities	必选	请求的操作名称
FORMAT = MIME_ type	可选	服务元数据的输出格式
UPDATESEQUENCE = string	可选	用于控制缓冲存储的数字序列或字符串

（2）GetMap 操作：GetMap 也是必选操作。它返回一幅具有指定的地理和空间参数定义的地图。当接收到一个 GetMap 请求时，WMS 必须满足请求或发布服务异常。调用 Get-Map 操作需要用到的参数如表 2-5 所示。

表 2-5　　　　　　　　　　GetMap 操作参数描述

请求参数	参数	参数描述
VERSION = version	必选	请求规范版本
REQUEST = GetMap	必选	请求操作名称
LAYERS = layer_list	必选	以逗号隔开一个或多个图层列表
STYLES = style_list	必选	以逗号隔开请求图层渲染样式列表
CRS = namespace：identifier	必选	空间参照系
BBOX = minx, miny, maxx, maxy	必选	以 CRS 单位表示的边界框边角（左下角，右上角）
WIDTH = output_width	必选	以像素表示的地图图像宽度
HEIGHT = output_height	必选	以像素表示的地图图像高度
FORMAT = output_format	必选	地图输出格式
TRANSPARENT = TRUE ∣ FALSE	可选	地图背景的透明性（default = FALSE）
BGCOLOR = color_value	可选	以十六进制表示的背景颜色（default = 0xFFFFFF）
EXCEPTIONS = exception_format	可选	WMS 陈述异常的格式（default = SE_XML）
TIME = time	可选	请求层的时间值
ELEVATION = elevation	可选	请求层的高程
Other sample dimension (s)	可选	其他适当维度的值

（3）GetFeatureInfo 操作：GetFeatureInfo 是一个可选的操作。它仅仅支持那些定义或继承了属性 queryable 为 "1" 的那些层。对于其他层，客户端不能发送 GetFeatureInfo 请求。如果一个 WMS 不支持该请求而又遇到了它，则应该以一个适当格式化的服务异常 (XML) 响应 (code = OperationNotSupported)。

GetFeatureInfo 操作用于向 WMS 的客户端提供更多的关于此前返回给地图请求的地图图像中的各要素。对于 GetFeatureInfo 来说，规范的应用情形是用户看到了地图请求的响应，然后用户可选择该地图上的一点 (I, J)，并据其查询更多的信息。基本操作使用户能够指定所要查询的像素、查询的是哪个（些）层以及返回信息需要什么格式。由于 WMS 协议是无状态的，GetFeatureInfo 请求为 WMS 详细说明，用户正在通过包含原来的 GetMap 请求中几乎全部（除 VERSION 和 REQUEST 外）的参数浏览的是哪幅地图。根据 GetMap 请求中的空间坐标信息（BBOX, SRS, WIDTH, HEIGHT）以及用户选择的 I, J 位置，WMS 就可以返回关于该位置更多的信息。WMS 如何决定所返回的更多信息是关于什么的、或返回的是什么信息的实际参数留给 WMS 提供者解决。调用 GetFeatureInfo 操作需要用到的参数如表 2-6 所示。

表 2-6　　　　　　　　　　GetFeatureInfo 操作的参数描述

请求参数	参数	参数描述
VERSION = version	必选	请求版本
REQUEST = GetFeatureInfo	必选	请求名称
map_request_part	必选	地图请求参数的部分拷贝
QUERY_LAYERS = layer_list	必选	用逗号分隔的需要查询的一个或多个层的列表
INFO_FORMAT = output_format	必选	要素信息（MIME 类型）的返回格式
FEATURE_COUNT = number	可选	需要返回其信息（default = 1）的要素个数
I = pixel_column	必选	Map CS 中用像素表达的要素的 i 坐标
J = pixel_row	必选	Map CS 中用像素表达的要素的 j 坐标
EXCEPTIONS = exception_format	可选	WMS 报告异常信息采用的格式（default = XML）

c. 网络要素服务（WFS）

网络要素服务（Web Feature Service，WFS）（John S Kinnebrew，2010）规范允许用户从多重 Web 要素服务中对以地理标记语言（Geography Markup Language，GML）编码的地理空间信息进行检索和更新。如果说 Web 地图服务返回的是图层级的地图影像，Web 要素服务返回的则是要素级的 GML 编码。Web 要素服务定义了一系列对地理要素数据进行访问和操作的接口，通过这些接口，网络的使用者或者服务可以对分布在不同地方的地理数据（在这里指地图上的要素信息）进行整合使用和管理，并且，Web 要素服务支持在使用 HTTP 协议的分布式计算平台上对地理要素和元素进行创建、更新、删除、查询和发现等事务操作，是对 Web 地图服务的进一步深入。

地理要素的概念在 OGC 抽象规范中定义并在 OpenGIS 地理标记语言（GML）实现规范中解释，即地理要素的状态是被一组属性来描述的，每个属性可以被看成（名字，类型，值）对，每个属性的名字和类型由地理要素的类型决定（Alexandre Robin，2010）。地理要素至少有一个属性是被几何赋值的。这意味着要素是可以被定义为根本没有几何属性的。地理要素的几何属性被限定为 OGC 的简单几何属性。一个简单的几何属性的坐标被定义为二维坐标，并且曲线的描述来自线性内插。在二维空间参考系统中定义的传统的 0，1 和 2 维几何要素表现为点、线和面。另外，OGC 的几何模型允许 geometries 是其他 geometries 的集合。最后，GML 允许要素具有复杂属性或全部属性都是非几何属性。

另外，WFS 规范提供了两种方法对 WFS 请求进行编码，第一种方法使用 XML 作为编码语言，第二种方法是使用"名值对"对请求中的可变参数编码。一个"名值对"的例子如下："REQUEST=GetCapabilities"，其中"REQUEST"是关键字，"GetCapabilities"是值。两种编码方法的请求得到的应答或是异常报告都是相同的。

WFS 定义了 GetCapabilities、DescribeFeatureType、GetFeature、GetGmlObject、Transaction 和 LockFeature 等六个操作，根据实现的操作不同，WFS 又分为基本 WFS 和事务 WFS 两种：基本 WFS 可以实现 GetCapabilities, DescribeFeatureType 和 GetFeature 操作，它被认为是只读的 web 要素服务；事务 WFS 可以支持基本 WFS 要素服务的所有操作，并且它可以实现其他事务操作。以下分别介绍这 6 个操作：

（1）GetCapabilities 操作：返回 Web 要素服务性能描述文档（用 XML 描述），从该性能描述文档中可以看出 Web 要素服务为哪些要素类型提供服务以及每个要素类型支持哪些操作等。调用该操作的参数如表 2-7 所示。

表 2-7　　　　　　　　　　WFS 服务 GetCapabilities 操作参数

请求参数	参数是否可选	缺省值	参数描述
REQUEST=GetCapabilities	必选		请求名称

（2）DescribeFeatureType 操作：该操作的功能是生成一个由 Schema 描述的 WFS 所能提供服务的要素类型。Schema 定义了如何编码 WFS 所期望的输入要素实例以及输出时如何生成一个要素实例。调用该操作的参数如表 2-8 所示。

表 2-8　　　　　　　　　　DescribeFeatureType 操作参数

请求参数	参数是否可选	缺省值	参数描述
REQUEST=DescribeFeatureType	必选		请求名称
TYPENAME	可选		以逗号隔开的要描述的要素类型，如果该值为空，则代表请求所有要素类型
OUTPUTFORMAT	可选	text/xml; subtype=gml/3.1.1	要素类型描述的输出格式。text/xml; subtype=gml/3.1.1 是必须支持的格式，其他的可能支持 DTD

（3）GetFeature 操作：GetFeature 操作允许从 Web 要素服务取得要素。GetFeature 请求是由 WFS 处理的，并且一个包含结果的 XML 文档会被返回客户端。调用该操作的参数如表 2-9 所示。

表 2-9　　　　　　　　　　　GetFeature 主要操作参数

请求参数	参数	缺省值	参数描述
REQUEST = GetFeature	必选		请求名称
OUTPUTFORMAT	可选	text/xml; subtype = gml/3.1.1	要素类型描述的输出格式。text/xml; subtype = gml/3.1.1 是必须支持的格式，并支持在 capabilities 性能文档中声明过 MIME 类型的其他输出格式
RESULTTYPE	可选	results	表示 WFS 应该生成一个完整的响应文档还是生成一个只包含要素个数的空的响应文档。值为 results 表示生成完整的响应文档，值为 hits 表示生成空的响应文档
PROPERTYNAME	可选		查询的每个要素的属性列表。一个 ' * ' 或值为空表示查询要素的所有属性
FEATUREVERSION = [ALL/N]	可选		如果支持版本协商，则该参数表示支持哪一 WFS 版本的要素。值为 ALL 表示支持所有版本的要素，值为 N 表示支持第 N 版的要素，值为空表示支持最新版本的要素
MAXFEATURES = N	可选		值为正整数表示 WFS 响应查询的要素的最大数目，值为空表示显示所有结果
SRSNAME	可选		指定返回要素所需的空间参考，该值必须是缺省的或是 capabilities 性能文档中声明的其他空间参考，如果该值没有指定，则使用缺省的空间参考
TYPENAME（如果 FEATURE ID 指定则该参数可选）	必选		查询的要素类型名称列表

　　（4）GetGmlObject 操作：该操作允许通过 ID 来查询要素和元素，以 XML 文档的形式返回结果。

　　（5）Transaction 操作：该操作用来描述应用于被访问的要素实例的数据转换操作。当一个事务被完成时，WFS 将产生一个 XML 响应文档来描述事务的完成状态。

　　（6）LockFeature 操作：由于网络连接的无状态性，不同客户端对要素进行的事务操作可能会产生一些不一致性，LockFeature 操作则提供了一个确保一致性的"锁"机制，即当一个事务处理数据时，其他的事务不能对此数据进行修改。

　　d. 网络覆盖服务（WCS）

　　网络覆盖服务（Web Coverage Service，WCS）（Mike Botts，2007）规范是 OGC 组织提出的一个执行规范，目的是为了在互联网上提供通用的覆盖数据访问方法和尽可能地提高互操作能力。WCS 主要面向地理影像和数字高程模型数据，它将包含地理位置值的地理空间数据作为"覆盖（coverage）"在网络上相互交换。网络覆盖服务定义了 GetCapabilities、DescribeCoverageType 和 GetCoverage 三种操作，其描述见表 2-10。

表 2-10　　　　　　　　　　　WCS 的三个操作描述表

接口名称	是否必须	接口描述
GetCapabilities	是	返回描述服务和数据集的 XML 文档
DescribeCoverage	是	允许客户端请求由具体 WCS 服务提供的任意覆盖层的详细描述
GetCoverage	是	使用通用的覆盖格式返回地理位置的值或属性

在 WCS 服务中，最重要的就是获取覆盖数据的 GetCoverage 接口，在调用该接口中要用到的参数如表 2-11 所示。

表 2-11　　　　　　　　　　GetCoverage 操作的参数描述

请求参数	参数是否可选	参数描述
SERVICE=WCS	必选	服务名称
VERSION=version	必选	请求协议版本，目前最新版本为 1.1.0
REQUEST=GetCoverage	必选	请求名称：GetCoverage
COVERAGE	必选	获取覆盖名称，只能有一个覆盖层名
CRS	必选	在请求中使用的参考系
RESPONSE_CRS	可选	响应中使用的空间参考系；默认值为请求 CRS
BBOX=minx，miny，maxx，maxy [，minz，maxz]	必须有 BBOX 或 TIME.	请求边界框（左下角坐标，右上角坐标，Z 坐标范围可选）内的子集。这些都在由 CRS 标识的参考系中表示
TIME=time1，time2，… or TIME=min/max/res，…	必须有 BBOX 或 TIME.	请求对应于确定的时间瞬间或区段的子集，以扩展 ISO 8601 语法表示。当查询的层上定义了默认时间时其为可选的
PARAMETER=val1，val2，… or PARAMETER=min/max/res	当被选的范围成分中该参数存在缺省值时，它是可选的	只包含复合观测量的范围集
WIDTH=w（integer） HEIGHT=h（integer） DEPTH=d（integer）	这些参数或 RESX，RESY，RESZ 是必需的	请求一个指定宽度（w），高度（h）和 [for 3D grids] 深度（d）（格网点的整数）的格网
RESX=x（double） RESY=y（double） RESZ=z（double）	这些参数或 WIDTH，HEIGHT，[for 3D grids] DEPTH 参数是必需的	请求一个指定 X、Y、Z 轴分辨率的格网

续表

请求参数	参数是否可选	参数描述
FORMAT	必选	覆盖数据文件的输出格式,必须为选择覆盖种类的其中一个
INTERPOLATION	可选	在空间域上内插覆盖值的方法,可以为无、最近邻域、双线性、双三次、重心等
EXCEPTIONS = application/vnd. ogc. se_ xml	可选	通过地图服务器报告的异常情况时采用的格式
Vendor-specific parameters	可选	提供商自定义的参数

e. OPeNDAP 协议

如图 2-17 所示,OPeNDAP 协议定义了传输科学数据的客户端和服务器端之间交互的接口。它提供了复杂的数据类型可以定义栅格、时序、文本数据,允许用户自定义数据类型,具有较强的灵活性和较大的包容性。它已经广泛地应用在海洋,气象和气候数据服务。

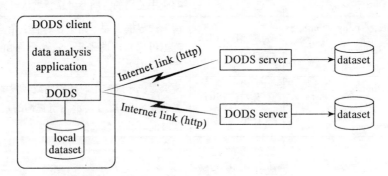

图 2-17　基于 OPeNDAP 协议的 DODS 系统

f. ECHO 协议

ECHO（Earth Observation System ClearingHOuse）是 NASA 地球科学数据和信息系统建立的元数据交换中心和预订的代理者。ECHO 是一个基于可扩展标记语言 XML 和网络服务技术的开放系统。ECHO 为地球观测行业提供 SOA 环境的中间件解决方案,目前 ECHO 提供的服务包括数据提供者（data partners）服务（Havinga 等,2003）、服务请求者（client partners）服务（Yao 和 Gehrke,2002）和服务提供者（service partners）服务（Madden,2005）,数据提供者负责建立符合 ECHO 元数据模型的元数据,通过 ECHO 协议注册到服务代理（data pools）,服务请求者通过 ECHO 网络服务得到元数据。

ECHO 元数据模型是基于地球观测系统数据和信息核心系统（ECS）科学数据模型（Carlo Curino，2005）发展而来的。数据提供者负责产生符合 ECHO 数据模型的元数据 XML 格式文件，这些元数据文件用于描述数据提供者数据的增加、删除和改变。ECHO 系统使用 3 种元数据结构即 Collection、Granule 和 Browse。一个 Collection 是一个文件或 Granule 集合。一个 Granule 可能含有几个 Browse 图像，图 2-18 给出了 Collection、Granule 和 Browse 三者的这种含有关系。

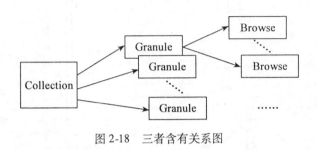

图 2-18　三者含有关系图

Collection：一组来自相同资源的科学数据，如一个模型组或机构。Collections 包含它所属的所有 Granules 一般信息和描述元数据模型中不存在的额外数据的模板。Collection 包括一般信息（如 ECHOItemId、DataSetId 等）、操作信息（如 InsertTime、LastUpdate 等）、处理信息（如 ProcessingCenter、ProcessingLevelId 等）、Granule 信息（如 TotalGranules、SizeMBTotalGranules 等）、空间信息（如 Spatial 等）、时间信息（如 Temporal 等）、平台信息（如 Platform 等）、附加信息（如 AdditionalAttributes 等）、在线资源（如 OnlineAccessURLs、CollectionOnlineResources 等）、算法信息（如 AlgorithmPackage 等）等等。ECHO 10.0 中规定 Collection 信息必选元素 DataSetId、Description、InsertTime、LastUpdate、LongName、Orderable、ShortName、VersionId 和 Visible，可选元素 ArchiveCenter、OnlineAccessURLs、OnlineResources、Spatial、Temporal 等 32 大项。

Granule：能够独立管理的最小数据集合。Granules 有自己的元数据模型并且支持所属 Collection 定义的额外属性相关的值。Granule 包含的元素和层次关系如图 2-19，根元素为 GranuleURMetadata，是顶层。

如图 2-19 所示，Granule 包含：一般信息（如 ECHOItemId、GranuleURL 等）、操作信息（如 InsertTime、LastUpdate 等）、Collection 信息（如 CollectionMetadata 等）、DataGranule 信息（如 DataGranules 等）、空间信息（如 SpatialDomainContainer 等）、时间信息（如 RangeDataTime、SingleDataTime 等）、轨道信息（如 OrbitCalculated SpatialDomain 等）、测量信息（如 MearsuredParameter 等）、平台信息（如 Platform 等）、附加信息（如 AdditionalAttributes 等）、BrowseProducts 信息、在线资源（如 OnlineAccessURLs、GranuleOnlineResources 等）等等。ECHO 10.0 中规定 Granule 信息必选元素包含 GranuleURL、InsertTime、LastUpdate、Collection 和 Orderable，可选元素包含 AdditonalAttributes、CloudCover、DataGranule、InputGranlue、OnlineAccessURLs、OnlineResources、Platforms、Spatial 和 Temporal 等 21 大项。

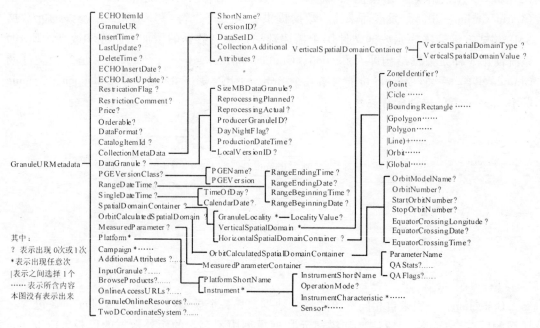

图 2-19 ECHO Granule 元素及其层次关系图

Browse 是提供相关 Granule 或 Collection 元数据项目高级别浏览的图像。Browse 图像不是空间的，主要用于数据发现和交叉参考其他的 Granules 和 Collections。它的元素较少，有 ProviderBrowseId、InsertTime、LastUpdate、DeleteTime、BrowseImageFileName、BrowseImageFileSize。

2. 实时地球空间数据在线观测服务协议

a. 传感器观测服务（SOS）

传感器观测服务（Sensor Observation Service，SOS）提供一系列 API 用来管理传感器的部署和传感器数据的检索。通过传感器观测服务得到的测量数据对现在使用的地空空间系统做出了贡献。传感器观测服务有三个必需的核心接口：GetObservation、DescribeSensor 和 GetCapabilities。GetObservation 操作通过特定的时空查询条件获得传感器的观测数据或测量数据；DescribeSensor 操作获得以 SensorML 或 TML 编码的传感器详细描述信息；GetCapabilities 操作可获得特定服务实例的元数据，包含 identification、provider、operation metadata、filter_ capabilities 和 contents 等元素。同时也定义了一些可选择的非必备的操作。如有两个提供事务处理操作 RegisterSensor 和 InsertObservation，还有六个增强的操作 GetResult、GetFeatureOfInterest、GetFeatureOfInterestTime、DescribeFeatureOfInterest、DescribeObservationType 和 DescribeResultModel。结合其他 OGC 规范一起使用，传感器观测服务提供了一个广泛的互操作能力，用来发现、绑定和查询实时的、历史档案或模拟环境的数据或者一个或多个的传感器和传感器平台的观测数据。

传感器观测服务的操作包括四个方面：核心性、可增强性、事务性和完整性。其中必须有的核心操作：GetCapabilities、DescribeSensor 和 GetObservation。传感器观测服务的完整性方面是指实现所有这些操作：核心性、可增强性和事务性。传感器观测服务操作必须在符合超文本传输协定（HTTP）的分布式计算平台（DCP）上实施和使用。

（1）GetCapabilities

GetCapabilities 操作目的是使用户可以检索并获得关于一个特定的服务实例的原数据。

（2）DescribeSensor

DescribeSensor 是一个从目录中检索得到传感器特性元数据的操作。通过 DescribeSensor 操作可以从传感器观测服务中获得使用 SensorML 或 TML 编码的传感器特征的详细信息。传感器特征包括从感应器观测得出的列表和定义。

（3）GetObservation

GetObservation 是查询传感器系统和检索观测数据的操作。当传感器观测服务接受到一个 GetObservation 的请求时，传感器观测服务首先将验证这个请求，或者返回一个错误报告。GetObservation 的请求消息包含一个或较多的单元用来约束一个 SOS 中要检索的观测数据。每个 GetObservation 操作的查询单元必须有 service 和 version 两个属性。version 属性在服务联编过程中必须符合服务器和客户端之间特定的服务接口版本。而 service 属性被明确的指定为"SOS"。GetObservation 的响应可以概括为 O&M 观测、一个观测集中的元素或者一个观测集。

（4）RegisterSensor

RegisterSensor 操作作为事务处理操作配置的一部分允许用户端向 SOS 注册一个新的传感器系统。新注册的传感器观察数据才能被插入到那些已经在 SOS 注册的传感器中。RegisterSensor 是事务处理操作配置的一个命令。

（5）InsertObservation

InsertObservation 操作允许用户端为传感器系统插入新的观察数据。这是对 SOS 执行插入操作的一个请求。这个请求由以下参数约束：由 RegisterSensor 操作得到的 ID（用来识别传感器和观察类型）和观察编码例如：O&M。InsertObservation 操作是事务配置文件必备的。

（6）GetObservationById

GetObservationById 操作是用来返回一个观测的 ID。该 ID 可以由客户端之前的操作获得。ID 有可能来自一个 XML 文件中的一个链接或是从 InsertObservation 操作中获得。

（7）GetResult

操作的目的是使得客户端能够不断地获得来自同一组传感器的数据，而不必发送请求和接收包含除了一个新的时间标签外大量的相同数据。一个普通的用例是为客户端不断地从一个或多个传感器上请求实时数据。这个操作支持用例并可以生成用例，生成用例所需带宽要比完全调用 GetObservation 小很多。包含此操作的目的是为了支持从一个节点请求数据的数据中心，该节点可以直接通过一个低带宽的连接如 3G 无线连接和传感器进行通讯。GetResult 操作依赖于一个 O&M 模板的产生，模板的 ID 用于并发的 GetResult 调用，而不是发送一个复制的 GetObservation 的 XML 文档。而响应仅包含 O&M 观察的结果部分，因为其他的组件已通过引用包含在模板中。

(8) GetFeatureOfInterest

GetFeatureOfInterest 操作返回一个从 SOS 能力文档获取的 featureOfInterest。对 GetFeatureOfInterest 请求的响应是一个 GML 特性实例。

(9) GetFeatureOfInterestTime

GetFeatureOfInterestTime 返回一个时间段，该时间段是 SOS 对于一个给定的重要特征返回数据的时间。对于 GetFeatureOfInterestTime 请求的响应是一个初始的 GML 时间，它列出了一个或多个从重要特性观测的可用的时间段。

(10) DescribeFeatureType

DescribeFeatureType 操作返回一个 GetCapabilities 广播中指定 GML 的功能的 XML schema。这可以用来获取一个观察特征和兴趣的类型描述。

(11) DescribeObservationType

DescribeObservationType 操作返回的是 XML 模式，该模式描述了一个特别现象返回的观察类型。它允许 SOS 列出能够传送的一组观测类型（默认情况下该值是 om：Observation）。这些都是特定的观测类型，其中一个或其他标准的属性被深入研究或受到限制或者另外的属性被添加。比如说：om：Measurement 是一个结果类型为"gml：MeasureType"的特例。它可能是一个定义了制定应用范围的观测类型。

(12) DescribeResultModel

DescribeResultModel 操作返回的是结果元素模式，该模式是当客户机对于给定 ResultName 的请求给出结果模式。"generic" om：Observation 的结果类型为"xs：anyType"，因此直到一个实例被接受客户机才能够知道结果是什么样的模型，或者通过检查一个在<result>元素中的 xsi：type 属性的值，或仅仅通过为一个带有 schemaLocation 文档或上下文声明的命名空间中出现的子元素。为了能够使用它，DescribeResultModel 操作的结果显示给客户机结果将包含什么。一个类似的结论应用于其他的有 soft-typed 结果的观测类型，也即是 CommonObservation，ComplexObservation，ComplexMeasurement。结果元素的合格的名称能够从 DescribeObservationType 返回的模式中获得。

b. 传感器规划服务（SPS）

传感器规划服务（Sensor Planning Service，SPS）操作可以划分为信息和功能操作。信息操作包括获取能力操作（GetCapabilities）、描述任务操作（DescribeTasking）、结果路径描述操作（DescribeResultAccess）和获取状态操作（GetStatus）。其中，获取能力操作、结果路径描述操作和获取状态操作提供 SPS 用户需要知道的信息，而任务描述操作提供了设备管理系统需知的描述任务的信息。功能操作包括获取可行性操作、任务提交、更新及取消操作。SPS 接口指定了八个用户请求而由 SPS 服务器执行的操作，这些操作分别是：

(1) GetCapabilities 操作（强制的）

允许用户请求和接收 SPS 服务的元数据信息，元数据信息描述了指定服务所能提供的能力，包含服务标志信息（ServiceIdentification）、提供者信息（ServiceProvider）和操作元数据信息（OperationsMetaData）。

(2) DescribeTasking 操作（强制的）

允许用户发送一个必要的消息，这个消息由用户选择并面向 SPS 服务器支持的设备，为任务请求作准备。服务器将返回关于所有的为执行一个任务的操作时用户需设置的所有的参数。

（3）GetFeasibility 操作（可选的）

可行性操作为用户提供一个任务请求的可行性信息反馈。取决于 SPS 构建的设备类型，SPS 服务功能就像检查请求参数是否有效一个简单，而且和某些商业规则是一致的，或者他可能是一个复杂的运行机制，需使用平台装置在指定的位置、时间、方位、校准下执行一个特定任务。

（4）Submit 操作（强制的）

任务提交操作提交给设备用户的任务请求信息。请求复杂度取决于所配置的设备，可以是一个简单的设备更改操作，也可以是一个复杂任务操作。

（5）GetStatus 操作（可选的）

获取状态操作使用户接收一个任务请求的当前状态的消息。

（6）Update 操作（可选的）

更新操作允许用户更新以前提交的任务。

（7）Cancel 操作（可选的）

取消操作允许用户取消以前提交的任务。

（8）DescribeResultAccess 操作（强制的）

结果路径描述操作使用户检索到在哪里以及如何获取由设备获取的数据。服务器响应将包括链接到下列任意一种 OGC 网络服务器，如 SOS、WMS、GVS 或者 WFS。

c. 传感器警告服务（SAS）

传感器警告服务（Snesor Altering Service，SAS）定义了一系列的 API 用来判断传感器数据是否出现异常并把这种异常发送到客户的操作。通过传感器警告服务得到的信息使用户得以及时、准确、快速地获取传感器观测目标地区的异常情况，帮助决策者提高决策水平和质量，辅助用户做出科学、正确的响应。SAS 提供了 7 个强制性操作，即 GetCapabilities、Advertise、Subscribe、RenewAdvertisement、CancelAdvertisement、Subscribe、RenewSubscription、CancelSubscription。GetCapabilities 操作可获得特定服务实例的元数据，包括 ServiceIdentification、ServiceProvider、OperationsMetadata、Contents 等元素。Advertise 操作可以发布该操作允许生产者为发布的信息的类型，包括 service、version、FeatureOfInterest、OperationArea、AlertFrequency（广播的频率）、DesiredPublicationExpiration、AlertMessageStructure。Subscribe 操作用来为用户定义数据过滤规则，包括 Service、Version、SubscriptionOfferingID、Location、ResultFilter（过滤运算）、FeatureOfInterestName、ResultRecipient（可以通过网络通知服务或 XMPP-MUC 来把结果发送给客户），返回的是 SubscriptionID、expires、Status、XMPPResponse。结合其他 OGC 规范一起使用，传感器警告服务提供了一个广泛的互操作能力，在灾害或灾难以及其他需要提防的危险发生之前，根据以往的总结的规律或观测得到的可能性前兆，向相关部门发出紧急信号，报告危险情况，以避免危害在不知情或准备不足的情况下发生，从而最大程度的减低危害所造成的损失的行为。

图 2-20 是 SAS 核心原理图：

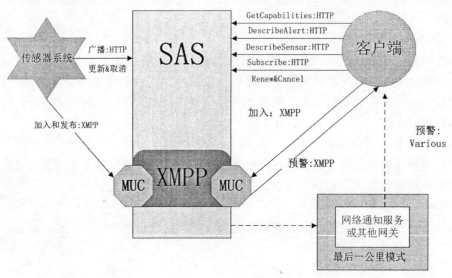

图 2-20 SAS 核心原理图

传感器通过 HTTP 协议上发布它未来的传感数据的信息，并通过 HTTP 协议上接受到响应，利用可扩展通讯和表示协议（XMPP）去发布它的数据。然后 SAS 操纵与其相关的 XMPP 协议消息服务器，创建一个新的多用户集合（MUC）。在本质上，一个 SAS 包含某种形式的查找表，以储存已经存在的 MUC 的信息。其次客户发送一个基于 HTTP 协议的预订需求，该需求的响应将会包含一个 XMPP MUC 的地址，然后加入使用 XMPP 规范的 MUC 中。进而传感器通过 XMPP 协议将数据发布到 SAS 中，然后 SAS 通过自带的数据过滤功能提取出用户感兴趣的数据，最后通过网络通知服务（WNS）或 XMPP-MUC 来把结果发送给客户。

SAS 接口指明了 10 个接口，它们可以用于用户发送订阅信息和事件过滤及传感器通知用户等内容。这些操作是：

（1）GetCapabilities

GetCapabilities 操作目的是使 SAS 用户可以检索并获得关于一个特定的服务实例的元数据，它描述了传感器警告服务具备的能力，包括操作的元数据和服务的元数据。

（2）Advertise

该操作允许 SAS 用户为传感器警告服务声明需要发布的数据的信息。包括感兴趣区域的地理位置，数据格式，预警频率，预警过期有效期限。

（3）Subscribe

该操作允许 SAS 用户预订预警规则。包括预订地理区域位置，过滤规则，感兴趣区域名称，将结果发送给用户的方式。

（4）CancelAdvertisement

该操作允许 SAS 用户删除广播。

（5）RenewAdvertisement

该操作允许 SAS 用户重新恢复广播。

（6）CancelSubscription

该操作允许 SAS 用户删除一项预订信息。该操作返回指定取消预订的 ID 以及取消操作的状态（Success 火灾 Failure）。

（7）RenewSubscription

该操作允许 SAS 用户重新恢复一项订购信息。该操作返回一个新的预订 ID。

d. 网络通知服务（WNS）

网络通知服务（Web Notification Service，WNS）是客户可以与服务进行异步消息交换的服务，该服务可以用于请求处理有显著延时时。HTTP 等同步传输协议为服务提供了发送请求以及接收请求响应的基本功能，HTTP 是一种可靠的传输协议。通过每次传输到达或失败的确认，HTTP 可以确保每个请求包的传递。例如，在简单的 WMS 里，用户在发送请求后会接收到可视化图形信息或错误消息。但是当服务变复杂时，基本的请求/响应机制需要增加延时/失败信息。例如，中期或长期的操作要求支持用户和相应服务以及两个服务之间的异步通信机制。WNS 满足这种需要，它将基于 HTTP 的请求信息转发给使用任意通信协议的请求接收端。例如，使用 email、短消息服务（Short Message Service，SMS）、即时消息（Instant Messaging，IM）、自动电话留言或传真等。WNS 可以作为一个传输转化器：它可以在输入和输出消息协议之间进行转化。它与 SAS 不同，并不是一个主动预警服务。在 SAS 的接收者需要使用其他协议进行消息接收时可以使用 WNS。

SWE 中至少两个服务可以使用 WNS，SPS 允许用户定制传感器任务或获取某种传感器数据集请求的可行性。任务定制和可行性研究都是长期过程。SPS 使用 WNS 将原始查询结果转发给用户。SAS 的客户端并不能访问网络时，SAS 使用 WNS 来进行消息的传递。

WNS 可以看做是一个消息传输服务。它并不关心消息的具体内容，被传递的消息对 WNS 而言就是一个"黑盒子"。

WNS 模型包括两种不同的通信模式。即，单向通信（one-way-communication）和双向通信（two-way-communication）。前者将消息发送给客户端而不需要任何响应。后者在对客户端传递消息的同时需要接收异步响应。

WNS 通知的客户可以是一个用户或者是一个 OGC 服务。无论哪种情况，客户都需要先在 WNS 上进行注册，WNS 返回一个 registrationID。这个 ID 是每个 WNS 实例唯一标识符，用于 WNS 标识消息的接收方。

提供一种不使用 SOAP 时支持异步通信的机制，WNS 中规定了如何指出服务支持的通信协议，服务支持的消息格式、服务从客户端请求通信终端信息的方式以及封装消息、增加自动处理消息内容需要的元数据的方式。

WNS 使用了两种消息容器（container）来交换消息。NotificationMessage 用于 one-way 通信，而 CommunicationMessage 用于 two-way 通信。但需要回复消息时，消息的发送者可以使用 CommunicationMessage。接收端应该知道需要哪种回复消息，建立相应的 ReplyMessage 并将其送回给给定的 CallbackURL。

One-way 通信不支持返回值和 out 类型参数，但能解决一些传统同步阻塞调用模型浪费服务器端资源、降低系统吞吐率、容易因服务器之间调用形成回路而导致的死锁等所难以解决的问题。Two-way 方法指客户端和服务器端分别向对方发出 one-way 调用。客户端发送调用后不必阻塞等待应答而继续执行其他操作。服务端完成服务后,通过向客户端发送一个对应的 one-way 调用返回结果。这种方法不利用多线程而又能提高系统吞吐率,但该方法增加了服务端设计的复杂性,要求把应用和逻辑分割开来。

WNS 接口包括 8 种操作:

(1) GetCapabilities 操作(必需的)

允许客户端请求和接收描述特定服务的元数据文档。该操作还支持服务的版本请求。

(2) Register 操作(必需的)

该操作允许客户使用其通信终端进行注册。

(3) Unregister 操作(必需的)

允许客户取消注册。

(4) DoNotification 操作(必需的)

允许客户发送消息到 WNS。

(5) GetMessage 操作(必需的)

如果收到所选择的传输协议的限制时,允许客户检索没有使用 WNS 传输的消息。

(6) GetWSDL 操作(可选的)

该操作允许客户请求和接收服务器接口的 WSDL 定义。

(7) UpdateSingleUserRegistration 操作(可选的)

允许单个客户使用新的通信终端更新注册。

(8) UpdateMulltiUserRegistration 操作(可选的)

允许多个客户使用新的通信终端更新注册。

e. 传感器事件服务(SES)

传感器事件服务(Sensor Event Service,SES),是 OGC 于 2008 年颁布的一项 Web service 规范草案,它是传感器警告服务 SAS(Sensor Alerting Service)的替代版本。SES 提供了一系列的 API,用来管理用户订阅信息并实现异常事件的监测与通知。传感器事件服务有 6 个强制性操作,分别是 GetCapabilities、Describe Sensor、Subscribe、GetCurrentMessage、Renew、Unsubscribe。GetCapabilities 操作可获得特定服务实例的元数据,包含 identification、provider、operation metadata、filter_capabilities 和 contents 等元素。同时也定义了一些非必需的操作如两个可中止的预订管理者操作(PauseSubscription、ResumeSubscription)、三个网络基础通知中的 PullPoint 操作(CreatePullPoint、GetMessages、DestroyPullPoint)、两个加强型操作(Notify、RegisterPublisher)和两个注册管理者操作(RenewRegistration、DestroyRegistration)。结合其他 OGC 规范一起使用,传感器观测服务提供了一个广泛的互操作能力,帮助用户主动按需获取感兴趣区域数据,辅助用户做出科学、合理、高效的决策。

SES 的原理:传感器注册到 SES 中,通过 SES 提供的 Register Publisher 这个接口来完成。用户向 SES 订阅事件信息,Sensors 观测获得数据后,把观测事件发布到 SES 中后,SES 利用过滤机制对事件进行过滤,然后得到满足用户需要的事件或新生成的事件,最后通知用户获取事件。

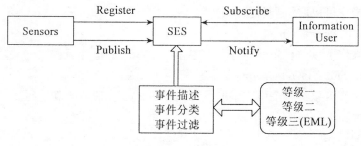

图 2-21 SES 原理图

SES 事件过滤在 SES 原理中扮演着重要的角色。SES 事件过滤分为三个等级：
（1）Filters（过滤器）种类一。
第一种（强制性）：利用 XPath 来定义过滤规则。XPath 就是选择 XML 文件中节点的方法，通过 XPath 规则来选取满足需要的节点。
（2）Filters（过滤器）种类二。
第二种（选择性）：利用一组操作符，如逻辑、空间、时间、算法操作符，通过对观测数据的运算处理，得到合适的满足要求的数据，如将一天里的每个整点的温度去平均值得到的就是第二种过滤模式产生的数据，通常这种方法得到的数据是新的数据。
（3）Filters（过滤器）种类三。
第三种（选择性）：这里过滤的事件流而不是单个的事件。通过过滤事件流得到新的事件。

SES 提供的操作：
（1）GetCapabilities
GetCapabilities 操作目的是使用户可以检索并获得关于一个特定的服务实例的原数据。
（2）DescribeSensor operation
DescribeSensor 是一个从目录中检索得到描述传感器或传感器从的特性元数据的操作。通过 DescribeSensor 操作可以从传感器观测服务中获得使用 SensorML 或 TML 编码的传感器特征的详细信息。传感器特征包括从感应器观测得出的列表和定义。
（3）Subscribe operation
Subscribe 操作可以向 SES 提交订阅的信息，包括事件过滤的规则，事件过滤模式的选择，是简单模式，还是复杂模式，抑或时间模式，还是重复性模式。以及 SES 发送通知的端点地址。
Subscribe 操作返回的是 SES 发送通知的地址。通过这个地址，当 SES 监听到通知产生的时候，SES 会把通知发送给这个地址，用户通过这个通知来获取相应的数据。
（4）GetCurrentMessage operation
GetCurrentMessage 操作可以获取关于当前的状态的消息。
（5）Renew operation
更新操作可以更新当前的预订内容。
（6）Unsubscribe operation

解除预订操作可以取消当前预订内容。

（7）PauseSubscription operation

中止预订操作可以中止当前预订，即中止一个 SES 的运作流程。

（8）ResumeSubscription operation

继续预订操作可以将一个中止了的预订的 SES 的运作流程重新运行。

（9）GetMessages operation

获取消息的操作。

（10）Notify operation

通知操作，将消息发送给端点地址。

（11）RegisterPublisher operation

提供一个接口，将数据提供者注册到 SES 中。

（12）RenewRegistration operation

更新注册操作，使注册了数据提供者全部注册到 SES 里。

（13）DestroyRegistration operation

销毁注册操作，删除 SES 里的注册信息。

3. 传感器数据处理接口协议

a. 网络处理服务（WPS）

网络处理服务（Web Processing Service，WPS）定义了有助于地理空间处理的发布以及客户端发现、绑定这些空间处理的标准化接口。WPS 中的"processes"包括作用于各种空间参考数据上的算法、模型等。WPS 可以通过 Web 提供各种 GIS 处理功能。它可以提供简单的计算（如缓冲区计算），也可以进行复杂的计算，例如气候模型的产生。这种接口规范提供了一种机制来标识计算需要的空间参考数据，初始化计算，并对计算结果进行管理以便客户可以对其进行访问。WPS 的处理对象包括各种矢量和栅格数据。

WPS 规范允许服务提供者暴露 Web 可访问处理，以一种无需客户对输入数据和处理执行的物理处理接口或 API 有所了解。WPS 接口标准化了空间处理以及输入输出描述的方式。由于 WPS 提供了一个通用接口，它可以用于包装其他已有的或将制定的可提供地理空间处理 OGC 服务。因此，原则上看，基于 WPS 接口的实施没有任何限制。

WPS 规定了描述和通过 Web 使能地理空间处理的通用机制，以及地理空间处理所需要和产生的数据输入的描述机制。

WPS 为客户提供了访问作用于空间参考数据上的预编程计算和/或算法模型。服务所需的数据在网络上进行传递或者从服务器端获取。数据可以使用影像数据格式或数据交互标准如 GML。技术可以是简单的，也可以是复杂的。

实现网络上进行地理空间处理需要大量开发支持原子地理空间操作的 Web 服务，以及先进的建模能力。为了减少所需的编程工作，帮助新服务的实施和采用，标准化调用处理的方式也很重要。

WPS 接口定义了 3 个操作，这些操作都是服务器端必须实施的。包括：GetCapabilities, DescribeProcess, Excute 等操作。其中，GetCapabilities 操作允许客户请求并接收 WPS 服务元数据以及所有可访问处理服务的 XML 文档。而 DescribeProcess 操作允许客户请求并接收允许在服务实例上的处理的具体信息，包括输入要求，可接收的格式以及产生的输出信息。Excute 操作则允许客户使用输入参数值，运行 WPS 实施的特定处理，返回产生的输出结果。

WPS 具有中间件性质，允许把已有的软件接口进行包装后作为 Web 服务发布在网络上。WPS 可以作为一种中间件来实施时包括：一个用于唯一标识处理的 OGC URN，一个处理 DescribeProcess 请求响应的引用，以及一个描述处理以及操作实施的人类可读文档（即 capabilities 文件）或是一个描述处理操作的 WSDL 文件。这使得客户可以选择是否使用 HTTP 或 SOAP 架构方法。

b. 网络覆盖处理服务（WCPS）

网络覆盖处理服务（Web Coverage Processing Service，WCPS）支持地理空间影像数据（geospatial coverage data）的检索和处理。OGC WCS 中 Coverage 是"表示空间变化现象的数字化地理空间信息"，WCPS 以 WCS 的 Coverage 模型为基础，定义了如何在 Web 上描述、请求以及传输多维网格 Coverage 数据，目前仅限于等距网格（equally spaced grid）。

WCPS 可以采用 KVP/ HTTP GET, XML / HTTP POST, XML SOAP 等形式进行编码，提供了访问原始或经过处理后的地理空间 Coverage 信息的方法，有利于客户端进行图形渲染、科学模型输入以及其他客户端应用。同时，WCPS 不仅包括 WCS 的全部功能还对其进行了扩展。WCPS 可以使用表达式语言构成任何复杂性的请求，例如请求多值的 Coverage 结果。

WCPS 与 WCS 的不同之处主要在于以下 2 个操作：GetCapabilities 和 ProcessCoverage。

GetCapabilities 操作类似 WCS 中所规定的，该请求将返回一个 XML 文档描述服务并简要介绍服务器端所能提供的数据集。此外，GetCapabilities 响应还将返回 WCPS 的特定处理服务能力给用户。

WCS GetCoverage 操作允许从 coverage 集中检索一个 coverage，并且可能通过在空间、时间、波段等数据维上进行子集再分割，以及坐标转换等操作进行数据修改。而 WCPS 的 ProcessCoverage 通过更强大的处理能力扩展了 WCS 的功能。一方面包括更细化的 coverage 处理基元，另一方面，允许嵌套功能应用，因此，可以允许非常复杂的请求服务。客户可以选择是否基于 coverage 的象元坐标或者时空坐标来表达 ProcessCoverage 请求。Process-Coverage 的响应是数据项的有序序列。一个数据项可以是一个 coverage 或者是任何其他处理表达式的结果。ProcessCoverage 操作返回结果可以是存储在服务器上的原始 coverage 或经处理后产生的 coverage 或者二者的组成要素，请求的响应结果可以直接返回给客户端或通过缓存的 URL 进行下载。

WCPS 基元以及嵌套能力形成了一种表达式语言。这种抽象语言就是 WCPS 语言（WCPS language）。一个 WCPS 表达式就是一个 coverageListExpr（评价编码的 coverage 的列表），每个 WCPS 请求都只包含一个 coverageListExpr 元素，多个 coverage 可以被嵌套其中来进行多个 coverage 数据的融合。coverageListExpr 元素处理 coverage 列表，首先依次检查每个 coverage 是否满足某个谓词，如果谓词判断为真则被选择；每个被选中的 coverage 被处理，处理结果添加到结果列表中。如果没有异常发生，最后，结果列表将作为

ProcessCoverage 响应返回，或者返回出错信息。通常一个流程表达式可能产生一个影像或标量数据。

WCPS 提供了 coverage 语言，允许通过功能组合表达复杂的操作。请求可以依次处理一或多个 coverage，并可以额外合并任意数量的 coverage，例如叠置等操作。WCPS 请求由客户组合并交由服务器端进行评价。虽然瘦客户可能使用用户输入作为参数来组合预定义的表达式片段，但是肥客户或另外的服务器可以允许更灵活的请求复合方式。

4. 自适应观测数据服务接口协议

（1）决策支持系统（DSS）和事件目标监视服务（EGMS）之间采用 FTP，HTTP，WCS-T，WFS-T 协议，实现地学数据请求和处理结果的反馈；

（2）EGMS 和传感器与数据规划服务（DSPS）之间采用传感器规划服务（SPS）规范进行交互；

（3）DSPS 和地球观测中的存档系统通过网络目录服务规范（CSW）、地球观测数据交换中心（ECHO）协议或 THREDDS 协议进行数据的预订；

（4）DSPS 和地球观测中的传感器网络系统通过 SPS 进行传感器观测的规划；

（5）DDRS 通过网络覆盖服务（WCS）或网络要素服务（WFS）去获得地球观测中存档系统的数据；

（6）DDRS 通过传感器观测服务（SOS）去获得地球观测传感器网络系统的观测值；

（7）DPMS 通过 WFS、WCS、CSW 协议通过 DDRS 服务部件获得数据；

（8）DPMS 通过 WPS 服务提供状态服务，对 DSS 系统进行状态初始化；

（9）DPMS 通过 WCS 或 WFS 为 DSS 系统提供数据；

（10）CENS 通过 WNS 协议与 DSS、DPMS、EGMS、DSPS 和 DDRS 进行消息传递；

（11）DPMS 通过 WCS 或 WFS 协议与 EGMS 进行交互。

第3章 数据和传感器规划服务

目前存在各种各样的传感器控制系统对传感器进行管理，同时存在一些数据预订系统来实现观测数据的获取，然而通过网络尤其是万维网实现这些控制系统和预订系统的统一访问是很困难的。数据和传感器规划服务是自适应观测数据服务系统的核心部件，是实现前置反馈循环的关键服务，它通过统一的服务接口连接数据存档系统和对地观测传感器，能够在万维网环境下实现观测任务的制定、传感器的规划和数据的预订。

本章依据开放地理信息联盟的传感器规划服务接口规范和虚拟传感器的概念，提出了基于面向服务体系架构（Service-Oriented Architecture，SOA）和异构传感器的数据与传感器规划服务（Data and Sensor Planning Service，DSPS）框架，目的是实现对物理传感器和存档数据预订系统的统一网络化规划以及观测数据在线获取。该框架包含可扩展的规划服务（Sensor Planning Service，SPS）、弹性的观测数据服务（Sensor Observation Service，SOS）和网络通知服务（Web Notification Service，WNS）三个主要服务部件和交互机制。

针对虚拟传感器中预订系统和异构传感器的不同特征，提出了基于资源适配器的可扩展规划服务中间件，可以支持不同类型的传感器和数据预订系统。针对同步通信模式不适于 DSPS 涉及的耗时任务，提出了基于异步消息通知机制的任务调度方法，能够把 DSPS 的任务状态即时地通知注册的用户。针对多种通知方式，提出了基于抽象工厂类的多模式消息通知机制，能够通过电子邮件、短信和电话等多种方式把 DSPS 的任务状态发送给用户。针对客户端集成的服务种类多样的特征，提出了基于插件机制的客户端适配器组件实现机制，可以实现多种服务的扩展访问。

基于 Java 2 企业级标准（Java 2 Platform Enterprise Edition，J2EE），设计和实现了 DSPS 服务原型系统，该系统可以部署在任意平台的 Java Servlet 容器，并且通过 Web 服务描述语言（Web Service Description Language，WSDL）向用户暴露接口。最后针对美国北美防空联合司令部（North American Air Defense Command，NOARD）开发的卫星轨道预报模型（Simplified General Perturbations Satellite Orbit Model 4，SGP4），以及美国宇航局（National Aeronautics and Space Administration，NASA）数据预订系统（Earth Observing System（EOS）ClearingHOuse，ECHO）的 MODIS 卫星和数据，进行了规划实验。

3.1 传感器规划服务

3.1.1 概述

传感器规划服务（SPS）的作用是构建一个可交互的 Web 服务，用户可以通过该服务知道向某一传感器或者传感器平台查询信息收集的可行性并提交任务。SPS 的操作背景来源于多个行业领域。在军事领域，除了战争本身以外还有大量的未知信息，如战场空间、操作战区等，这导致了对一些特殊信息的需求。在商业领域，公司和其他非政府组织需要掌握全球经济状况。在科学领域，一种现象的存在大多数情况下对应一种解释该现象的理论，这是一对持久不变的矛盾，因此也就需要更多的信息来证明和扩展理论。类似地，医学领域的某一种症状需要特定的信息才能够进行临床诊断和试验。所有这些领域的相同点在于它们都有信息需求，一个普通的概念"操作"就可以满足这些需求。这些操作包括收集管理，也就是对收集所需信息的过程进行管理。

1. 收集管理的基本需求

从广义上说，收集管理就是对涉及信息收集的资源进行利用和协调。这些资源同时包括操作步骤和相关系统。一个这样的步骤代表着对信息需求的定义和完善，一个这样的系统就是一个规划工具。另外，收集管理也涉及对原始信息的挖掘，以进一步获取更高质量的特定信息。收集管理由三个子任务组成：需求管理、任务管理和设备管理。

需求管理开始于信息需要（Information Needs，IN）。在战场上，一个指挥官想要得到感兴趣区域的地理信息，这就构成了一个信息需要，该需要会依赖于在感兴趣区域内部何时发生了何事。同样的，科学领域为解释某现象、医学领域为研究某病例都构成了不同的信息需要。需求管理关心的是将信息需要转化成信息需求（Information Requirements，IR）以及信息需求的可行性。尽管信息需要已经很明确，可是信息需求要比信息需要更具体和更精确，如需要知道什么、哪些是感兴趣区域（Area of Interesting，AOI）、在何时关于哪些方面以及通过谁知道等等。

任务管理（Mission Management，MM）决定什么样的信息可以满足一个信息需求，从而形成一个收集策略，进一步将策略转变为计划进行提交。举例来说，气象学家想评估他们在亚热带地区模拟晴天和多云时间的辐射量收支情况的水平，以及高海拔薄云的气候效应。这个需要被转化成需求，要考虑到辐射性能（如多光谱反射率以及红外辐射率）以及卷云的辐射量，这是需求管理活动。这个信息需求然后被分成两个不同的收集需求。例如，太阳光光谱辐射测量可以由 NASA Altus 无人机和 DOE Sandia Twin Otter 飞机协同作业，分别基于天顶和天底观测模型，这就是任务管理活动。

设备管理（Asset Management，AM）的任务在于识别、使用并管理可用的信息源以实现信息收集目标。它是通过将收集请求提交到涉及的资源中来执行收集计划的，这可能需要资源的具体规划。该环节中需要人工参与，因此 SPS 需要把这些考虑进去。

传感器规划服务（SPS）提供标准的接口用来与收集设备（比如传感器及其他信息收集设备）和构建在这些设备之上的系统进行交互。

2. 传感器控制系统的收集管理现状

目前已经存在许多传感器控制系统，这些系统能够很好地支持任务管理活动，尽管这些系统不断改进，但是核心功能基本保持不变：与传感器等收集设备进行通信。下面根据收集管理涉及的不同任务对这些系统的功能进行概括。

需求管理的支持包含：能够记录、整理和跟踪收集的需求，并且提供需求状态的反馈；支持对需求的整合和调度；为跟踪反馈的要求，也许通过查询登记处上游的要求；能够监测需求完成的状态并提供反馈；能够自动判断现有的数据是否符合收集需求，并能够自动调整计划（Percivall，2006）。

任务管理的支持包含：支持收集计划的建立，能够将收集请求和特定的收集设备自动匹配，并协调收集处理过程；提供灵活的建模和任务调度工具。NASA 的专家决策系统是一个典型的例子，它可以帮助科学家建立通过哈勃太空望远镜进行的观测划，允许观察者指定观测范围，选择需要排除的波段等操作，自动将望远镜调整到正确的轨道，最终将数据传送到数据中心。

设备管理的支持包含：设备管理是目前控制系统的核心功能，能够执行实际的任务，能够自动生成调度任务信息到特定设备，同时也支持基本的参数验证和可行性分析。

3. 传感器规划服务的目标

SPS 的目标是将目前控制系统存在的功能与互操作结合起来。这就意味着数据请求者能够通过统一的接口调用任何使用 SPS 接口包装的控制系统，包括新的系统（Hubert 和 Drabczyk，2007）。同时也意味着不同的 SPS 客户端可以访问相同的 SPS。例如，可以通过浏览器或者在工作流中实现任务收集管理的功能，而同样的 SPS 客户端也可以访问不同的控制系统，只要这些系统采用 SPS 的标准进行包装。

3.1.2 操作

SPS 规范中明确了一个 SPS 实例需要实现的操作，这些操作与其他的 OGC Web 服务如 WCS、WMS 中定义的操作类似——基本操作 GetCapabilities 从 OGC Web 服务接口继承而来，然后根据自身服务的性质扩展各自的操作，图 3-1 为 SPS 的操作接口示意图。

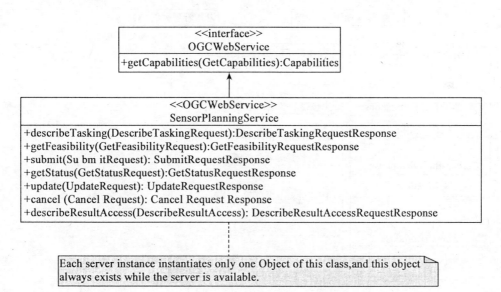

图 3-1　SPS 操作接口继承图

SPS 操作被划分为信息操作和功能操作，信息操作包括 GetCapabilities、DescribeTasking、DescribeResultAccess 和 GetStatus。其中，GetCapabilities、DescribeResultAccess 和 GetStatus 操作提供用户需要知道的元数据信息，而 DescribeTasking 操作提供了设备管理系统需知的描述任务的信息。功能运行操作包括 GetFeasibility、Update 及 Cancel。

3.1.3 交互流程

图 3-2 解释了客户端同 SPS 交互过程中的常规步骤。

第一步，一个参与者首先通过 GetCapabilities 接口发送一个 SPS Capabilities 描述文档的请求。该文档描述了有关当前 SPS 的元数据，包括有哪些传感器可以调用，可以获取哪些区域的信息等。如果用户想获取到接受自己任务的传感器的观测数据，他可以发送一个 DescribeResultAcess 请求。假定用户根据返回的 Capabilities 文档已经得到了足够的信息，那么下一步将是去查找向一个设备提交一个任务需要什么参数，可以通过发送 DescribeTasking 请求，PS 返回给客户有关此请求的响应包括了 SPS 对每一个传感器设定的参数。

下一步可能是发送 GetFeasibility 请求去验证用户提交的收集信息的任务是否可行，即这个具体的任务在当前的条件下是否能够被执行。比如一个无人机可以获取某一个特定地区的影像，当一个用户通过 SPS 向该无人机发送请求的时候，首先会检查该用户是否拥有操纵无人机的权限，请求的地区是否在无人机的飞行计划当中，或者是否能够调整等等。如果 GetFeasibility 请求的响应指明该任务可以被执行，用户下一步可以进行 Submit 操作，正式提交任务。

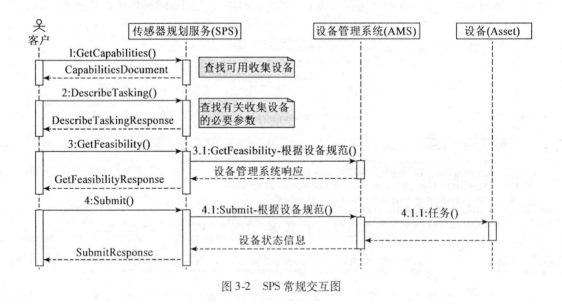

图 3-2 SPS 常规交互图

图 3-3 表现的是当一个任务被提交之后如何跟 SPS 继续交互，这涉及 Update、GetStatus、DescribeResultAcess 等操作。

第3章 数据和传感器规划服务

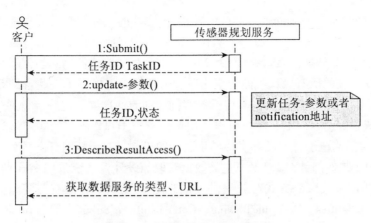

图 3-3 任务提交后的 SPS 交互图

3.1.4 实现情况

目前国内外已实现的传感器规划服务有 52n-SPS、GeoBliki SPS、Spot Image-SPS 和 NOSA-SPS 等，这些原型服务详情如表 3-1 所示。

表 3-1　　　　　　　　　目前实现的 SPS 对比　　　（√表示支持；×表示暂不支持）

类型		原型系统提供者			
		52North	GeoBliki	Spot Image	NOSA
操作	GetCapabilities	√	√	√	√
	DescibleTasking	√	√	√	×
	DescribeResultAccess	√	√	√	×
	GetStatus	√	√	√	×
	GetFeasibility	√	√	√	√
	Submit	√	√	√	√
	Update	√	×	×	×
	Cancel	√	×	×	×
数据库		eXist	MySQL	Postgres	eXist
开发语言		Java	Perl	Java	.net
服务方式		Servlet	PHP	Ws	Asp
访问方式		Get/post	post	Get/post	Soap
异步		×	×	×	√
传感器类型		相机	EO-1	SPOT5	物理传感器

52n-SPS 由 52North（52north，2007）（一个国际性的研究和开发公司地理空间开源软件股份有限公司）的下属社区 Sensor Web Community 完成，该系统基于 Java 语言实现，采用 Servlet 的方式对外提供接口，使用 eXist 数据库存储传感器信息。该系统不仅提供了 SPS 规范 1.0.0 定义的所有操作，同时也为系统管理员专门提供了一些管理 SPS 各个组件的接口，如注册和注销传感器、获取传感器实例详细的信息等。这些接口通过 HTTP GET 和 POST 的方式暴露给客户端，用户可以使用任何支持 HTTP 协议的客户端进行操作。然而该原型系统的不足在于暂时没有支持异步通信的机制，对于耗时任务的处理不够完善。

GeoBliki-SPS 是专门针对 EO-1 卫星的数据获取而设计，系统采用 Perl 动态语言编写，通过 CGI（通用网关接口）方式对外提供接口，使用 MySQL 存储有关资源信息，实现的操作包括 GetCapabilities、DescribeTasking、GetFeasibility、Submit、DescribeResultAccess 和 GetStatus 操作，授权用户可以通过 HTTP POST 的方式访问这些接口，以实现特定的地学信息需求。

Spot Image 是一个由法国航天局、国家地理研究所和航天制造商（Matra、Alcatel、SSC 等等）创建于 1982 年的股份有限公司，该公司运营 SPOT 地球观测卫星。Spot Image-SPS 主要针对 SPOT5 卫星，尽管实现了 SPS 规范定义的大多数标准接口如 GetCapabilities、GetFeasibility、Submit 等，对其他类型的传感器支持不足，总体而言不够灵活，不易扩展。

NOSA-SPS 由澳大利亚信息与通信技术研究中心（National Information & Communication Technology Australia，NICTA）已经完成的子项目 NICTA Open SensorWeb Architecture（NOSA）实现，NOSA 构建于 SWE 标准规范之上，旨在提供一个可扩展、可重用的基于 SOA 架构的 Sensor Web 框架。传感器规划服务是其组成部分，服务采用 ASP.Net 实现，通过 SOAP 的方式发布服务，用户可以通过该 SPS 向卫星控制系统发送传感器数据采集请求、检索按 OM（Observations and Measurements）规范编码的观测数据，该系统集成了网络通知服务（WNS）进行异步消息通知，当传感器获取到数据之后，SPS 会调用 WNS 通知客户，同时该 SPS 还有专门的任务队列管理机制对用户提交的任务进行排列管理。该 SPS 的不足在于仅仅提供了 GetCapabilities、GetFeasibility 和 Submit 接口，而且也局限于特定的卫星控制系统。

综上所述，目前已经实现的 SPS 存在以下缺点：

（1）当前的 SPS 仅支持传感器，很少或者很难适用于普通的数据预订系统。N52 的 SPS 实现仅仅支持真实传感器如 AXIS 相机，NASA 的 SPS 仅能规划 EO-1 卫星。目前有众多的数据预订系统如 ECHO，用户可以从数据预订系统中订购数据，从某种意义上说该预订系统可以看做是 SPS 中的信息收集设备，但目前的 SPS 都不支持规划数据预订系统的数据。

（2）当前的 SPS 只能在同一时间规划一个传感器，如 EO-1 SPS 仅支持 EO-1 卫星的规划，如果用户想获取某一时段某个空间位置高分辨率影像，该系统就无能为力。一个好的解决方案是查找出用户给定的时间范围和空间范围内有哪些可用的传感器，进一步通过这些传感器获取用户感兴趣的数据，然而目前的 SPS 原型系统没有能够做到这一点。

狄黎平（Di，2007）从计算的视角和 SOA 的架构下提出 Web 服务环境中传感器和虚拟传感器的定义：传感器网是一组可交互的 Web 服务集合，这些 Web 服务遵守特定的传感器行为和接口规范。在这个假设下，一个包含特定算法或者仿真模型的 Web 服务，只要它提供的接口和行为满足标准，该 Web 服务就可以作为传感器网络中的一个传感器实例，称之为虚拟传感器。比如 NASA 提供了 EOSDIS（Earth Science Data and Information System）系统为用户免费提供地球观测数据和服务，如果我们通过 OGC SWE 的规范去访问这个系统，该系统就可以当做是虚拟传感器。

为解决以上问题，本书在虚拟传感器的概念下实现了高灵活性的数据与传感器规划服务，除了支持 OGC 规定的操作接口外，可以支持目前主流的数据预订系统，也可以根据卫星轨道信息（SGP4）实现动态查询。

3.2 数据和传感器规划服务的设计与实现

本系统的最终目标是实现一个灵活的支持虚拟传感器的数据与传感器规划服务，系统必须能够同传感器规划服务、网络通知服务等进行交互，要足够灵活以便支持不同类型的传感器，因此系统的设计必须满足下面的要求：

（1）基于 SOA：采用 SOA（Mandl 等，2007）的架构进行本系统的设计、开发工作，传感器规划服务的每个功能通过接口的形式发布，组件之间达到足够的松耦合（IBM，2007），保证不同的客户可以使用统一的客户端通过统一的协议进行访问。

（2）支持多源传感器：系统必须足够灵活，以支持多种传感器，包括真实的物理传感器、虚拟传感器等，同时要有足够的灵活性和扩展性，以便在此基础进行二次开发。

基于此要求，3.2.1 小节提出了基于 SOA 的 DSPS 架构。3.2.2 小节和 3.2.3 小节分别介绍 DSPS 架构中的组件交互和实现方法。

3.2.1 DSPS 的体系架构

为实现以上目标，我们采用基于 SOA 的组件模式，将整个系统分为三层：应用层、逻辑层和传感器（包括虚拟传感器）层，具体架构图如图 3-4 所示。

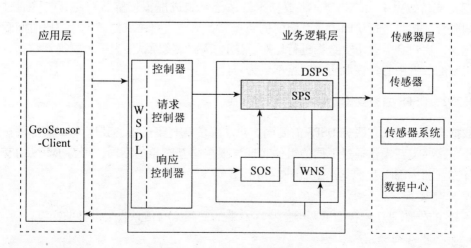

图 3-4 基于 SOA 的 DSPS 架构图

应用层作为客户端的表现，提供人机交互界面，进行服务的访问，具体工作流程：收集用户请求如传感器观测服务、传感器规划服务的请求字段等，并将其发送至相应的服务器，接受服务端的响应，将其反馈给客户端，基本表现形式为 XML 文档，支持部分的可视化显示。文中采用传感器观测服务原型系统 Geosensor 的客户端 Geosensor-Client，目前大量的来自不同数据源的地学观测数据通过 OGC Web 服务发布，GeoSensor-Client 的目标是提供一个综合统一的视图来访问所有的 OGC Web 服务，并对查询到的数据进行可视化和处理，客户端采用插件机制进行开发，不同的 Web 服务通过不同的适配器进行，目前可以实现对 WCS、WMS、WFS、SOS、SPS、WPS、CSW 的访问，其他 Web 服务的访问可在需要的时候通过插件机制添加进去。

业务层是系统的核心部分，包括 WSDL 描述组件、控制器、SPS 实例、SOS 实例、WNS 实例。WSDL 描述组件用来绑定 SPS 和 SOS 等服务，向外发布统一的 Web 服务描述文档，控制器位于系统前端，任意类型的请求都会经过该控制器进行处理，控制器又分为两部分：请求控制器和响应控制器。请求控制器接收到用户提交的文档，进行解析，判断类型，然后转发给交给相应的服务；响应控制器用来构建响应文档并返回给客户端。SPS 实例是基于 OGC SPS 规范 1.0 实现的一个实例，是业务层的核心，也是本书研究的重点。SOS 和 WNS 分别是传感器观测服务和网络通知服务的具体实现。

传感器层包括物理传感器和虚拟传感器，物理传感器包括真实传感器和其他信息收集设备，例如无人机、热气球等。虚拟传感器包括数据预订系统、卫星仿真系统等。

本书的数据与传感器规划服务系统与目前已实现的传感器规划服务系统相比存在以下优势：

（1）支持多种传感器：与 EO-1 SPS、SpotImage SPS 相比，本系统最大的优势在于不局限于某单一传感器，可以灵活支持多种其他类型的传感器，这是因为系统在设计和实现的过程中采用组件模型和配置文件结合的方式，使得系统具有良好的灵活性和扩展性，用户可以在此基础上自行添加他们感兴趣的传感器类型，文中的案例研究充分证明了这一点。

（2）支持数据中心的规划：将数据预订系统包装成虚拟传感器，使其能够通过传感器规划服务的接口进行访问也是系统的创新点。在某些研究领域比如统计一段时间森林面积变化等，用户会需要历史数据进行比对，这种情况直接操纵卫星不可能得到数据，通过经过包装的数据中心，获取历史数据就成为可能。

3.2.2 DSPS 的交互设计

数据与传感器规划服务 DSPS 需要同客户端、信息收集设备、其他 Web 服务等进行交互操作，这些交互操作通过不同的组件实现。根据交互对象的不同，可将 DSPS 的交互分为外部交互和内部交互。交互图如图 3-5 所示。

1. 外部交互

DSPS 的外部交互包含如下两类：与客户端的交互、与信息收集设备的交互。

a. 与客户端的交互

DSPS 跟客户端交互的过程就是客户端通过 SPS 提供的接口查询传感器、提交任务的

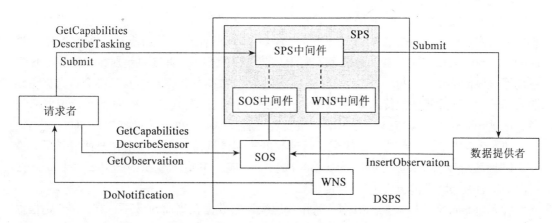

图 3-5　DSPS 的交互图

过程。客户首先根据 GetCapabilities 接口获取 SPS 可以控制的传感器和虚拟传感器，然后通过 DescribeTasking 获取操作某个传感器需要的参数等必要信息，最后填写参数，构建 GetFeasibility 的请求文档，若 SPS 服务器验证通过则进行 Submit 任务提交。之后还可以通过 GetStatus 查询任务执行状态、update 更新任务参数等。

b. 与信息收集设备的交互

SPS 的主要功能是提供接口以规划信息收集设备，很明显 DSPS 同信息收集设备的交互是系统的核心，因为离开了收集设备，SPS 的规划就无从谈起。二者的交互过程由收集设备本身的情况决定，不同类型的设备交互过程不尽相同，收集设备包括真实传感器和虚拟传感器，本书重点讨论后者。

DSPS 同设备的交互是通过 SPS 中间件实现的。前文已经提到，虚拟传感器就是依据一定规则向外提供服务的 WebService，对于该类型的收集设备而言，交互即通过该设备提供的 API 访问对方的过程。以一个数据中心为例，它的规则可能包括访问权限——什么样的用户能够获取什么样的数据、访问途径——通过何种协议以何种方式访问等。SPS 中间件的任务就是根据不同的收集设备类型依据其不同的规则跟设备进行通信。

事实上 SPS 同收集设备的交互通常与客户端发送的请求相对应，若客户发送了 Submit 请求，SPS 中间件就会跟设备通信，将任务提交，首次通信结束。在大多数情况下在首次提交任务之后还会涉及更新参数的操作。比如我们正在控制一个远程的摄像头，通过某一提交任务之后获取到了远程画面，这时候如果想让摄像头向某一角度转动，可以重新提交一个任务，但这种方式显然效率较低，推荐的方法是在以前提交任务的基础上进行 Update 操作，更新角度、距离等参数，节省服务器的开销，同时也使应速度加快。同样的，当客户端发送了一个 GetStatus 请求，SPS 中间件在需要的情况下会连接设备，查询当前任务完成的进度以返回客户端。

2. 内部交互

内部交互指的是 DSPS 内部组件之间的通信过程，包括 SPS 与 SOS 的交互、SPS 与 WNS 的交互。

a. 与 SOS 的交互

SOS 通常是用户获取信息的最终途径（Havlik 等，2009），对于物理传感器而言，传感器扫描到观测数据后会直接通过 SOS 的 InsertObservation 接口将数据插入到 SOS 中。然而本书实现的数据与传感器规划服务不同于目前已存的 SPS，明显的差别在于对数据预订系统等虚拟传感器的支持，涉及数据的检索和存储，数据预订系统本身未必会将数据主动插入到 SOS，因此将虚拟传感器（数据预订系统）的数据插入到 SOS 中需要特定的激发者，这里 SPS 作为虚拟传感器和 SOS 的激发者，通过 SOS 中间件将数据插入 SOS。

如图 3-6 所示，SPS 同 SOS 的交互通过 SOS 中间件进行，主要发生在两种情形下：

(1) 注册传感器：该步骤在 SPS 第一次启动完成，主要通过 SOS 的 RegisterSensor 接口向 SOS 注册 SPS 能够规划的所有传感器。

(2) SPS 向 SOS 插入观测数据：若用户感兴趣的数据在当前 SOS 不存在，SPS 则根据用户要求向信息收集设备提交相应的任务（详细过程参照 3.2.1 小节），如果是真实的传感器，数据的返回将由传感器本身完成，就本书针对的虚拟传感器而言，SPS 需要通过 SOS 中间件向数据预订系统查询数据，并通过 InsertObservation 接口将其插入到 SOS。

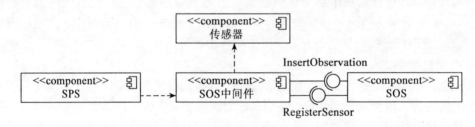

图 3-6　SPS 同 SOS 的交互

b. 与 WNS 的交互

由于传感器和虚拟传感器的种类繁多且复杂，一个 SPS 任务可能立即返回结果，但也可能是一个耗时任务，这会导致传统的客户端与服务端之间的同步通信机制——求-响应模式会导致低效率（Min 等，2008）。为了解决该问题，本书设计了基于 WNS 的异步通信中间件。WNS 中间件的任务是完成客户端的注册、查询、通知等功能。

当客户端成功提交任务即 Submit 操作得到了正确的响应，WNS 中间件就会根据提取到的客户端注册信息如 userID、NotificationURL 等，调用 WNS，通过 WNS 提供的 DoNotification 接口通知用户。

3.2.3　DSPS 的实现

图 3-7 为 SPS 的内部组件图，包括 5 个组件：操作管理器、可插拔的传感器实例、SPS 中间件、SOS 中间件和 WNS 中间件。

第 3 章 数据和传感器规划服务

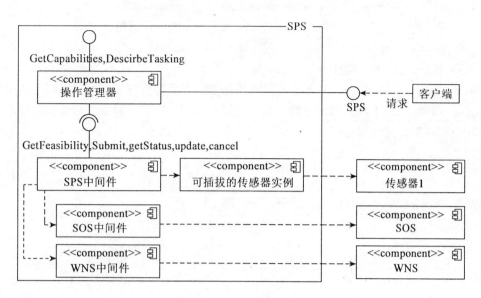

图 3-7 DSPS 组件图

1. 操作管理器实现

操作管理器管理 SPS 标准规范中定义的所有接口，管理器本身实现的接口有 GetCapabilities、DescirbeTasking，其他操作 GetFeasibility、Submit 等需要同特定传感器进行通信的操作由基于资源配置的 SPS 中间件实现。

SPS 在系统第一次启动时会加载与 SPS 中间件相关联的资源配置文件，动态生成该 SPS 服务的元数据信息，包括 GetCapabilities 文档中包含的所有内容，以及每个传感器的参数信息，当用户进行 GetCapabilities 和 DescribeTasking 的时候可以快速返回，提高效率。

2. 传感器实例

传感器实例是信息设备等逻辑传感器在本书实现的 SPS 系统中的映射，传感器实例要同这些收集设备进行交互，传感器实例的任务就是把与逻辑传感器交互通信的过程通过 SPS 的接口进行包装，因此 SPS 规范定义的大部分接口如 GetFeasibility、Submit、GetStatus、Update、Cancel 实际上是由该传感器实例实现的。其中 Submit 是 SPS 标准规范中唯一要求必须实现的操作，其他操作可根据具体情况选择是否实现，通常用户在进行 Submit 之前会进行 GetFeasibility 请求，因此这里着重介绍 GetFeasibility 和 Submit 操作的实现。

(1) GetFeasibility 操作：向 SPS 服务器查询一个任务的可行性，该操作的实现关键在于对用户请求的验证。验证客户端提交的请求文档是否符合 SPS 规范的定义格式，然后提取用户提交的参数以及参数值，并跟对应传感器的配置文件进行比对，判断参数类型以及参数值是否合法等。

(2) Submit 操作：是 SPS 同传感器或者虚拟传感器进行交互的唯一方式，是 SPS 服务的核心，它的操作如图 3-8 所示。

第一步：验证。若用户提交的 Submit 文档包含了 feasibilityID，并且该 ID 在 SPS 中有存储，则表示该用户已经提交过 GetFeasibility 请求，参数验证通过，无须重复验证，转第二步。若 Submit 文档中包含的有任务参数，则需要对参数进行二次验证，其验证方式和方法跟 GetFeasibility 中的验证操作基本一致。

第二步：封装具体的 SPS 任务并发送至传感器或者虚拟传感器。不同类型的传感器封装方式也不相同，对于真实的传感器，需要根据其通信标准进行封装；对于数据中心则要根据其数据模型以及外部协议进行包装，对于 Web 服务则依照 Web service 的请求方式进行封装。

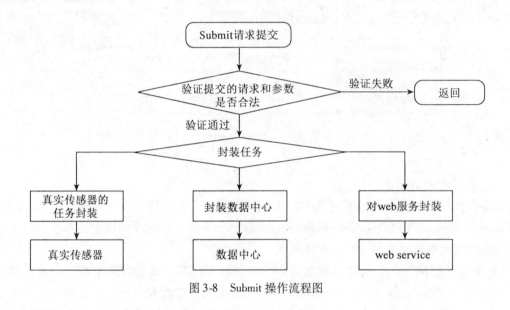

图 3-8　Submit 操作流程图

第三步：提交第二步得到的 SPS 任务并获取结果。

3.3　DSPS 关键技术

3.3.1　基于资源适配器的规划服务中间件

规划服务中间件是 SPS 的组成部分，用来管理 SPS 能够控制的传感器实例，该中间件基于资源配置实现，其内部实现如图 3-9 所示。

SPS 中间件包括传感器适配器和一个传感器资源配置文件。

1. 传感器资源配置文件

由上图看出该规划服务中间件是基于热插拔的模式，任何一个传感器实例都可以方便的添加或删除，这种模式的实现是基于反射机制和抽象接口。

传感器配置文件用来存储传感器信息如 sensorML、传感器执行任务的参数以及 Sensor 的具体实现类等内容，其 schema 的定义如图 3-10 所示。

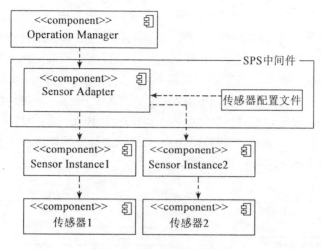

图 3-9 SPS 中间件示意图

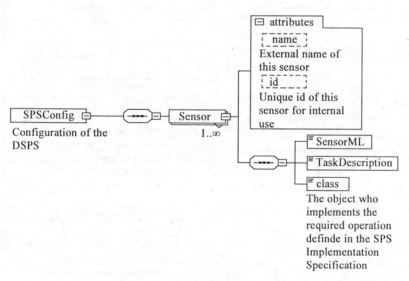

图 3-10 传感器配置文件 schema 图

根元素"SPSConfig"可以包含至少一个"Sensor",每一个"Sensor"元素代表一个具体传感器。"Sensor"的两个属性为"name"和"id"。"sensorML"元素代表描述该传感器的 SensorML 文档,其格式可以直接是一段 SensorML 文档,也可以是一个指向某一SensorML 文件的地址,推荐使用后者。"TaskDescription"元素代表该传感器执行任务需要的参数以及类型、个数等属性。"class"元素代表实现该传感器对外接口的具体java 类。

2. 传感器适配器

传感器规划服务控制管理的传感器类型多种多样，为了增加系统的灵活性和扩展性，系统设计了基于资源配置的传感器适配器，该适配器通过动态加载并初始化可以用来访问不同的物理传感器、虚拟传感器等，适配器基于上文提到的资源配置文件工作。

适配器采用 java 反射和抽象接口的机制实现。反射是 Java 语言被视为动态或准动态语言的一个关键性质，通过这个机制可以在运行时加载、探知、使用编译期间完全未知的类，这个机制允许程序在运行时反射加载一个类或通过 Reflection API 取得任何一个已知名称的类的内部信息（Forman，2004）。图 3-11 展示的是适配器通过反射获取到一个传感器实例的过程（以 GetFeasibility 请求为例）。

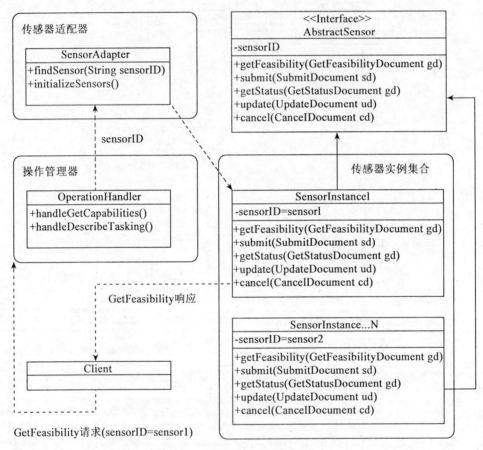

图 3-11 传感器适配器示意图

适配器通过客户端传来的 SensorID 然后根据传感器资源配置文件动态生成一个传感器实例对象，传感器实例继承自抽象接口 AbstractSensor，该抽象类定义了 SPS 规范中定义的 GetFeasibility、Submit 等操作，因此调用者不需要知道当前实例化的是哪个传感器，只要知道如何调用 AbstractSensor 的方法就可以完成响应。为了加快系统响应速度，提高用户体验，上面的初始化过程是在 SPS 第一次启动的时候完成，并存储在内存中待后面的请求调用。

通过这种机制实现的传感器实例是热插拔的，用户可以添加自己的传感器实例，该实例要继承 AbstractSensor，并实现其抽象方法，同时更新传感器资源配置文件即可。

3.3.2 基于消息通知机制的任务调度机制

传统的同步通信模式不适合处理传感器规划服务中涉及的耗时任务，因此必须通过另外的机制实现异步的消息通知，本书设计了基于 WNS 的异步通信中间件调用 WNS 实现异步消息通知。

由图 3-12 可知，该中间件包含 3 个组件，注册组件、通知组件和文档构建器。注册组件用来存储用户信息，文档构建器根据 WNS 有关的 schema 生成相关文档如 DoNotificationRequestDocument、RegisterDocument 等，通知组件将生成的文档发送至 WNS 服务器用以通知用户。

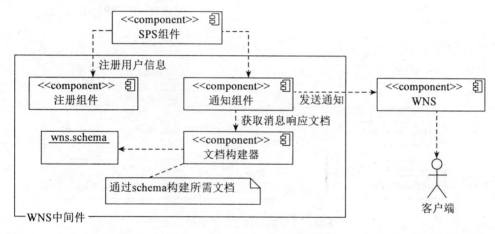

图 3-12 WNS 中间件示意图

从功能划分，WNS 中间件同时扮演客户端和服务端两种不同的角色。

服务端：当用户提交一个 GetFeasibility 和 Submit 文档时，中间件会从文档中提取用户信息，包括 UserID、NotificationURL，存档，并生成唯一的 callback 地址供用户查询。

客户端：当任务完成时，此中间件与特定的 WNS 交互用来通知用户任务的完成情况。具体流程如下：SPS 中间件向收集设备提交的任务完成后会调用通知组件向用户发送消息，通知组件根据注册组件存储的 UserID 和 NotificationURL 向特定的 WNS 发送一个 DoNotification 请求，该 DoNotification 请求文档由文档构建器完成，事实上该 WNS 的地址就是用户提交的 NotificationURL。

3.3.3 基于抽象工厂类的多模式消息适配器

多模式消息适配器是 WNS 的重要组件，WNS 可以通过不同的消息通知模式向用户发送通知,多模式消息适配器通过动态加载和初始化的方式可以实现不同通知方式。适配器的正常工作需要一组资源配置文件,文件中记录特定消息通知模式的信息,例如 Email 发送者名称、端口号、用户名和密码等。

多模式消息适配器是通过抽象工厂模式(Anthony Lauder 和 Stuart Kent,1998)实现的,图 3-13 表现的是抽象工厂类 WNSHandlerFactory 提供接口以创建不同类型具体的消息适配器(EmailHandler 和 SMSHandler)。系统可以含有任意数量的 Handler 创建者例如 EmailHandlerFactory 和 SMSHandlerFactory,这种 Factory 都要继承自 WNSHandlerFactory 这个抽象类,实现其抽象方法 getHandler(),该方法创建类似 EmailHandler 这种具体的消息适配器。这些适配器也要继承自同一个抽象类 AbstractHandler,实现其定义的方法。

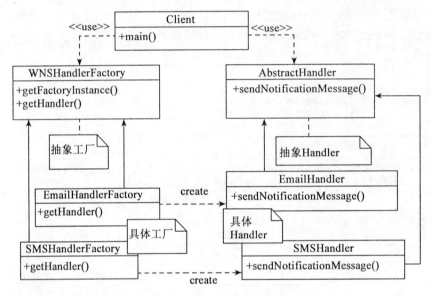

图 3-13 多模式消息适配器的抽象工厂

调用者会根据配置文件得到一个 WNSHandlerFactory 的实现类,并调用它的工厂方法 getHandler() 得到一个具体的消息适配器,调用者只需要知道如何调用抽象类 AbstractHandler 的方法,就可以使用这些具体的适配器。图 3-14 是 SMSHandler 和 EmailHandler 的实现图。

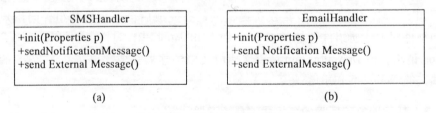

图 3-14 SMSHandler 和 EmailHandler 的实现图

图 3-14（a）是一个 SMS 适配器的 java 实现概括图。SMS 通知模式的特点在于实时和快捷，由于移动通信的普及，用户可以随时接收到消息通知，快速进行任务的处理。图（b）为 Email 适配器的实现概括图。Email 通知模式的特点在于稳定，适用于网络状态不理想的情况下使用。这些适配器 DAO 实现的方法是根据 WNS 对外提供的接口定义的，用户实现自己的适配器，以适应不同的消息通知模式。例如，用户想使用传真进行消息通知，他可以创建一个继承自 WNSHandlerFactory 的 FaxFactory 工厂，该工厂实现 getHandler() 方法用来创建具体的适配器 Faxhandler()，该类同样需要继承自 AbstractHandler，并实现相应的消息发送接口。

3.3.4 基于插件机制的客户端适配器组件

Geosensor 客户端与 OGC 服务连接的核心组件是通过服务适配器 Service-Adapter 实现的，不同的 Web 服务对应不同的适配器，如连接传感器规划服务使用 SPSAdapter，所有的 Adapter 继承自接口 IAdapter，为系统的渲染、UI 等其他组件服务。客户端对观测数据的渲染同样采用插件机制，不同的数据来源需要自定义不同的渲染器，基于插件的模式如图 3-15 所示。

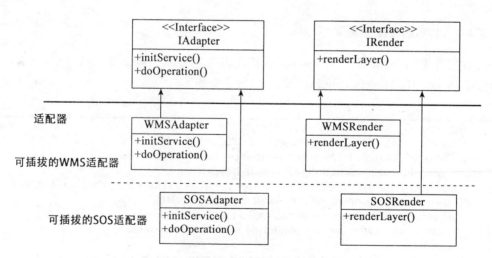

图 3-15　Geosensor 客户端插件机制示意图

图 3-15 中通过 WMSAdapter 访问 OGC WMS 服务，获取到数据之后由 WMSRender 进行渲染，对 SOS 观测数据的渲染可视化采用 SOSRender。

用户随时可以更新不同的 Render 类型以进行不同形式的数据可视化，也可以通过增加适配器的模式添加对其他 OGC Web 服务的支持。

3.4 DSPS 与 SGP4 的连接

SGP4（Simplified General Perturbations Satellite Orbit Model 4）和 SDP4（Simplified Deep-space Perturbation Satellite Orbit Model 4）是由美国北美防空联合司令部（North American Air Defense Command，NORAD）开发的卫星轨道预报模型，用来计算卫星在地球轨道的位置和运行速度（Montenbruck 和 Gill，2000）。SGP4 用来计算运行周期不超过 225 分钟的近地轨道卫星，SDP4 计算运行周期超过 225 分钟的深空轨道卫星。这两种模型在使用 NORAD 的双线元（Two-Line-Element，TLE）基准的情况下能够提供非常精确的计算结果。

双线元是 NORAD 研究的一种描述空间飞行器轨道的平均轨道元，它被广泛应用于确定小卫星以及空间碎片的飞行轨道（史纪鑫和曲广吉，2005），将双线元代入 SGP4 或者 SDP4 模型进行计算，可以求出空间目标在任意时刻的位置和速度。

为了使用 SGP4 来模拟规划卫星，我们创建了一个 SGP4 Web 服务，该服务通过 NORAD 算法计算卫星轨道信息，用户可以根据其提供的接口进行查询。本例中，我们考虑在未来某个时间范围和空间范围中有哪些卫星存在，如果能够找到，则证明模拟试验顺利。

3.4.1 传感器资源配置文件

配置文件见图 3-16，第二个 Sensor 标签代表该虚拟传感器，其 name 属性为 sensor-SGP4，其 sensorML、TaskDescription、class 参数定义如下。

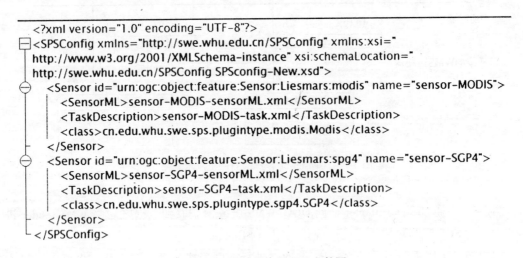

图 3-16 传感器资源配置文件图

（1）sensorML 文档指向一个链接"sensor-SGP4-sensorML.xml"，其内容如图 3-17 所示。

```xml
<?xml version="1.0" encoding="UTF-8"?>
<SensorML xmlns="http://www.opengis.net/sensorML/1.0" xmlns:xsi="http://www.w3.org/2001/XMLSchema-instance" xmlns:xlink="http://www.w3.org/1999/xlink">
    <identification>
        <IdentifierList>
            <identifier>
                <Term definition="urn:ogc:def:identifier:OGC:uniqueID">
                    <value>urn:ogc:object:feature:Sensor:Liesmars:spg4</value>
                </Term>
            </identifier>
        </IdentifierList>
    </identification>
    <member>
        <ContactList>
            <ResponsibleParty>
                <individualName>liesmars</individualName>
            </ResponsibleParty>
            <ResponsibleParty>
                <individualName>wuhan university</individualName>
            </ResponsibleParty>
        </ContactList>
    </member>
</SensorML>
```

图 3-17　SGP4 的 SensorML

（2）TaskDescription 参数指向一个参数描述文件"sensor-MODIS-task.xml"，内容如图 3-18 所示。

图 3-18　SGP4 的 taskconfig 配置

SGP4 Web 服务提供的查询接口定义了两个必选参数 space 和 timeRange，用来查询在某个时间段内某个区域有哪些传感器存在，因此我们依据 SGP4 Web 服务所要求的格式定义了 space 和 timeRange 参数。

（3）class 为 cn.edu.whu.swe.sps.plugintype.sgp4.SGP4，该类即传感器实例，实现具体的操作接口。

3.4.2 传感器实例的实现

传感器实例为 cn.edu.whu.swe.sps.plugintype.sgp4.SGP4，该类的目的是当用户提交任务的时候根据用户提交的参数向 SGP4 Web 服务查询可用的卫星。图 3-19 为具体实现类的 UML 图。

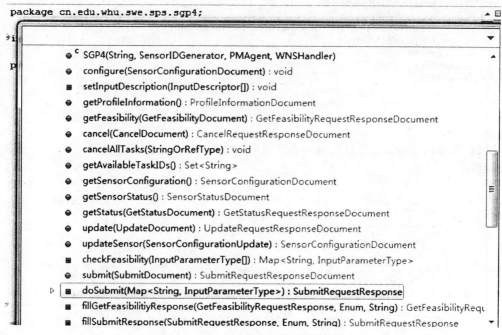

图 3-19　SPG4 传感器实例的类图

关键操作 Submit 的实现过程如下：

（1）请求验证：首先进行用户提交请求的验证，验证用户提交的空间范围 space 和时间范围 timeRange 是否合法。

（2）提交任务

若验证通过则准备向 SGP4 Web 服务提交任务。首先根据用户提交的参数构建准备发送的 SOAP 文档，然后通过 SOAP 和 HTTP 绑定的方式将文档发送至 SGP4 Web 服务。

（3）处理请求结果

接受 SGP4 Web 服务返回的响应文档，解析，查看是否找到合适的卫星，卫星规划通常由于请求的时间在未来，用户不可能立即得到结果，因此本例中我们模拟一个耗时任务，假设任务在 1 天之后完成，通过一个计时器计算时间，24 小时之后使用 WNS 中间件借助于 WNS 向用户发送消息告知其任务完成。

3.4.3 结果

本实验要模拟 WNS 的异步消息发送，因此首先向 WNS 服务器注册，注册成功后返回的 userID，将被 SPS 中的 WNS 中间件用来发送消息，这里我们得到的 ID 是 1。

然后向 SPS 发送 DescribeTasking 请求以获取 spg4 传感器定义的参数，返回结果表明需要两个参数，space 和 timeRange，图 3-20 是我们的提交文档。

```xml
<?xml version="1.0" encoding="UTF-8"?>
<sps:Submit service="SPS" version="1.0.0" xmlns:gml="http://www.opengis.net/gml"
 xmlns:sps="http://www.opengis.net/sps/1.0" xmlns:swe="http://www.opengis.net/swe/1.0">
  <sps:notificationTarget>
    <sps:notificationID>1</sps:notificationID>
    <sps:notificationURL>http://swe.whu.edu.cn:9000/WNS/wns</sps:notificationURL>
  </sps:notificationTarget>
  <sps:sensorParam>
    <sps:sensorID>urn:ogc:object:feature:Sensor:liesmars:sgp4</sps:sensorID>
    <sps:parameters>
      <sps:InputParameter parameterID="space">
        <sps:value>
          <swe:Envelope referenceFrame="urn:ogc:def:crs:EPSG:6.14:4326">
        </sps:value>
      </sps:InputParameter>
      <sps:InputParameter parameterID="timeRange">
        <sps:value>
          <swe:TimeRange>
            <swe:quality>
              <swe:Text>
                <swe:value>2010-04-30T12:00:00Z 2010-05-01T16:30:00Z</swe:value>
              </swe:Text>
            </swe:quality>
          </swe:TimeRange>
        </sps:value>
      </sps:InputParameter>
    </sps:parameters>
  </sps:sensorParam>
  <sps:timeFrame>
</sps:Submit>
```

图 3-20　SGP4 虚拟传感器的 Submit 提交文档

Submit 文档中定义了时间范围为 2010-04-30 12：00：00— 2010-05-01 16：30：00，空间范围为（113，29，115，31），提交后我们得到任务已接受的确认结果。

本次试验发送请求的时间为 2010 年 4 月 24 日 13 时 45 分左右，2010 年 4 月 25 日 13 时 47 分收到 WNS 发送的消息如图 3-21 所示，通知任务已经完成，并给出了获取观测数据的地址。

从图 3-21 中可以看出有 2 颗卫星 TERRIERS 和 LANDSAT 04 满足需求，意味着从理论上讲我们可以通过传感器规划服务对未来数据进行规划。

```
Liesmars Web Notification Service  收件箱 | ×
    swehost@gmail.com 发送至 我              显示详细信息 13:47 (24 分钟前)
    <NotificationMessage xmlns="http://www.opengis.net/wns/0.0" xmlns:xsi="http://www.w3.org/2001/XMLSchema-instance">
    <ServiceDescription>
      <ServiceType>Liesmars SPS</ServiceType>
      <ServiceTypeVersion>1.0.0</ServiceTypeVersion>
      <ServiceURL>http://swe.whu.edu.cn:9000/SPSv101/SPS</ServiceURL>
    </ServiceDescription>
    <Payload>
      <sps:SPSMessage SPSCorrID="1161690976970_684004688690043" xmlns:sps="http://www.opengis.net/sps">
       <sps:StatusInformation>
         <sps:status>Operation completed</sps:status>
         <description>
           <ObservationURL>http://swe.whu.edu.cn:9000/SOS/sos</ObservationURL>
           <sgp4:ArrayOfRecordResult xmlns:sgp4="http://swe.whu.edu.cn/sgp4">
             <sgp4:RecordResult>
               <sgp4:TLEName>TERRIERS</sgp4:TLEName>
               <sgp4:ResultState>partContain</sgp4:ResultState>
             </sgp4:RecordResult>
             <sgp4:RecordResult>
               <sgp4:TLEName>LANDSAT 04</sgp4:TLEName>
               <sgp4:ResultState>partContain</sgp4:ResultState>
             </sgp4:RecordResult>
           </sgp4:ArrayOfRecordResult>
         </description>
       </sps:StatusInformation>
      </sps:SPSMessage>
    </Payload>
    </NotificationMessage>
```

图 3-21　消息通知

3.5　DSPS 与 ECHO 的连接

NASA 的地球科学数据信息系统 ESDIS 负责对地观测数据以用户群的管理，对地观测系统数据交换中心（Earth observation system ClearingHOuse，ECHO）是一个元数据交换中心，由 ESDIS 系统构建而成（Gilman，2008）。ECHO 基于 XML 和 Web 服务技术，为对地观测社区提供了基于 SOA 的环境，负责时间和空间元数据的注册，使得科研社区、高校、政府机构及一般用户能够更容易的使用和交流 NASA 的数据和服务。ECHO 的主要目标是扩大 NASA 对地观测数据的服务范围，可以让用户更有效地搜索和访问相关的数据和服务。

ECHO 对外提供三种合作模式：数据合作、服务合作和客户端合作。

a. 数据合作

数据合作者向 ECHO 社区提供其拥有的地球科学数据的元数据，客户可以通过特定的预订或者在线方式访问这些数据。数据合作者对 ECHO 的元数据有完全控制权，可以插入新数据、修改已存数据和删除过时的数据。同时数据合作者还要根据 ECHO 要求的格式定期生成 XML 格式的元数据、监测提交的元数据、管理数据的获取范围、使用权限等。

b. 服务合作

ECHO 服务相当于客户和 ECHO 系统之间的桥梁，服务本身不属于 ECHO 系统，这些服务包括对原始数据的处理如压缩、根据用户需求发现数据等。ECHO 支持任何类型的数据服务，使得对地观测数据可以通过多种方式为外界服务。服务合作者的职责包括以下几个方面：

开发服务以提供对 ECHO 中存储数据的处理和使用，与 ECHO 社区合作以扩大用户群体。

目前 ECHO 对外提供的服务包括权限服务、数据管理服务、预订管理服务等，详细信息可在 ECHO API 页面查找：http://api.echo.nasa.gov/echo/apis.html。

c. 客户端合作

客户端合作者的目标是构建终端应用程序依据 ECHO API 通过网络的方式与 ECHO 进行通信。ECHO API 由服务合作者实现，这些 API 允许多种多样的客户端访问 ECHO，目前大部分的客户端都支持对 ECHO 中元数据的发现访问浏览和预订等。

搭载在 Terra 和 Aqua 两颗卫星上的中分辨率成像光谱仪（Moderate-Resolution Imaging Spectroradiometer, MODIS）是美国地球观测系统（EOS）计划中用于观测全球生物和物理过程的重要仪器。它具有 36 个中等分辨率水平（$0.25\mu m \sim 1\mu m$）的光谱波段，每 1~2 天对地球表面观测一次。获取陆地和海洋温度、初级生产率、陆地表面覆盖、云、汽溶胶、水汽和火情等目标的图像。MODIS 数据主要有四个特点：

（1）全球免费：NASA 对 MODIS 数据实行全球免费接收的政策；

（2）光谱范围广：MODIS 数据涉及波段范围广（共有 36 个波段，光谱范围从 $0.4\mu m \sim 14.4\mu m$）；

（3）数据接收简单：MODIS 接收相对简单，它利用 X 波段向地面发送，并在数据发送上增加了大量的纠错能力；

（4）更新频率高：Terra 和 Aqua 卫星都是太阳同步极轨卫星，Terra 在地方时上午过境，Aqua 在地方时下午过境，加上晚间过境数据，所以可以得到每天最少 2 次白天和 2 次黑夜更新数据，更新频率高。

普通用户可以通过服务合作者提供的服务 API 获取 NASA 的对地观测数据。所有的 ECHO 元数据存储在 Oracle 空间数据库，但是对普通用户不可见，用户获取 ECHO 数据的唯一途径是通过 ECHO 提供的 API，通过 ftp 的方式获取。同时数据的获取需要预订的方式获取，即一个数据获取的任务是需要等待的，因此我们希望通过 SPS 的标准接口实现对 ECHO 提供的 MODIS 数据的规划，根据前文讨论的 SPS 架构，将 ECHO 包装成虚拟传感器的步骤如下。

3.5.1 传感器资源配置文件

在传感器配置文件中添加 ECHO 虚拟传感器有关信息，文件内容如图 3-22 所示，图中第一个 Sensor 标签代表 ECHO 虚拟传感器，其 sensorML、TaskDescription 和 class 定义如下。

（1）sensorML 文档指向一个链接"sensor-MODIS-sensorML.xml"，其内容如图 3-22 所示。

```xml
<?xml version="1.0" encoding="UTF-8"?>
<SensorML xmlns="http://www.opengis.net/sensorML/1.0"
    xmlns:xsi="http://www.w3.org/2001/XMLSchema-instance"
    xmlns:xlink="http://www.w3.org/1999/xlink">
    <identification>
        <IdentifierList>
            <identifier>
                <Term definition="urn:ogc:def:identifier:OGC:uniqueID">
                    <value>urn:ogc:object:feature:Sensor:liesmars:modis</value>
                </Term>
            </identifier>
        </IdentifierList>
    </identification>
    <member>
        <ContactList>
            <ResponsibleParty>
                <individualName>liesmars</individualName>
            </ResponsibleParty>
            <ResponsibleParty>
                <individualName>wuhan university</individualName>
            </ResponsibleParty>
        </ContactList>
    </member>
</SensorML>
```

图 3-22 MODIS 虚拟传感器的 SensorML

（2）TaskDescription 参数指向一个参数描述文件"sensor-MODIS-task.xml"，内容如图 3-23 所示。

```xml
<?xml version="1.0" encoding="UTF-8"?>
<TaskConfig xmlns="http://swe.whu.edn.cn/TaskConfig" xmlns:gml="http://www.opengis.net/gml" xmlns:sps="http://www.opengis.net/sps/1.0" xmlns:swe="http://www.opengis.net/swe/1.0" xmlns:ows="http://www.opengis.net/ows" xmlns:xlink="http://www.w3.org/1999/xlink" xmlns:xsi="http://www.w3.org/2001/XMLSchema-instance" xsi:schemaLocation="http://swe.whu.edu.cn/TaskConfig.xsd">
    <sps:InputDescriptor parameterID="space" use="required" updateable="false">
        <sps:definition>
            <sps:commonData>
                <swe:Envelope referenceFrame="urn:ogc:def:crs:EPSG:6.14:4326" definition="urn:ogc:def:phenomenon:space">
                    <swe:lowerCorner>
                        <swe:Vector>
                            <swe:coordinate name="Geodetic latitude">
                                <swe:Quantity axisID="Lat">
                                    <swe:uom code="deg"/>
                                    <swe:constraint>
                                        <swe:AllowedValues>
                                            <swe:interval>-90 90</swe:interval>
                                        </swe:AllowedValues>
                                    </swe:constraint>
                                </swe:Quantity>
                            </swe:coordinate>
                            <swe:coordinate name="Geodetic longitude">
                            </swe:coordinate>
                        </swe:Vector>
                    </swe:lowerCorner>
                    <swe:upperCorner>
                    </swe:upperCorner>
                </swe:Envelope>
            </sps:commonData>
        </sps:definition>
    </sps:InputDescriptor>
    <sps:InputDescriptor parameterID="startTime" use="required" updateable="false">
    <sps:InputDescriptor parameterID="endTime" use="required" updateable="false">
</TaskConfig>
```

图 3-23 MODIS 虚拟传感器的 taskConfig 配置

ECHO 的数据查询 API 中定义了用户查询数据需要提交一个时间范围和空间范围，因此该文件定义了三个参数：space、startTime、endTime。Space 表示一个空间范围，指定其类型为 SPS schema 定义中的 Envelope 类型。startTime 和 endTime 为时间格式，表示查询的时间范围。

（3）最重要的属性 class 为 cn.edu.whu.swe.sps.plugintype.MODIS.MODIS，该类即传感器实例，实现具体的操作接口。

3.5.2 传感器实例的实现

传感器实例即上文提到的 cn.edu.whu.swe.sps.plugintype.MODIS.MODIS，该类实现了 GetFeasibility、Submit 等重要接口。图 3-24 为具体实现类的 UML 图。

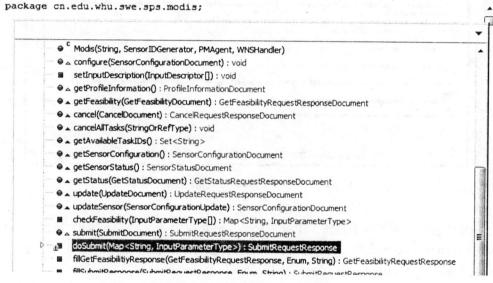

图 3-24　MODIS 虚拟传感器实现类图

其核心操作 Submit 的实现流程如下：

（1）请求验证：首先进行用户提交请求的验证，验证用户提交的空间范围 space 和时间范围 startTime、endTime 是否合法。

（2）提交任务：若检测步骤通过，则开始向虚拟传感器 ECHO 正式提交 SPS 任务，提交之前需要依照 ECHO 的 WSDL 进行请求字段的构建，根据 ECHO 的 WSDL 生成客户端 API，首先登录 ECHO 服务，若登录成功则开始依据 ECHO 定义的 DTD 文档构建请求字符串，然后发送该字符串到 EHCO，获取依据 ECHO 元数据模型进行编码响应结果（XML 文档），最后退出 ECHO 服务。

（3）处理查询结果：最后将获取的结果插入到 SOS 服务，该服务地址通过 SPS 定义的 DescribeResultAcess 操作获取。

3.5.3 结果

用户首先通过 SPS 提供的 GetCapabilities 接口获取 SPS 的能力文档，得到的响应文档如图 3-25 所示。

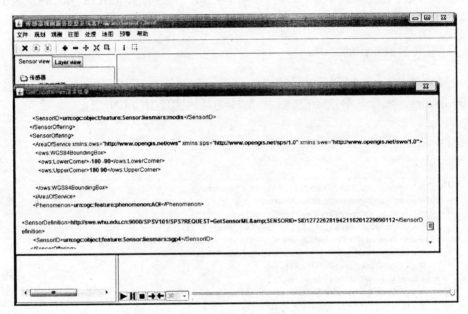

图 3-25　SPS GetCapabilities 操作响应结果

从图中看出该 SPS 能够提供 2 个虚拟传感器进行规划，分别为 MODIS 和 SGP4，MODIS 的<AreaOfService>元素值表明它的观测范围为全球，可以满足需求，然后通过对 MODIS 传感器进行 DescribeTasking 操作查询规划该传感器需要的参数等信息。查询结果见图 3-26。

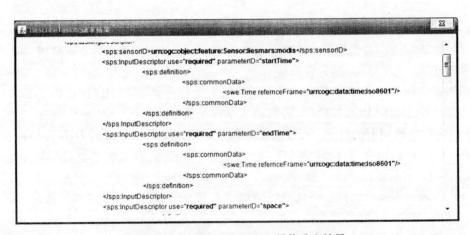

图 3-26　SPS DescribeTasking 操作响应结果

从图中看出该传感器的任务提交需要三个参数，startTime、endTime 和 space。startTime 和 endTime 为 OGC 定义的 ISO8601 时间格式，代表起始和结束时间，space 代表请求数据的空间范围，需用 BoundingBox 的方式表现。图 3-27 为客户端根据不同的任务参数自动构建的参数填写对话框。

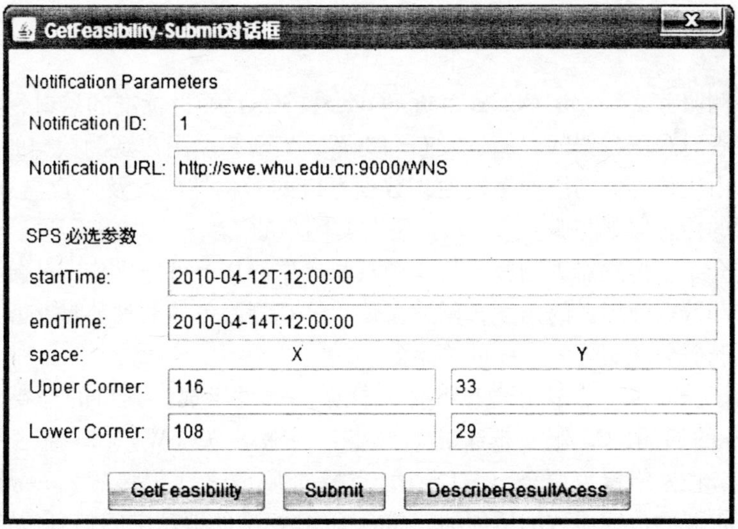

图 3-27　SPS GetFeasibility 请求界面

我们提交的 Submit 文档中定义时间为 2010-04-12—2010-04-14、空间范围为［108，29，116，33］，该范围大致代表湖北地区，任务提交确认后可通过传感器观测服务获取观测数据。

第4章 多用途传感器观测服务

传感器观测服务（Sensor Observation Service，SOS）通过标准的接口，实现网络环境下传感器提供者对观测数据的存储、发布和更新，实现终端用户观测数据的在线即时查询和按需获取。由于传感器网络的多样性，数据存储的异构性，以及用户需求的不确定性，实现高效灵活的传感器观测服务（SOS）是非常困难的。

本章首先介绍了传感器观测服务的3个核心操作和9个可选操作，从传感器观测服务的数据提供者和数据使用者的角度，阐述了传感器观测服务的两种典型交互序列，分析了已有传感器观测服务的实现和存在的不足。

接着提出了面向服务的多用途SOS体系框架和部件组成。其目的是要建立一个集成其他OGC服务的通用SOS服务框架，如网络目录服务（CSW）、事务性网络要素服务（WFS-T）、事务性网络覆盖服务（WCS-T）等标准服务来获得传感器观测数据的方法。该框架包括可扩展的传感器数据适配器、符合OGC标准的地球空间信息传感器观测服务、地球空间信息目录服务、WFS-T与SOS的接口、WCS-T与SOS的接口和传感器观测服务的客户端六个核心部件，详细说明了传感器网络数据使用者、生产者、CSW和SOS之间的交互操作。

其次，详细介绍了海量实时传感器数据的存储技术和传感器数据的注册发现技术。可扩展传感器数据适配器用来存储和管理从现场传感器、传感器模型或仿真系统得到的传感器观测数据，使用了抽象工厂的实现模式，有利于传感器和数据库系统的扩展。

最后，采用Java技术，进行系统设计、原型开发和系统实验。传感器观测服务设计遵循OGC的传感器观测服务执行规范包括必需的"核心"和可选的"事务"操作，并且与OGC的SWE体系相兼容。通用SOS实现采用Java Servlet技术，可以部署在任何Java Servlet容器，并且可以使用WSDL实现服务接口和参数的自动暴露。该框架已经在陆地观测、气象观测和水文观测进行了实验。

4.1 传感器观测服务

传感器观测服务提供一系列接口用来管理传感器的部署和传感器数据的检索。传感器观测服务定义了三个必需的核心操作：GetObservation、DescribeSensor和GetCapabilities。传感器观测服务也定义了一些可选的操作，包含两个提供事务处理的操作RegisterSensor和InsertObservation，六个增强的操作GetResult、GetFeatureOfInterest、GetFeatureOfInterestTime、DescribeFeatureOfInterest、DescribeObservationType和DescribeResultModel。传感器观测服务提供了一个广泛的互操作能力，用来发现、绑定和查询实时的、历史档案或模拟环境的数据或者一个或多个传感器和传感器平台的观测数据。

4.1.1 交互序列

传感器观测服务的交互主要分为两部分。第一部分是关于传感器数据的用户。第二部分是关于传感器观测服务的数据生产者。

1. 传感器数据消费者交互序列

传感器数据用户的主要目的是获得传感器的观测数据。用户可以先使用目录检索服务来发现所需要的传感器观测数据的传感器观测服务实例。检索目录后用户可以直接获得来自服务的观测或者在服务层次上执行发现或者在获得传感器观测之前的得到传感器原数据。服务级的发现包括启动 GetCapabilities 操作来得到每个服务可能提供的信息。在传感器系统通过启动 GetCapabilities 操作获得所有的观察提供后,详细的传感器元数据才能被获得。

图 4-1 表现了传感器数据用户如何在 OGC CS-W 目录上下文中检索服务,并通过 GetCapabilities 或者 GetObservation 在 SOS 获取观测数据。一个 SOS 实例可能直接或者通过代理间接的获得传感器数据。传感器数据用户只需要知道如何处理注册和服务接口就可以获得传感器观测数据。

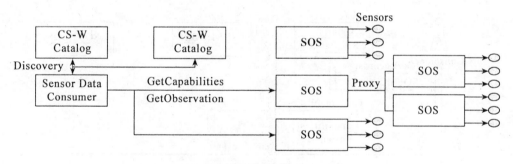

图 4-1 传感器数据用户操作上下文

图 4-2 是一个传感器数据用户使用 SOS 获取数据的流程图。Discover Services 是通过使用一个或多个 OGC 目录服务 (CS-W) 实例实现的。用户可以定期地从他们知道的服务能力文档里获取最新的服务属性数据。Discover Observations 是从服务层获得一个服务功能文档,包括从一个服务能得到的所有提供的详细信息。这可以用来得到进一步目标的 GetObservation 操作。这步骤是可选的,如果目录响应提供给了用户足够的信息这个步骤也可以直接跳过。Get Sensor Metadata 是通过检索任意一个传感器使用 DescribeSensor 操作得到传感器的元数据。检索结果将返回一个关于传感器详细信息的 SensorML 或 TML 文档。这可以为数据用户提供一个过滤那些没有错误检测,校正或者不够准确的传感器数据的方法。这是一个在许多情况可以被跳过的步骤。Get Observations 是数据用户使用 GetObservation 操作获得传感器数据。

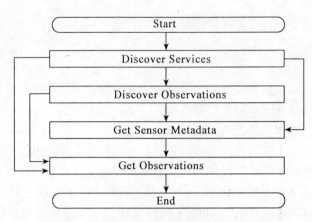

图 4-2　传感器数据用户获取观测数据流程图

图 4-3 展示了一个传感器数据用户如何使用 GetRecords 操作从一个 CS-W 上下文中检索服务中获得两个 SOS 实例。然后通过 GetCapabilities 在每个服务实例上进行服务级发现。用户再使用 DescribeSensor 操作在服务实例中获得详细的传感器数据。最后用户调用 GetObservaiotn 操作获得来自服务实例的观测数据。

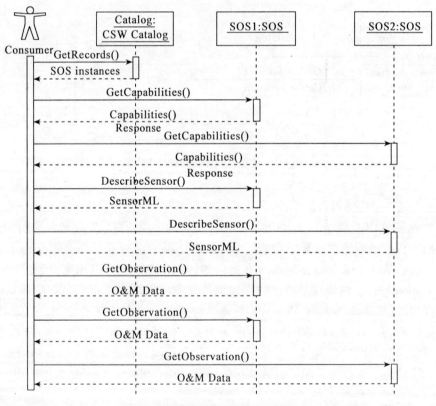

图 4-3　传感器数据用户顺序图

2. 传感器数据发布者交互序列

SOS 包括一个可选择的事务配置文件可以提供插入新的传感器和传感器观察数据进入 SOS 的操作。SOS 实例使用事务配置文件的目的是为了依靠一个中间外部服务来获得传感器数据，而不是直接获得数据。意图是提供给一个拥有基本的 SOS 用户端的传感器数据的生产者能进入任何传感器网络开发商用的 SOS 产品的功能。假设数据生产者的软件实体运行在资源约束的平台上，那样或者通过物理上完全的或者通过某种类型的无线连接来获得的传感器。数据生产者有足够的处理能力构造出能被出版到事务性 SOS 中的简单的 XML 插入文档。事务性 SOS 假设软件实体运行在一个能同时处理来自大量数据生产者同时连接的数据中心中有能力的服务器上。数据用户从事务性 SOS 请求数据使用核心配置文件，而不需要与数据生产者直接交流。

图 4-4 展示了使用操作上下文描述的传感器数据生产者。图中仍然出现了目录，但是只有一个而且被假设成由 SOS 服务定位的。如果数据生产者有足够能力来提供目录用户端应用程序，那么目录将会使用在 SOS 实例的发现上。在某些情况下传感器数据发布者需要在 SOS 的位置被部署的时候进行配置。图 4-4 表示在一个单一组织控制下的设备。可伸缩性通过聚集一些在传感器边上的数据生产者和一些在传感器中心提供给数据用户的 SOS 实例将会被实现。

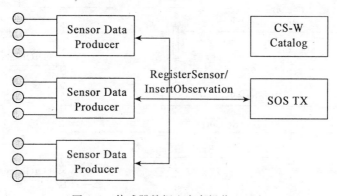

图 4-4　传感器数据生产者操作上下文

图 4-5 表示一个传感器数据生产者生产数据的流程图。其中所有的步骤都是可选择的。Discover Services 是通过使用一个或多个 OGC 目录服务（CS-W）实例实现的。数据生产者只有在传感器已经在 SOS 注册并产生观察时才能对 SOS 发布观测数据。生产者需要先看 SOS 提供的能力文档来了解传感器是否已经在 SOS 注册。如果没有，生产者需要在 Insert NewSensor 中使用 RegisterSensor 操作向 SOS 注册传感器。如果生产者已经在 SOS 实例中注册了一个传感器，那么他就可以 Insert New Observation 时发布该传感器的观测数据。

图 4-6 展示了两位传感器数据生产者如何通过的一个提供事务配置文件的 SOS 实例进行互动的顺序图表。第一位数据生产者使用一个 CS-W 目录发现 SOS。第二位数据生产者已经对 SOS 的位置进行了配置。当数据生产者决定使用新的传感器进行交流的时候，他

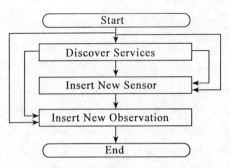

图 4-5 传感器数据生产者流程图

们需要向 SOS 注册这些传感器。生产者从被他们控制的 SOS 中所有传感器中发布传感器观测数据。图表也可以表示一个传感器数据用户。用户随时可以使用 GetObservation 操作从 SOS 中请求观测。操作时用户不必知道生产者的存在，反之亦然。

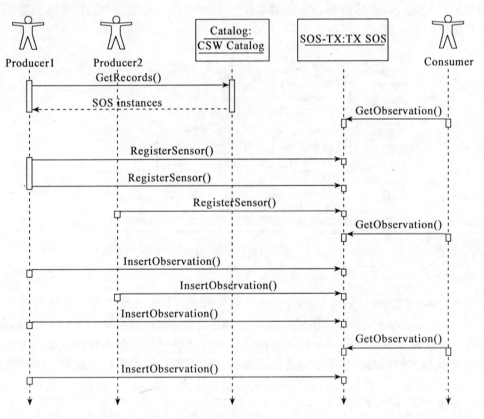

图 4-6 传感器数据生产者顺序图

4.1.2 已有实现

当前国际上已经实现的 SOS 系统有：GeoBliki（2008）、Vis Analysis Systems Technologies Team（VAST, 2008）和 52°North（2008）等。除 52°North 外，其他的 SOS 只实现了三个最基本的核心功能。

GeoBliki 是 EO-1 计划的 SOS 服务，他采用了 Ruby on Rails 应用开发框架实现了 SOS 的三个最基本的核心功能，主要用来提供 EO-1 卫星的观测数据。用户可以利用 GeoBliki 通过 SWE 提供的相关的 SPS，SOS 等服务来获得指定时间地点的 EO-1 卫星的观测数据。

表 4-1   传感器观测服务实现比较表   （√表示支持；×表示暂不支持）

类型		N52	GeoBliki	VAST
功能	GetCapabilities	√	√	√
	GetObservation	√	√	√
	DescribeSensor	√	√	√
	GetFeatureOfInterest	√	×	×
	InsertObservation	×	×	×
	RegisterSensor	×	×	×
	GetResult	√	×	×
	GetFeatureOfInterestTime	√	×	×
	DescribeFeatureOfInterest	√	×	×
	DescribeObservationType	√	×	×
	DescribeResultModel	×	×	×
数据库		PostgreSQL	MySQL	NONE
开发语言		Java	Java	Java
用户接口		Html	Ajax	Html
DCP 请求		GET/POST	POST	GET/POST
传感器类型		In-situ	Remote	Remote

VAST 是设在阿拉巴马汉茨维尔大学（UAH）地球系统科学中心的国家空间科学和技术中心（NSSTC）设计实现的，主要做六个不同应用方向的 SOS 服务：WSR88D Doppler SOS、Satellite Orbital Elements SOS、Satellite Nadir Track SOS、Satellite Sensor Footprints SOS、Airdas UAV SOS 和 Weather Station SOS 等。基本上只实现了 SOS 最基本的核心功能。

52°North 是一个国际性的研究和开发公司地理空间开源软件股份有限公司完成的，是目前来说实现功能最多的 SOS 系统。因为地理空间开源软件股份有限公司的目的是推广开源的地学软件在研究、教育、培训和实际应用中的发展,所以52°North的SOS采用了开源的软件,如PostgreSQL、PostgreGIS等。服务端使用Java Servlet技术可以方便在任何一个Servlet容器里配置运行。52°North的SOS实现了除三个核心功能之外的另外两个可选择的功能:GetFeatureOfInterest和GetResult,并且在许多项目中已经投入了实际的应用,例如,Advanced Fire Information System(AFIS 2.0)of the Council for Scientific and Industrial Research(CSIR)of South Africa,Open Web Services Testbed Phase 4,Open Web Services Testbed Phase 5等。

表4-1表明,到目前为止几乎所有的SOS都实现了SOS规范中规定的核心操作。而"Registersensor"和"Insertobservation"等操作尚未得到实现。在传感器支持的类型上,我们可以看到对原位传感器和远程传感器都可以支持。SOS传感器数据的存储和管理基本上是采用关系数据库管理系统或者文件系统。分布式计算平台的请求采用HTTP的GET或POST协议。总之,现有的SOS不能满足多传感器网络,异构传感器数据的存储和多用户要求。

4.2 多源异构传感器观测服务

基于Web Services的多源异构传感器观测服务基于以下几点考虑:

(1)使用SensorML来描述传感器和观测平台。现在大多数传感器观测服务是依赖于某些或某种传感器独立实现的,缺乏对异构传感器源的支持,服务的可扩展性较差,本系统使用SensorML对传感器建模,对多源异构传感器数据的获取与发布提供一个统一的描述,便于多源异构传感器的扩展。

(2)SOS采用面向服务架构(Service-Oriented Architecture)。SOA是一种架构模型,它可以根据需求通过网络对松散耦合的粗粒度应用组件进行分布式部署、组合和使用。SOS采用SOA架构使得其功能能够被消费者和传感器提供者分别调用,从而有效控制系统中与软件代理交互的人为依赖性。

(3)提供统一的数据访问接口,该接口可以和已经实现的WCS、WFS和CSW等空间数据服务,及其他SOS服务进行同步或异步对话。从而整合现有服务资源,提供SOS服务的注册、查询和观测数据的可视化。

4.2.1 多用途服务体系结构

传感网系统关键的组成部分是可以提供观测和测量数据的传感器观测服务,该服务必须能与SPS、OGC CSW、WCS和WFS等服务很好的协作,同时适应不同传感器的需求。该系统目标是提供管理和检索传感器的观测数据的中间件。系统的设计还必须提供松散的架构,来满足多传感器和多用户的需求。为了实现上述目标,我们采用面向服务的中间件架构来实现传感器观测服务。如图4-7所示,该架构包括3个层:数据层、业务层和表现层。

数据层主要目的是为服务层提供数据源。数据层负责存储和管理传感器数据。传感器数据的来源可以是动态传感器,原位传感器,微型无线传感器,一个SOS,一个动态时空数据库或一个仿真传感器系统，观测数据可以通过业务层储存在一个文件，关系型数据库或者一个 XML 数据库中。

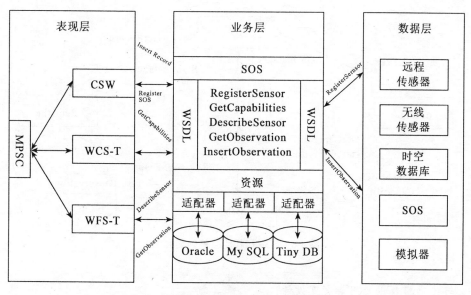

图 4-7　面向服务的 SOS 架构

业务层由多个适配器、一个多用途的 SOS 和一个统一的 WSDL 服务描述组成。适配器从数据层查找和检索传感器。多用途 SOS 是业务层的核心部分。在传感器数据使用者方面，实现了 OGC 的 SOS 标准中规定 GetObservation、GetCapabilities 和 DescribeSensor 三种操作。在传感器数据发布者方面，它实现了 InsertObservation 和 RegisterSensor 操作。WSDL 的用来描述发布 SOS 的服务，绑定，接口类型和操作，使 SOS 服务可以应用于不同的客户端。

表现层主要作用是使用户可以访问，查看和操作传感器观测数据。用户通过多协议传感器客户端（Multiple Protocol Sensor Client，MPSC）可以向 CSW 服务发送请求，得到 SOS 实例，绑定请求到指定的 SOS，从 SOS 获得测量和观测的数据，从 WCS-T 或者 WCS-T 获得覆盖范围或者特征数据等。它包括一个传感器地图和一些通过 CSW，WCS-T 和 WFS-T 得到的传感器地图之间相互作用的方法。

SOS 的事务操作中，WCS-T 允许 MPSC 客户端从 SOS 中为 WCS 服务器导入一个或多个新的覆盖范围，以及更新或删除现有的覆盖面。WFS-T 允许 MPSC 客户端从 SOS 中为 WFS 服务器来导入一个或多个新的图层，以及更新或删除现有的图层。这两个操作都涉及了服务器端的数据的插入和更新，服务器必须为以后的查询提供索引、获取数据并存储数据。

4.2.2　多用途服务的交互设计

图 4-8 是传感器观测服务和传感器数据用户、传感器数据生产者及其他传感器服务之

间的相互关系，从图中可以看出 SOS 和 CSW，传感器数据使用者，传感器数据发布者及其他传感器观测服务之间的通信方法。这些方法将在下面详细叙述。

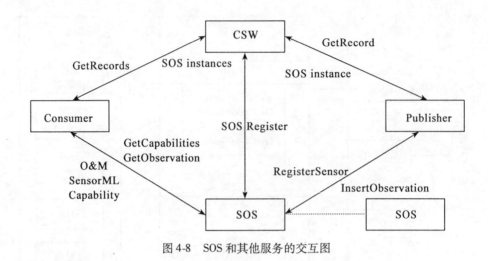

图 4-8　SOS 和其他服务的交互图

1. 与传感器数据使用者交互设计

传感器数据使用者首先使用"GetRecords"操作从 CSW 目录中发现 SOS 实例。然后通过"GetCapabilities"请求在每一个服务实例上执行服务级别发现以获得观测数据提供。接着使用者再调用"DescribeSensor"操作在获得观测数据提供的 SOS 实例上检索详细的传感器观测数据。使用者选择一个合适的 SOS 和绑定服务。最后，使用者调用"GetObservation"操作从该 SOS 中获取传感器观测数据。

2. 与传感器数据发布者交互设计

传感器数据生产者首先调用"GetRecords"操作来发现 SOS 使用的 CSW 目录。当生产者确定该 SOS 正在和一个新的传感器通信时，这个目录服务就可以调用"RegisterSensor"操作向 SOS 注册这个新的传感器。然后，生产者调用"Insertobservation"操作从 SOS 中所有的传感器来发布传感器观测数据。然后，SOS 实例就调用适当的适配器来更新相应的数据库。

3. 与目录服务交互设计

图 4-8 中显示了 SOS 实例如何同一个支持 ebRIM 协议的 CSW（Chen 等，2005；Nebert 和 Whiteside，2005；Voges 和 Senkler，2005；Wei，Y 等，2005）实例进行互动操作。SOS 服务信息模型可以在 CSW 目录中注册为"ServiceType"，SOS 能力内容注册为"OfferingType"，SOS 观测数据的可以注册为"WCSCoverage"或者"WFSLayer"数据粒。能力内容和数据由 CSW 的"GetRecords"操作来被发现。

4.2.3　多用途服务的实现

1. 数据库表设计

本系统采用 MySQL、eXist 数据库、PostgreSQL 作为实验的后台数据库，测试 SOS 使用异构数据存储和管理数据的可行性。下面以 PostgreSQL 数据库为例介绍下数据库的详细设计。系统数据库包括：com_phen_off、composite_phenomenon、feature_of_interest、foi_off、geometry_columns、observation、observation_template、offering、phen_off、phenomenon、proc_foi、proc_off、proc_phen、procedure、spatial_ref_sys、quality、request、request_composite_phenomenon 和 request_phenomenon 总共 19 个表。表之间的实体关系图如图 4-9 所示。

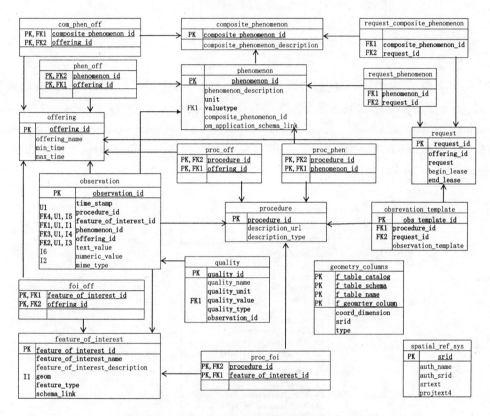

图 4-9　SOS 在 PostgreSQL 数据库表的实体关系图

2. 适配器技术

图 4-10 表明，SOS 服务可以接入零个或多个 SOS 资源。每个 SOS 的资源可由一个服务实体和相关联的数据库，或 XML 数据库表现。一个传感器数据适配器可以动态的实例化，用来存取不同来源的传感器数据。SOS 服务和传感器数据适配器可以配置在同一台服务器上。SOS 资源有一套相关的配置文件。这些文件详细说明了该资源支持的活动，会话信息以及数据资源适配器的类名。

SOS 接口的设计与实现基于 OGC 的传感器观测服务执行规范，该规范定义了正式的绑定 HTTP 协议的接口和 SOS 应该遵守的操作。同时，该规范还明确指定了每个操作的请求，响应和异常信息。

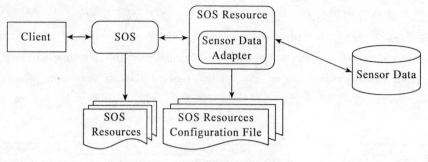

图 4-10　多传感器的适配器概念

图 4-11 展现了传感器网络的服务发现，观测发现，传感器元数据检索，传感器观测检索，传感器注册和观测数据的发布等操作的设计和实现，总共有 11 个 Java 接口：IInsertObservation、IGetCapabilities、IGetFeatureInterestByTime、IDescribeObservationType、IDescribeSensor、IGetResult、IGetObservation、IGetObservationById、IRegisterSensor、IDescribeFeatureOfInterest 和 IGetFeatureOfInterest。

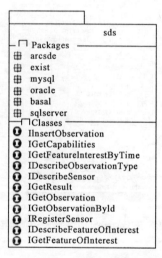

图 4-11　SOS 公用接口

图 4-12 展示了实现一个 MySQL 数据库适配器所用到的 Java 类。MySQL 是一个多线程，多用户的 SQL 数据库管理系统（Schumacher 和 Lentz，2008）。MySQL 支持空间数据库，允许生成，储存，分析地理特征数据。MySQL 在 OpenGIS 简单几何模型的基础上建立了一套几何类型集。这里用 MySQL 的几何类型来储存从一个数据层获得的观测数据，实现了 SOS 更新和检索传感器数据的接口，例如 MySQLRegisterSensor、MySQLInsertObservation 和 MySQLGetObservation。MySQLAccessor 类和 MySQLConfig 类建立了一个 MySQL 适配器实例。MySQLConnectionPool 类建立和管理一个到 MySQL 数据库的连接。

第 4 章　多用途传感器观测服务

图 4-12　MySQL 数据库适配器的实现

图 4-13 展示了实现一个 eXist 数据库适配器所用到的 Java 类。eXist 数据库（Meier，2003）是一个开源的原生数据库（native XML database）具有高效率、基于索引的 XQuery 数据处理、自动索引、扩展的全文搜索、XUpdate 支持、XQuery 更新扩展、并与现有的 XML 开发工具紧密结合等优点。它是在当前 XQuery 1.0 工作草案下设计与实现的。eXist 数据库提供了强大的环境，方便用户使用 XQuery 和相关标准来开发 Web 应用程序。Web 应用程序可以使用 XSLT、XHTML、CSS 或者 JavaScript 等语言在 XQuery 下编写。XQuery 服务页面可以通过文件系统或存储在数据库中执行。eXist 数据库可以存储点状的几何模型，SOS 接口，如 eXistRegisterSensor、eXistInsertObservation 和 eXistGetObservation 等从一个数据层来更新和检索的传感器观测数据。

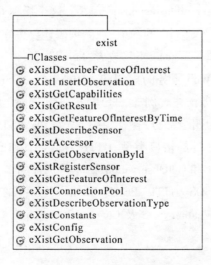

图 4-13　eXist 数据库适配器的实现

95

3. WSDL 描述和调用

SOS 的"GetCapabilities"操作的 schema 包含一个用于请求的"GetCapabilities"元素和一个用于响应的"Capability"元素。一个能力的响应包括五个主要的元素"ServiceIdentification"、"ServiceProvider"、"Operations Metadata"、"Filter_capabilities"和"Contents"。其中"Contents"元素包含一个或多个 SOS 服务提供的含有数据或功能的"ObservationOffering"元素。"ObservationOffering"元素包含"intendedApplication"、"eventTime"、"procedure"、"observed Property"、"featureOfInterest"、"resultFormat"、"resultModel"和"responseMode"等元素。

SOS 的"DescribeSensor"操作的 schema 包含一个用于请求的"DescribeSensor"元素和一个用于响应的"Sensor"元素。对于 SOS 的"DescribeSensor"操作的响应包含"identification"、"referenceFrame"、"inputs"和"outputs"等元素。

SOS 的"GetObservation"操作的 schema 包含一个用于请求的"GetObservation"元素和一个用于响应的"Observation"元素。对于 SOS 的"GetObservation"操作的响应包含"service"和"version"两个属性,还包含"ObservationOffering"、"offering"和"result"等元素。一般情况下 EO 的观测数据集是通过"result"元素描述的。

SOS 的"RegisterSensor"操作的 schema 包含一个用于请求的"RegisterSensor"元素和一个用于响应的"RegisterSensorResponse"元素。这个操作是用来向 SOS 注册新的传感器。SOS 的"RegisterSensor"操作的响应包含一个"InsertId"元素。这个 ID 是用来连接传感器到一个观测类型。

为了方便 WSDL 实现,在 SOS 的 schema 中将输入和输出参数定义成消息。例如,"GetCapabilities"的操作的输入参数是"GetCapabilities"元素,而输出参数是"Capability"元素。

SOS 的"InsertObservation"操作的 schema 包含一个用于请求的"InsertObservation"元素和一个用于响应的"InsertObservationResponse"元素。这个操作是用来插入新的观测数据。这个请求受到"registerSensor"操作 ID 的约束,观测编码还要遵守 O&M 执行规范。"InsertObservation"操作的响应的结果是"successful"或者"failed"。

WSDL 提供了一个描述 Web 服务的模型和 XML 格式。WSDL 允许从一个服务描述的具体细节中分离出抽象的服务描述。例如,WSDL 提供了"how"和"where"功能的描述。一般地说,WSDL 实例可以分为四个部分:操作、接口类型、绑定和服务。图 4-14 显示了描述 SOS 的 WSDL 的组成,包括三种的接口类型:HTTP Get,Post 和 SOAP;三个最基本的操作:GetCapabilities、DescribeSensor 和 GetObservation;两个可选的事物性操作:RegisterSensor 和 InsertObservation;三种绑定:SOS_HTTP_POST_Binding、SOS_HTTP_GET_Binding 和 SOS_SOAP_Binding 和 EO1_SOS,Weather_SOS 及 Camera SOS 三个服务组件。

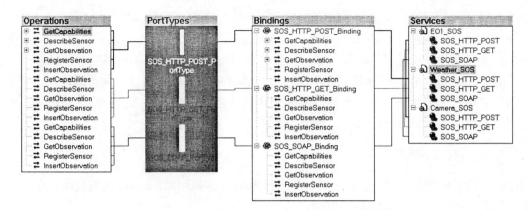

图 4-14　SOS 统一的 WSDL 描述

图 4-15 展示了 SOS 的 schema 在 WSDL 中输入和输出的参数。例如，"GetCapabilities"

```
<?xml version="1.0"?>
<wsdl:definitions xmlns="http://schemas.xmlsoap.org/wsdl/"
 xmlns:plnk="http://schemas.xmlsoap.org/ws/2003/05/partner-link/"
 xmlns:wsdl="http://schemas.xmlsoap.org/wsdl/"
 xmlns:xsd="http://www.w3.org/2001/XMLSchema"
 xmlns:http="http://schemas.xmlsoap.org/wsdl/http/"
 xmlns:mime="http://schemas.xmlsoap.org/wsdl/mime/"
 xmlns:sos="http://www.opengis.net/sos"
 xmlns:sen="http://www.opengis.net/sensorML"
 xmlns:om="http://www.opengis.net/om"
 xmlns:ns="http://www.opengeospatial.net/ows"
 xmlns:ns1="http://www.opengis.net/gml"
 xmlns:soap="http://schemas.xmlsoap.org/wsdl/soap/"
 targetNamespace="http://www.opengis.net/sos" version="0.0.31" name="SOS">
<wsdl:types>
  <schema targetNamespace="http://www.opengis.net/sos"
  xmlns="http://www.w3.org/2001/XMLSchema">
   <include schemaLocation="http://www.csiss.gmu.edu/sensorweb/sos/all.xsd"/>
    <import namespace="http://www.opengis.net/om"
    schemaLocation="http://www.csiss.gmu.edu/sensorweb/sos/eo1om.xsd"/>
  </schema>
</wsdl:types>
<message name="GetCapabilitiesInput">
    <part name="GetObservation" element="sos:GetCapabilities"/></message>
<message name="GetCapabilitiesResponse">
    <part name="parameters1" element="sos:Capabilities"/></message>
<message name="GetObservationInput">
    <part name="GetObservation" element="sos:GetObservation"/></message>
<message name="GetObservationResponse">
    <part name="parameters3" element="om:Observation"/></message>
<message name="DescribeSensorInput">
    <part name="GetObservation" element="sos:DescribeSensor"/></message>
<message name="DescribeSensorResponse">
    <part name="parameters2" element="sen:Sensor"/></message>
```

图 4-15　SOS 的 WSDL 消息

的操作的输入参数是"GetCapabilities"元素，而输出参数是"Capability"元素。传感器数据发布者可以使用相同参数调用"RegisterSensor"和"InsertObservation"操作从SOS中注册传感器和更新观测和测量信息。传感器用户可以使用相同参数调用"DescribeSensor"和"GetCapabilities"操作从SOS中获得传感器和SOS服务信息，并可以使用这个信息调用"GetObservation"操作获得观测和测量的传感器数据。总之，传感器数据发布者和用户都可以直接的与SOS通信，调用SOS操作。

4.2.4 传感器观测服务实验

本节将展示如何使用传感器观察服务来管理和检索EO-1 Hyperion观测数据、IFGI水文观测数据和NSSTC气象站观测数据。

本实验在WINDOWS XP SP2操作系统下使用JAVA语言进行开发，实验采用的硬件环境是INTEL PENTIUM4 1.80GHz，CPU256M内存。软件环境使用的WINDOWS XP SP2操作系统，JAVA版本是JDK 1.6，使用ECLIPSE集成开发环境，服务发布使用的是Apache Jakarta Tomcat 6.0.16。使用的数据库有PostgreSQL、MySQL和eXist。实验使用Apache Jakarta Tomcat对SOS进行发布，客户端通过网络浏览器，例如IE 7.0等可以对SOS服务进行调用。

1. 多传感器事务性操作

SOS有两个事务性操作："RegisterSensor"和"InsertObservation"。我们使用EO-1，IFGI水文观测和NSSTC气象站观测数据来测试在SOS中使用统一的事物操作对不同的传感器进行操作。

EO-1卫星搭载了三个传感器，其中Advanced Land Imager（ALI）和Hyperion现在仍在运行。ALI可以获得10个光谱带的数据，可以覆盖的波长范围从可见光到远红外，精度和美国地球资源卫星（Landsat）类似。Hyperion可以获取从0.4~2.6微米约10纳米宽频带的数据。

图4-16表明，Hyperion的观测数据可以从EO-1 SOS生成，通过"InsertObservation"操作可以将O&M的数据记录插入到SOS中。并且可以通过"result"元素将EO-1的详细数据通过URL发布出去，例如可以通过"http://eo1.geobliki.com/hyperion/EO1H04103420 04085110 PY-2007-01-25T17：02：18Z.tar.gz"这个链接属性获得一个EO-1的详细观测数据。

图4-17表明，水文观测数据也可以通过"InsertObservation"操作插入到SOS中。一个水文观测数据包括观测时间、观测位置、水位、quantAttributeAccuracy和completenessOmission。图中所示的观测时间"2005-10-05T10：15：00-05"和"2005-10-10T10：15：00-05"。共获得6个的观测记录。例如观测记录"2005-10-05T10：15：00-05, id_1001, 50.0, 1, 10"，其中观测时间是"2005-10-05T10：15：00-05"，观测位置是"id_1001"，水位是50.0厘米，quantAttributeAccuracy是1，completenessOmission是10。

SOS还可以用来注册NSSTC气象传感器，通过"InsertObservation"操作插入气象观测数据。如图4-18所示，NSSTC气象站的观测数据可以按照O&M执行规范编码插入到SOS中。可以看到，其中一个气象观测数据的时间是"20040401T04：00：0001：00"到

```xml
<?xml version="1.0" encoding="UTF8" ?>
<om:Observation gml:id="EO1H0410342004085110PY"
    xmlns="http://www.opengis.net/om/0.0"
    xmlns:gml="http://www.opengis.net/gml"
    xmlns:om="http://www.opengis.net/om/0.0"
    xmlns:swe="http://www.opengis.net/swe/1.0"
    xmlns:xlink="http://www.w3.org/1999/xlink"
    xmlns:xsi="http://www.w3.org/2001/XMLSchemainstance"
    xsi:schemaLocation="http://www.opengis.net/om/observation.xsd">
    <gml:description>EO-1 hyperion GEOTIFF bands</gml:description>
    <gml:name>EO1H0410342004085110PY</gml:name>
    <swe:time>
        <gml:TimeInstant>
            <gml:timePosition>2007-06-13T18:26:32Z</gml:timePosition>
        </gml:TimeInstant>
    </swe:time>
    <om:observedProperty xlink:href="urn:ogc:def:phenomenon:
                                     OGC:1.0.30:hyperion_B021"/>
    <om:observedProperty xlink:href="urn:ogc:def:phenomenon:
                                     OGC:1.0.30:hyperion_B051"/>
    <om:result xlink:href="http://eo1.geobliki.com/hyperion/
        EO1H0410342004085110PY-2007-06-13T18:26:32Z.tar.gz"
        xlink:role="application/zip" xsi:type="gml:ReferenceType"/>
</om:Observation>
```

图 4-16　EO-1 Hyperion 观测数据示例

```xml
<?xml version="1.0" encoding="UTF-8" ?>
<om:ObservationCollection gml:id="oc10"
    xmlns="http://www.opengis.net/om/0.0"
    xmlns:gml="http://www.opengis.net/gml"
    xmlns:om="http://www.opengis.net/om/0.0"
    xmlns:swe="http://www.opengis.net/swe/1.0"
    xmlns:xlink="http://www.w3.org/1999/xlink"
    xmlns:xsi="http://www.w3.org/2001/XMLSchemainstance"
    xsi:schemaLocation="http://www.opengis.net/om/om/observation.xsd">
    <gml:boundedBy>
        <gml:Envelope>
        </gml:Envelope>
    </gml:boundedBy>
    <om:member>
        <om:Observation>
            <om:samplingTime>
                <om:procedure xlink:href="urn:ogc:object:feature:Sensor:IFGI:ifgi-sensor-1" />
            <om:observedProperty>
            <om:featureOfInterest>
                <gml:FeatureCollection>
            </om:featureOfInterest>
            <om:resultDefinition>
            <om:result>
                2005-10-05T10:15:00-05,id_1001,50.0,1,10
                2005-10-06T10:15:00-05,id_1001,40.2,1,10
                2005-10-07T10:15:00-05,id_1001,70.4,1,10
                2005-10-08T10:15:00-05,id_1001,60.5,1,10
                2005-10-09T10:15:00-05,id_1001,45.456,1,10
                2005-10-10T10:15:00-05,id_1001,110.1213,1,10
            </om:result>
        </om:Observation>
    </om:member>
</om:ObservationCollection>
```

图 4-17　水文观测数据示例

"20040401T04：00：4001：00"。观测数据包括五个部分。如"20040401T04：00：0001：0, 35.0, 1013.25, 20.4, 165.0"这个观测记录，"20040401T04：00：0001：0"是观测时间，当时的空气温度是35.0度，大气压力是1013.25真空度，风速20.4km/h和风向165.0度。

```xml
<?xml version="1.0" encoding="UTF-8"?>
<om:ObservationCollection gml:id="WEATHER_DATA"
    xmlns="http://www.opengis.net/om/0.0"
    xmlns:gml="http://www.opengis.net/gml"
    xmlns:om="http://www.opengis.net/om/0.0"
    xmlns:swe="http://www.opengis.net/swe/1.0"
    xmlns:xlink="http://www.w3.org/1999/xlink"
    xmlns:xsi="http://www.w3.org/2001/XMLSchema-instance"
    xsi:schemaLocation="http://www.opengis.net/om/om/observation.xsd">
  <gml:name>Weather Data</gml:name>
  <om:member>
    <om:Observation>
      <om:samplingTime />
      <om:procedure xlink:href="urn:vast:sensor:weatherStation" />
      <om:observedProperty>
        <om:featureOfInterest />
      <om:resultDefinition>
        <swe:DataBlockDefinition>
          <swe:components name="weatherData">
            <swe:DataRecord>
              <swe:field name="time">
              <swe:field name="temperature">
              <swe:field name="pressure">
              <swe:field name="wind speed">
              <swe:field name="wind direction">
            </swe:DataRecord>
          </swe:components>
          <swe:encoding>
        </swe:DataBlockDefinition>
      </om:resultDefinition>
      <om:result>
        20040401T04:00:0001:00,35.0,1013.25,20.4,165.0
        20040401T04:00:1001:00,35.0,1013.39,20.4,165.0
        20040401T04:00:2001:00,35.0,1013.53,20.5,165.0
        20040401T04:00:3001:00,35.0,1013.67,20.5,165.0
        20040401T04:00:4001:00,35.0,1013.81,20.5,165.0
      </om:result>
      <samplingTime>
      <featureOfInterest>
    </om:Observation>
  </om:member>
</om:ObservationCollection>
```

图 4-18　NSSTC 气象传感器观测数据示例

2. 异构数据库传感器观测数据存储

传感器网络数据包括使用 SensorML 编码的传感器数据和使用 O&M 执行规范的观测数据。接下来我们通过 PostgreSQL 适配器，MySQL 适配器，eXist 适配器来使用三种不同的数据库来存储水文观测数据，测试 SOS 使用异构数据存储和管理数据的可行性。

传感器观测数据可以通过 PostgreSQL 适配器协议存储到 PostgreSQL 数据库中，并可以使用 SQL 查询语句进行查询。如图 4-19 所示一个 SQL 查询语句"select time_ stamp, procedure_id, feature_of_interest_id, offering_id, numeric_value from observation where the feature_of_interest_id='id_1001'"执行后返回六条查询结果。"id_1001"是关联到 PostgreSQL 空间数据库的几何编码。查询结果可以按照 O&M 执行规范进行编码,通过"GetObservation"操作在 SOS 使用。

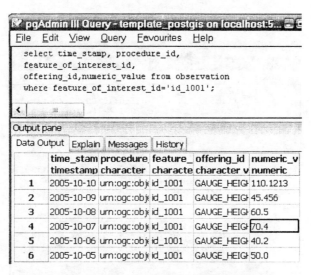

图 4-19　PostgreSQL 数据库观测数据

同样,传感器观测数据可以通过 MySQL 适配器协议存储到 MySQL 数据库中,并且可以通过 MySQL 适配器对 SOS 里的数据按照 O&M 执行规范进行编码。如图 4-20 所示一个 SQL 查询语句 "select observation_id, time, offering_id, feature_id, offering_id, numeric_value from sosdb"执行后返回六条查询结果。"id_1001"是关联到 MySQL 空间数据库的几何编码。查询结果可以按照 O&M 执行规范进行编码,通过"GetObservation"操作在 SOS 使用。

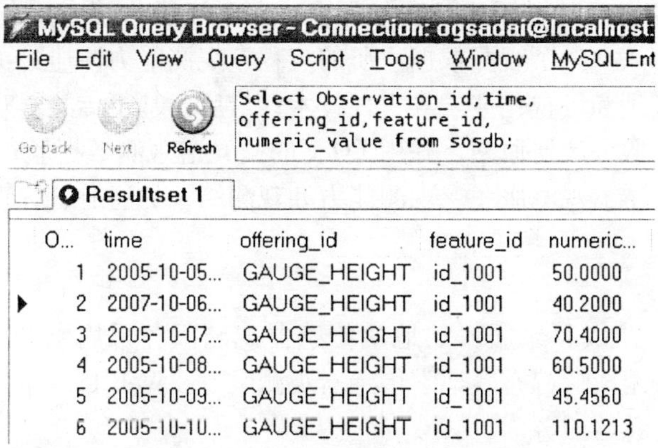

图 4-20　MySQL 数据库观测数据

传感器观测数据可以通过 eXist 适配器协议存储到 eXist 数据库中，并且可以使用 XML XPath 或者 XQuery 进行查询。如图 4-21 所示一个 XPath："/ObservationCollection/Observation/result/ [time> "2005-10-07 T10：15：00-05"]" 可以获得三个查询结果。同样这些查询结果可以按照 O&M 执行规范进行编码，通过 "GetObservation" 操作在 SOS 使用。

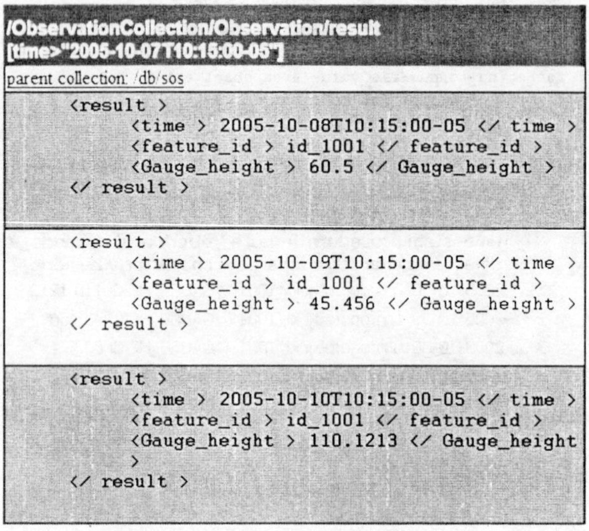

图 4-21　eXist 数据库观测数据

4.3　传感器观测服务注册

在分布式异构网络环境下，如何根据时间、空间和尺度等因子发现地学传感器和聚集传感器观测数据，已经成为自适应地球观测和空间信息服务中需要解决的问题。本节提出集成 OGC 的目录服务和传感器观测服务的地学传感器数据的访问方法和体系架构，包含分布式地学观测服务、基于 ebRIM 的目录服务、SOS 注册与搜索服务中间件和地学传感器门户四个部件；深入探讨了观测数据注册的流程、观测能力注册的更新、目录服务中海量历史观测数据的管理和可视化搜索等实现技术；最后，基于传感器观测服务和目录服务标准，设计和实现了服务注册原型，并用 EO-1 的高光谱观测数据验证了服务原型的可行性，能够有效实现传感器观测服务、观测能力和观测结果的注册、管理和搜索。

4.3.1　注册体系

如图 4-22 所示，集成目录服务的地学传感器观测服务采用服务中间件的体系架构，由以下四个重要部分组成：分布式地学传感器观测服务、Web 目录服务、SOS 注册与搜索服务中间件和地学传感器服务门户。

分布式地学传感器观测服务：分布式网络环境下传感器观测服务的集合，可以封装为 Web 服务或网格服务，部署在 Web 容器或网格容器。它负责传感器的管理和传感器观测

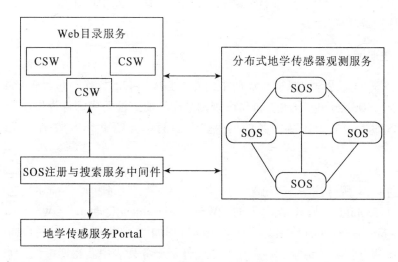

图 4-22　基于 Web 目录服务的地学传感器观测服务注册示意图

数据的获取，具有必需的三个核心操作：GetCapabilities、DescribeSensor 和 GetObservation。GetCapabilities 操作可获得特定服务实例的元数据，包含 identification、provider、operation metadata、filter_ capabilities 和 contents 等元素；DescribeSensor 操作获得以 SensorML 或 TML 编码的传感器详细描述信息；GetObservation 操作通过特定的时空查询条件获得传感器的观测数据或测量数据。它包含两种类型的用户：①SOS 服务的提供者，能够为 SOS 提供传感器的观测和测量数据；②传感器数据的消费者，在本书中传感器数据消费者是下面要阐述的地球空间数据服务目录部件，通过 SOS 服务获得传感器的数据。

基于 ebRIM 的地球空间信息 Web 目录服务：包含服务、数据集、覆盖、要素、服务链的注册和发现以及目录服务的分布式管理等功能。对外暴露的接口遵循 OGC CSW2.0 规范，包含三种类型接口：OGC_ Service、Discovery 和 Manager；OGC_ Service 接口包含 getCapabilities 操作，提供了目录服务能力描述及相关信息的 XML 文档；Discovery 接口提供了三个操作，允许客户端发现和获得在目录服务数据库中注册的信息；Manager 接口允许用户使用"推"或"拉"的模式实现目录内容的更新操作。在 ebRIM 规范集合、ISO 19115 和 ISO 19119 标准的基础上，结合 Grid 和 Semantic Web 技术，分别实现了网格驱动的目录服务和语义驱动的目录服务（Wei 等，2005；Chen 等，2005；Yue 等，2006），支持分布式管理和语义查询。

SOS 注册与搜索服务中间件：它负责传感器观测服务的注册与搜索。其中注册包含 SOS 服务基本信息、SOS 服务能力信息、SOS 服务观测数据的收集和注册；搜索包含注册信息的组合查询和基于接图表的可视化查询。通过注册中间件，实现特定地学观测服务信息的自动收集、实时注册和定时更新，实现注册信息时空多维索引的管理以及查询。

地学传感器服务门户：它直接与服务中间件交互，采用 Portlet 技术实现。在注册与搜索服务中间件的基础上，扩展一系列应用，包含用户注册服务、用户登录服务和 SOS 注册与搜索表现服务。包含了查找、用户权限认证、管理等模块。客户端应用程序通过发请求到门户中的服务,调用核心组件实现服务。核心组件处于应用服务器层,实现查找、管理、权限认证等功能。

4.3.2 注册流程

SOS 和 CSW 的集成主要是通过注册中间件来完成所有的操作,包含 3 个主要的功能:SOS 服务注册、SOS 观测能力注册和 SOS 观测数据注册。注册中间件提供注册和收割两种模式来从 SOS 服务中获得观测服务的信息。下面简单介绍下 SOS 收割模式注册的实现过程。

1. 服务注册

主要是向 CSW 服务注册 SOS 服务的版本、关键字、地址和操作描述,这些信息来自于 SOS 的 GetCapabilities 操作响应中的 OWS:ServiceIdentification、OWS:ServiceProvider 和 OWS:OperationsMetadata 元素。具体实现的过程如图 4-23 所示:①用户向服务访问中间件发送 SOS 服务搜索的请求,服务访问中间件从服务列表中获得匹配的 SOS 服务地址,并向 SOS 服务发送 GetCapabilities 操作;②服务访问中间件获得和解析 GetCapabilities 响应,从 OperationsMetadata 元素获得服务操作的信息,从 ServiceIdentification 元素获得服务版本等描述信息,并把这些信息封装成服务类型(ServiceType)发送给 CSW 中的注册服务;③CSW 中的注册服务完成插入操作后,通过中间件发送注册成功的响应给用户。

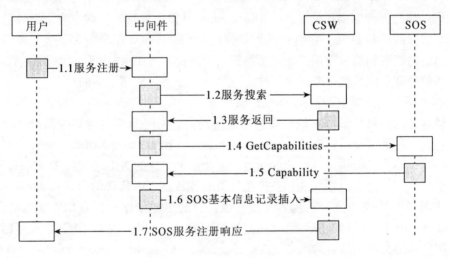

图 4-23　SOS 服务注册流程图

2. 观测能力注册

主要是向 CSW 服务注册 SOS 服务中观测的信息。包含观测平台、观测现象、观测时段和观测结果。具体实现的过程如图 4-24 所示:①用户向服务访问中间件发送 SOS 服务观测能力注册的请求,服务访问中间件解析 SOS GetCapabilities 响应中的 ObservationOfferingList 元素;②服务中间件提取观测平台、观测现象、观测时段和观测结果的元数据信息,连同 ObservationOffering 元素,把这些信息封装成数据类型(DataType)发送给 CSW

中的注册服务；③CSW 中的注册服务完成插入操作后，通过中间件发送注册成功的响应给用户。

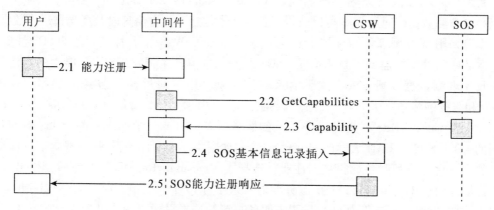

图 4-24　SOS 观测能力注册流程图

3. 观测数据注册

主要是向 CSW 服务注册 SOS 服务中实时观测结果的信息。如果观测结果为覆盖信息，则采用 WCSLayer 模式描述；如果观测结果为要素信息，则采用 WFSLayer 模式描述。WCSLayer 模式信息包含数据集、地理范围、数据格式、空间参考和分辨率；WFSLayer 模式信息包含数据集、要素类型、地理范围和空间参考。具体实现过程如图 4-25 所示：①用户向服务访问中间件发送 SOS 服务实时观测结果注册的请求，服务访问中间件向 SOS 服务发送 GetObservation 的请求；②服务中间件解析 GetObservation 响应，并封装成 WCSLayer 或 WFSLayer 类型的信息发送给 CSW 中的注册服务；③CSW 中的注册服务完成插入操作后，通过中间件发送注册成功的响应给用户。

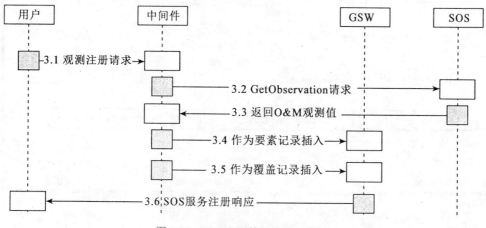

图 4-25　SOS 观测数据注册流程图

4.3.3 实例研究：EO-1 SOS 的注册

目前 EO-1 提供了 SOS 和传感器规划（Sensor Planning Service：SPS 服务），通过 SPS 可以预订观测数据，通过 SOS 可以获得服务的基本信息、能力信息以及高光谱影像数据。

本节采用 Web 服务和 Java 技术实现了基于 OGC CSW 和 SOS 标准规范的 SOS 注册与搜索服务中间件。包含 SOS 服务发现、SOS 服务基本信息注册、SOS 服务能力信息注册、SOS 服务观测数据注册、SOS 注册信息查询功能。用户通过输入服务的类型（OGC：SOS）和服务的版本（0.0.31），通过数据发现和访问服务中间件（Data Discovery and Retrieval Service，DDRS）获得三个匹配的服务（Muenster 大学的 WeatherSOS、Geobliki 公司的 EO-1 SOS 和 UAH 大学的 airdas SOS），如图 4-26 所示，包含服务基本信息注册、服务能力信息注册和服务观测数据注册；选择了"capabilityRegister"按钮后，弹出服务能力注册界面（见图 4-27），EO-1 服务能力信息作为 10 个数据集，通过 CSWPublish 服务注册；选择"Observation"按钮后，弹出服务观测量选择界面（见图 4-28），服务观测量包含 10 个 ObservationOffering，每个 ObservationOffering 包含 242 个 ObservedProperty；通过图 5 复选框选择观测量，选择"registerObservation"按钮后，系统弹出观测值注册界面（见图 4-29），系统把 EO-1 观测值作为 WCSLayer 层通过 CSWPublish 服务进行注册。

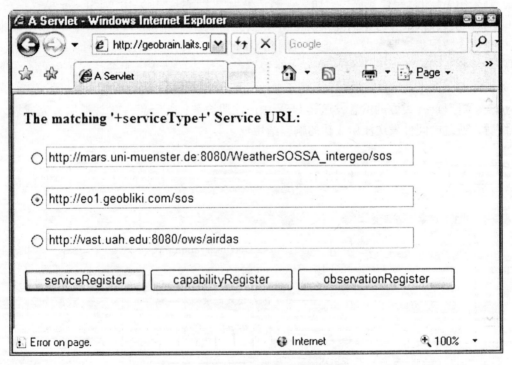

图 4-26　EO-1 SOS 三种类型的注册

第4章 多用途传感器观测服务

图 4-27　EO-1 SOS 服务能力作为 10 个数据集注册

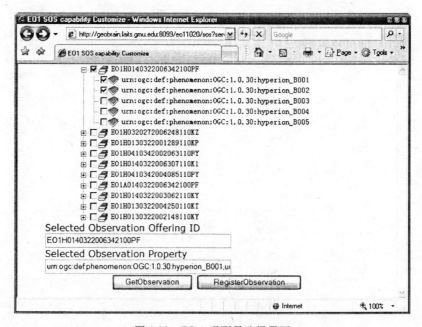

图 4-28　EO-1 观测量选择界面

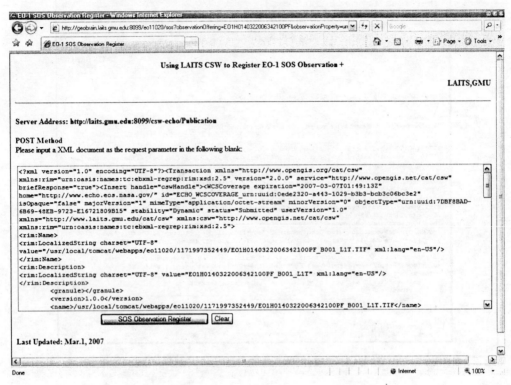

图 4-29　EO-1 观测值作为 WCSCoverage 类型进行注册

第5章 地理信息服务搜索

开放地理空间信息联盟（OGC）开发了一系列空间数据服务抽象和实现规范（马胜男等，2008），主要有 Web 目录服务(CSW)（章汉武等，2008）、Web 地图服务（WMS）、Web 要素服务(WFS)、Web 覆盖服务（WCS）和传感器观测服务（SOS），以允许用户在万维网中通过标准接口访问和操作地理空间信息。目前支持 OGC 的 Web 服务软件系统主要有 ESRI 公司的 ArcIMS9.0、MapInfo 公司的 MapXtreme4.5.7、AutoDesk 公司的 MapGuide、GeoStar 公司的 GeoSurf 和美国乔治梅森大学 LAITS 实验室的 GeoBrain（Zhao 等，2005）等。

语义传感网技术提供了网络环境下传感器、观测数据、空间信息和地学知识发现的新视角，而服务本体的建模与推理是语义传感网开发的关键环节。在地学领域，为了描述数据集和科学概念的语义信息，美国和欧洲开展了多个地学本体项目的研究。例如，美国宇航局的地球环境术语语义网（SWEET）(Raskin,2009)、美国自然科学基金委的地理信息元数据本体（Islam 等，2009）和美国地理空间信息局的基于语义网的地学知识发现（Zhao 和 Di，2006；Di 等，2006）。

目前在万维网上存在大量的开放地理信息服务，如采用"WMS"关键字搜索，Baidu、Yahoo 和 Google 分别有 172000、3500000 和 7360000 条相关页面链接，如何得到有效和高精度的开放地理信息服务是一个问题。白玉琪（2003，2004）、张建兵（2006，2008）以及乐小虬（2006）在空间信息搜索方面做了大量工作，主要是地理空间范围或地名敏感的空间信息搜索引擎，空间信息服务及其能力内容不够敏感，语义信息不够。国际上本体论应用在信息检索中的项目有 Onto^{2}Ageni（Arpirez 等，1998）、Ontobroker（Ontoprise，2009）和 SKC（InfoLab，2009）。然而适合于开放地理信息服务的本体定义还比较缺乏，开放地理信息服务搜索和推理查询研究较少。

本章关注开放地理信息服务的高精度发现、本体建立以及推理查询。主要内容包含以下几个部分：①阐述开放地理信息服务发现、本体自动建立和推理查询的体系结构以及部件组成；②具体介绍开放地理信息服务搜索引擎的关键环节和数据流程；③阐述根据能力信息和本体类自动建立开放地理信息服务本体实例的方法；④系统实验和验证。

5.1 空间信息搜索

过去的十年里，搜索引擎从使用经典的信息检索方法发展到从分析网络图表来推断相关联系的信息检索方法（Arasu 等，2001）。通过结合从网络资源推断来的地理知识来改进搜索系统的性能，进而找到一种自动方法来将地理范围和这些资源联系起来，这个问题的研究获得了持续的关注（Amitay 等，2004；Ding 和 Gravano，2000；Jones 等，2002；Naaman 等，2004），基于地理背景的信息获取系统已经开始出现，例如学术界欧盟的 SPIRIT（Bucher 等，2005；Jones 等，2002；Vaid 等，2005）或商业系统中的 Mirago、Yahoo 和 Google 等。

根据地理范围和地理位置进行网页自动分类需要考虑各种不同的可利用的线索，目前主要用的方法包括自然语言处理（Manning 和 Schutze，1999）和统计学的变量方法、网络采集、图表分析方法（Chakrabarti 等，2000）以及网络信息提取方法（Grishman，1997）。

本体概念起源于哲学领域，在信息技术领域，本体通常被认为是"概念的规范化"。SWEET 采用本体网络语言（Ontology Web Language，OWL）进行本体建模，范围涉及地球系统科学及相关领域的几千个术语（如 NASA 的全球变化主目录 GCMD、地球系统建模语言 ESML、地球系统建模框架 ESMF 所包含的术语），它提供了地球系统科学高层次的语义描述；地理信息元数据本体项目遵循 ISO 19115 和 FGDC 的元数据标准，对数据提供者、观测仪器、传感器和数据体本身及之间的联系增加了语义描述信息，便于对数据集的统一理解；基于语义网的地学知识发现，在 NASA 的日地观测系统中面向所研究的专题发展了地球空间数据挖掘本体。

在空间数据挖掘领域，目前较有影响的工具基本上都是桌面系统，例如 GeoMiner。随着分布式数据知识提取需求的增长，目前基于局域网或因特网的分布式空间数据挖掘需求越来越强烈。SPIN 是欧盟资助的基于因特网的空间数据挖掘系统，它把目前的地理信息系统与数据挖掘技术整合在一起形成一个松耦合、开放式和可扩展的空间数据挖掘系统。

目前，空间数据搜索还主要采用地理范围或地名数据库匹配的方式，还没有采用到数据挖掘技术，并且只对连接中的网页页面内容敏感，对连接中的空间信息服务及其能力内容不敏感。例如，Google 目前展示了一款在美国境内使用地名匹配技术获得相应区域的 Google 地图。

信息检索技术的发展分为三个层次，即语形、语义和语用搜索。语形搜索是用户需求在语言层面上表达的意思，如传统的关键字搜索；语义搜索是通过本体论，在元数据结构层面上，解决对"模拟"语言的编码解码问题，同时通过分词技术和语料库积累，解决关键字与文本的匹配问题；语用搜索是指用户表达意义的上下文环境，这是第三代搜索引擎的理念，智能化、个性化都建立在这个基础之上。其中前者比较成熟，后两者需要结合行业特点和用户需求，目前还处于实验探索阶段。语形搜索，例如雅虎、微软的搜索，不必要地扩大了搜索范围，出现过多无用信息的情况，增加了决策成本。语义搜索主流的实现方法是利用本体技术，描述空间信息的语义，代表性的项目有 SPIRIT 等。语用搜索是个性化定制搜索引擎，一旦实现了语用级搜索，就可以实现一对一信息发布和一对一信息定制，例如雅虎、Google 都在积极努力地进化到这个阶段。

如何提高服务搜索的精度和效率，是传感器数据源访问急需解决的问题之一。目前高精度传感器观测数据及服务搜索引擎的趋势是从"语法"发展为"语义"搜索；从"单服务器"发展为"分布式"搜索。

5.2 搜索引擎

Ntuch 是一个采用 Java 实现的开源搜索引擎，是以 Lucene 为基础实现的，它提供了运行搜索引擎所需的全部工具。Lucene 是 Apache 软件基金会 Jakarta 项目组的一个子项目，是一个完全开源的全文检索工具包。Lucene 的原作者是 Doug Cutting，2000 年 3 月将其转移到了 SourceForge 上，并于 2001 年 10 月捐献给了 Apache 软件联盟，使 Lucene 成为 Jakarta 的一个子工程。2008 年 2 月 23 日 Lucene（Pehcevski 等，2005；Pehcevski 等，2004；Jussi Myllymaki，2002）发布了最新版本 Lucene2.3.1（Java 版本）。Nutch（XHT-ML，2010）不但具有搜索的功能，还具有数据抓取的功能。在 Nutch0.8.0 版本之前，Hadoop 还属于 Nutch 的一部分，而从 Nutch0.8.0 开始，将其中实现的 NDFS 和 MapReduce 剥离出来成立一个新的开源项目，这就是 Hadoop，而 Nutch0.8.0 版本较之以前的 Nutch 在架构上有了根本性的变化，那就是完全构建在 Hadoop 的基础之上了。在 Hadoop 中实现了 Google 的 GFS 和 MapReduce 算法，使 Hadoop 成为了一个分布式的计算平台。其实，Hadoop 并不仅仅是一个用于存储的分布式文件系统，而是设计用来在由通用计算设备组成的大型集群上执行分布式应用的框架（宋艳娟等，2008）。

5.2.1 Lucene 的工作原理

Lucene 信息索引的过程是：文本库建立、索引建立、搜索和结果处理。Lucene 只能直接对纯文本数据进行索引，而现实中纯文本数据越来越少，越来越多的是富媒体数据，如 PDF、WORD、HTML、XML、RTF。Lucene 中没有能够自动索引非纯文本的工具，但可以使用工具从这些富媒体中提取纯文本数据，再对其索引，如图 5-1 所示。

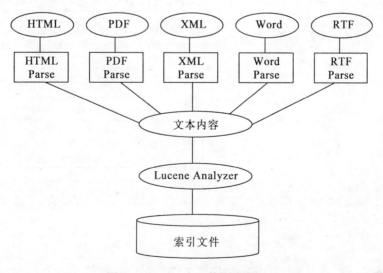

图 5-1 Lucene 多元数据检索原理

Lucene 建立索引调用函数的过程如图 5-2 所示。

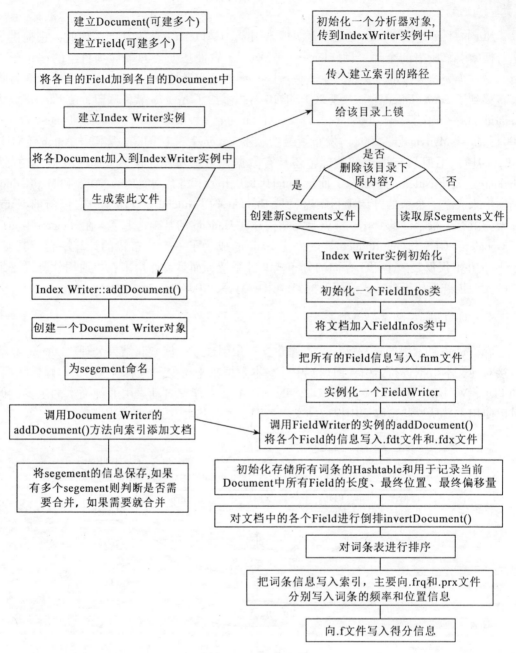

图 5-2　Lucene 索引函数过程

Document 是一种逻辑文件，与一个物理文件相对应，它包含多个 Field。将 Document 加入 IndexWriter 就是将 Document 建立索引，生成索引文件。IndexWriter 是一个索引器，专门负责给文档建立索引。建立索引的过程是文档通过索引器向各个索引文件写入索引的过程，这些过程是通过 IndexWriter 上面各个函数完成的。

Lucene 使用 IndexSearcher 进行搜索，Hits 类可以帮助取得 Lucene 搜索的结果，再通过对搜索的结果进行评分，最后输出结果。查询方式有多种，包含词条查询、布尔查询、范围查询、前缀查询、短语查询、多短语查询、模糊查询、通配符查询、跨度查询和正则表达式查询等等。

Lucene 得到查询结果后，要把结果显示出来就有个排序的问题。Lucene 提供使用 score 进行自然排序，它可以按照文档得分、文档的内部 ID 号或是按一个或多个字段排序。Lucene 还提供对查询结果进行过滤的函数 Filter。最后是翻页问题，翻页依赖编程人员选择的方法，目前有 3 种方法，包含依赖于会话、二是多次查询，三是会话缓存加多次查询的翻页。

图 5-3 表示 Lucene 通过索引接口索引应用资源，将它们在 Lucene 索引数据库中建立索引，最后通过查询接口为用户提供查询。

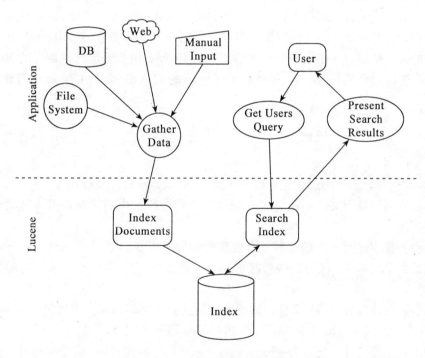

图 5-3　Lucene 与应用程序之间的关系

5.2.2　Hadoop 的基本原理

Hadoop 包含两个部分：Hadoop 分布式文件系统（Hadoop Distributed File System，HDFS）和 Map/Reduce。

1. Hadoop 分布式文件系统

HDFS 具有高容错性，可以部署在廉价的硬件设备之上。HDFS 很适合大数据集的应用，并且提供了对数据读写的高吞吐率。HDFS 是一个主/从结构，就通常的部署来说，在宿主上只运行一个命名节点，而在每一个从属上运行一个数据节点。命名节点管理着整个分布式文件系统，对文件系统的操作（如建立、删除文件和文件夹）都是通过命名节点来控制。HDFS 采取了副本策略，其目的是为了提高系统的可靠性和可用性。HDFS 的副本放置策略是三个副本：一个放在本节点上，一个放在同一机架中另一个节点上，还有一个副本放在另一个不同机架中的一个节点上。

2. Hadoop 的 MapReduce

MapReduce 的名字源于这个模型中的两项核心操作：Map 和 Reduce。Map 是把一组数据一对一的映射为另外的一组数据，映射规则由一个函数来指定。Reduce 是对一组数据进行归约，归约的规则由一个函数指定（Pehcevski 等，2005）。用户指定一个 Map 函数，通过这个 Map 函数处理键/值（key/value）对，并且产生一系列的中间键/值对，并且使用 Reduce 函数来合并所有的具有相同键值的中间键值对应的值部分。在 Map 阶段，输入数据被分割成由各个节点处理的连续块。用户使用的 Map 功能将每个原始数据处理成中间数据集。通过该分割功能，每个中间数据被发送到 Reduce 节点。分割是一个典型的哈希过程，所有等键值的中间数据都将被发送到一个 Reduce 节点。Reduce 节点将所有的输入数据进行排序，并使用一个提供给用户的 Reduce 函数输出已经排序的 Map，产生 MapReduce 过程的最终输出。所有带有给定键值的输入都将交由 Reduce 处理（Khun，2002）。

5.2.3 Nutch 的工作原理

1. Nutch 爬行过程

Nutch 爬行建立索引的过程包含以下几步（Clark James，1999）：

第一步：创建日志文件 log，它将记录运行过程中所发生的信息，出错时便于分析出错的原因。

第二步：接收爬行命令的参数，有要爬行的网址文件目录（urlDir），爬行时索引和信息存储的目录（dir），爬行的线程（thread），爬行的深度（depth）和爬行的最大记录数（topN）。

第三步：创建配置 Nutch 文件，加载默认配置 crawl-tool.xml，再创建一个 Nutch 作业（NutchJob），目的是使 Nutch 的爬行任务在 hadoop 框架上完成。

第四步：创建文件系统（FileSystem.get(job)），文件系统可以是本地的，也可以是分布式的。这步使得 Nucth 爬行任务建立在一个文件系统之上。

第五步：在存储目录中建立五个文件，分别是 crawldb、linkdb、segments、indexes、index。crawdb，linkdb 是 web link 目录，存放 url 及 url 的互联关系，作为爬行与重新爬行的依据，页面默认 30 天过期。segments 是主目录，存放抓回来的网页。Nutch 以广度优先的原则来爬行，因此每爬完一轮会生成一个 segment 目录。Index 是 lucene 的索引目录，是 indexes 里所有 index 合并后的完整索引，索引文件只对页面内容进行索引，没有进行存储，因此查询时要去访问 segments 目录才能获得页面内容。

第六步是：①通过 Injector 类的 inject 方法将抓取的起始 URLs 写入 crawldb 中；②通

过 Generator 类，根据 crawldb 生成 fetchlist，并写入相应的 segment；③根据 Fetcher 类中 fetchlist 的 URL 抓取网页；④根据抓取网页更新 crawldb；⑤循环进行②~④步直至预先设定的抓取深度；⑥根据 crawldb 得到的网页评分和 links 更新 segments；⑦通过 Indexer 类对所抓取的网页进行索引；⑧通过 DeleteDuplicates 类在索引中丢弃有重复内容的网页和重复的 URLs；⑨通过 IndexMerger 将 segments 中的索引进行合并生成用于检索的最终 index。

2. Nutch 查询过程

Nutch 查询过程可以描述为：

HTTP 服务器接收用户发送过来的请求。对应到 Nutch 的运行代码中就是一个 servlet，称为查询处理器。查询处理器负责响应用户的请求，并将相应的结果页面返回给用户。

查询处理器对查询语句做一些微小的处理并将搜索的项转发到一组运行索引搜索器的机器上。Nutch 查询最终被转换为特定的 Lucene 查询类型。每个索引搜索器并行工作且返回一组有序的文档 ID 列表。

现在存在着大量从查询处理器返回过来的搜索结果数据流，查询处理器对这些结果集进行比较，从所有的结果中查找出匹配最好的结果集。如果其中任何一个搜索器在 1~2 秒之后返回结果失败，该搜索器的结果将被忽略，最后列表由操作成功的搜索器返回的结果组成。

5.3 本体

本体（Ontology）最早是哲学上的概念，指客观存在的一个系统的解释和说明，是客观现实的一个本质抽象。本体早在 20 世纪 60 年代就为计算机领域所使用，本体的流行定义有：本体是概念模型的明确的规范说明（Gruber 1993；王育红和陈军，2008）；本体是共享概念模型的形式化规范说明（Borst 1997；Melnik 等，2002）；本体是共享概念的明确的形式化规范说明（Studer 等 1998；Bernstein 等，2004）。最后一个定义包含概念模型、明确、形式化和共享四层含义。

（1）概念模型：通过抽象出客观世界中一些现象的相关概念而得到的模型，该模型独立于具体的环境状态。

（2）明确：概念和概念的约束都有明确的定义。

（3）形式化：本体可以通过本体语言编码，使得计算机可读和自动处理。

（4）共享：本体体现的是共同认可的知识，反映的是相关领域内公认的概念集。

在实际应用中还需要给出形式化的定义，目前还没有一种权威的形式化本体定义，不同的研究者针对他们所解决的问题背景，提出了形式化的本体定义：二元组（Erhard 和 Philip，2001）、三元组（Adler 等，2006）、五元组（Navarro 和周生炳，2002）、七元组（Berglund 等，2005）、八元组的形式化定义（刘政敏和牛艳芳，2003；Berglund 等，2005）。五元组用分类法组织了本体论，给出了五元组的形式，类、关系、函数、公理、实例（W3C，1999），是目前较为流行的本体形式化表达方法。

5.3.1 本体的构建

下面具体介绍本体构建的原则、过程和常用的编辑器。

1. 本体构建原则

Gruber 在 1995 年给出了构建本体的五条意见（Adle 等，2001），陆建江（2007）等给出了解释，现引用如下：

（1）清晰性。本体应能有效地传达其中所定义的术语的含义。这便要求术语的定义尽可能客观。但实际上，定义一个概念常受社会背景与所处的环境影响。要避免定义受到这些因素的影响，就需要借助形式化方法。此外，给出的定义应该尽可能完善，所有的定义应该以自然语言的方式文档化，方便别人能正确理解这些术语的含义。

（2）一致性。本体必须是一致的，即由本体得出的推论与原有的定义是相容的，不能产生矛盾和冲突。本体中定义的公理应该是逻辑一致的，这是最基本的要求。概念也同样要满足一致性的要求。

（3）可扩展性。本体在设计时不仅要使用领域内公认的词汇，同时还要考虑可能的应用任务范围，使得本体的表达能被单调地扩展。也就是说，本体应该能够保证添加新的通用或专用术语，而不需要修改原有的定义，即能支持在已有的概念基础上定义新术语。

（4）编码偏好程度最小。概念应该在知识层次上说明，而不应依赖于特定的符号层次的编码。编码偏好应该是最小化的，因为不同的知识系统可能采用不同的标识系统或表示风格。

（5）最小本体承诺。对建模对象给出尽可能少的约束。所谓承诺，是指为了在本体中以一致和相容的方式使用共享词汇所达成的共识。一般地，本体承诺只要能够满足特定的知识共享需求即可，这可以通过定义约束最弱的公理以及只定义交流所需的基本词汇来保证。

实际上，这五条设计准则在使用过程中往往需要进行权衡，难以全面满足。例如，清晰度准则要求本体中的定义尽可能限制术语有多重解释，而最小本体承诺却意味着能采纳多种可能的模型。

2. 本体构建方法

一般的本体构建都是针对特定领域的，许多人都提出了本体的构建方法，有 Mike Usehold 和 King 的"骨架"法（W3C，2001）、Gruninger 和 Fox 的"评价"法（Boag 等，2006）、Bemeras et alia 方法（Kazai，2002）。本体构建的具体步骤如下：

第一步：确定本体的目标。

这与软件设计相似，相当于需求分析的目标分析，首先要对本体的需求目的有一个明确的认识，即为什么要使用本体？它将被用来干什么和它将被怎样使用？回答这些问题的方法主要有：

（1）确定和识别本体用户的范围（如管理者、技术人员、程序员）。

（2）确定要完成的事情，做到什么程度。

（3）建立一个关于本体用途的用户需求文档，分析每种需求，越详细越好。

(4) 考虑重用现有本体。相关领域有一些已经做好或公认的本体词汇，如果应用的需求能够使用这些词为实现最好不过，但是现实是复杂的，我们可能要为特殊情况作特殊的考虑。这样可以给予一般标准的本体词汇加上自己设计的为特殊情况的词汇构成此应用的词汇。

第二步：确定本体的主题范围。

根据本体的应用目的和设定的形式化程度，确定本体的知识主题范围。列出所关心的术语，这些术语大致表明建模过程所感兴趣的事物、事物所具有的属性和它们之间的关系等。

第三步：建立本体。

在拥有了本体所必须包含的主题知识集合后，下一步就是建立本体来表示知识，这也是知识的概念化和形式化的过程，其任务包括三个部分。

(1) 设计领域知识的整体概念结构，包括识别该领域重要的概念项、概念属性和概念关系；提取或设计抽象概念作为组织特性；识别具有实例的概念；产生概念定义，决定对已定义的项进行组织，确定本体的结构；根据实际需要设计其他一些指导方针等。

(2) 利用类、关系、函数、公理和实例等本体要素组织和表示领域概念知识，其详细程度以满足本体的应用目的为宜。

(3) 选择合适的本体工具和本体语言，建立具体的本体。

第四步：检查和评估本体。

通过领域专家对本体进行最终验证，包括检查各个本体论元素间的句法上、逻辑上及语义上的一致性，依据评估参考（如需求说明、应用场景和能力问题等）对本体、本体相关的软件环境和文档做技术性评判。

第五步：提交本体和反馈。

将本体发布到相关的应用环境并进行配置，应用反馈信息将用于对本体的修正和完善。

3. 本体编辑工具

本体的编辑工具目前有 OilEd、OntoEdit 和 Protege 等。

OilEd 是 Manchester 大学开发的本体编辑工具，是免费软件，采用 Java 语言开发，有着良好的图形化界面，延续了 Windows 风格，易于使用。OilEd 较好地结合了框架表示和描述逻辑表示二者的优点，用以辅助建立以 OIL 或 DAML+OIL 本体语言描述的本体。它的不足是不支持版本标识和不支持多本体编辑器。

OntoEdit 是德国 Karlsruhe 大学开发的本体编辑器。后来成为 Ontoprise 公司的一个商业软件，并在它的基础之上开发了新的本体编辑环境 OntoStudio。OntoEdit 具有图形化的界面，它提供了本体的可视化，支持多种语言，查询过程中支持推理，可以进行协同本体开发，并且支持插件。

最著名的本体编辑器当属 Stanford 大学开发的 Protege，它的最新版本是 Protege 3.4beta（http：//protege.stanford.edu/download/）。Protege 是一个免费，开放源代码的本体编辑平台，包含了几十个样例本体和几十个插件。它是用 Java 语言编写的，能在

Windows、Solaris 和 Linux 等平台上使用。它主要采用图形化界面，主界面包含多个标签，分别支持 Classes、Slots、Forms、Instances 和 Queries 等编辑操作。Protege 支持 OWL、RDF(S)、XML 和 DAML+OIL 等本体语言，提供了对本体的读入和编辑后的输出，其中对 OWL 文件的操作借助了惠普实验室开发的 Jena 工具包。Protege 中的推理嵌入了 Racer 和 CLIPS 等推理引擎。Protege 支持功能上的可扩展性，很多本体应用可直接在它的基础上进行特定应用的二次开发。插件是 Protege 中最重要的特色，用户可以根据所需要的功能选择相应的插件，被选中的插件会以新标签的形式出现在主界面中。

5.3.2 本体网络语言

1. OWL 简介

本体网络语言（Ontology Web Language，OWL）是在 DAML+OIL 本体语言上发展起来的。OWL 分为三个子语言：OWLLite、OWLDL 和 OWLFull，主要的分类依据就是它们的表达能力。其中，OWLLite 是表达能力最弱的子语言，OWLFull 具有最强的表达能力，而 OWLDL 的表达能力则在它们之间。我们可以认为 OWLDL 是 OWLLite 的扩展，而 OWLFull 是 OWLDL 的扩展。从语法上来说，OWLLite 是三个之中最简单的一个，当你的本体中类的层次结构很简单，并且只有简单的约束（constraint）时适合使用它来描述本体。和 OWLLite 相比，OWLDL 的表达能力要丰富许多，它的基础是描述逻辑（Description Logics，DL）。描述逻辑是一阶逻辑（First Order Logic）的一个可判定的变种，因此可以用来进行自动推理，计算机从而可以知道本体中的分类层次，以及本体中的各种概念是否一致。OWLFull 是 OWL 的三种子语言中表达能力最强的一个，适合在那些需要非常强的表达能力，而不用太关心可判定性（decidability）或是计算完全性的场合下使用。不过也正是由于表达能力太强这个原因，用 OWLFull 表示的本体是不能进行自动推理的。

OWL 本体的组成有个体（Individual）、属性（Property）和类（Class）。个体（Individual），有时也被称作实例（Instance），相当于类的实例。个体代表我们实际感兴趣的那些对象。在 OWL 里，你必须明确地表达个体之间是否为相同的，否则它们可能相同也可能不相同。属性是个体之间的二元关系，也就是说，属性把两个个体连接在一起。OWL 中的类代表一些个体的集合，OWL 使用形式化（数学）的方法精确描述出该类中成员必须具有的条件，例如，领域中全部猫的个体都属于 Cat 类。类可以通过继承关系组成层次结构，子类是父类中的特殊情况，例如考虑 Animal 和 Cat 这两个类，Cat 可以是 Animal 的一个子类（即 Animal 是 Cat 的父类），这就表示了：所有的猫都是动物，所有 Cat 类的成员都是 Animal 类的成员，如果你是猫那么你也是动物，Cat 类被 Animal 类所包含。

2. OWL 语法

OWL 建立在 RDF（S）基础之上，利用了 RDF/XML 语法。由于 RDF/XML 并没有提供非常易读的语法，所以 OWL 定义了一些其他语法形式。OWL 本体是一个 RDF 文档，包含一个 rdf：RDF 元素。一个 OWL 本体可能以一系列的关于本体的声明作为开始，包括注释、版本控制以及导入其他本体等内容，成为本体头部。它是一个 RDF 文档中的 owl：Ontology 资源，其中名称空间 owl＝"http：//www.w3.org/2002/07/owl#"。OWL3 个子语言中 OWLLite 提供了最基本的构造成分，所以先介绍 OWLLite 的语言构造成分。

OWLLite 的语言构造成分可以分为以下 6 个类别：

OWLLite 的 RDF 模式特性：

（1）Class（类）定义了一组共享某些属性的个体所组成的集合。使用 SubClassOf 可以将不同的类组织成为特定的层次结构。系统内部定义了一个最普通的类 Thing，它是一切个体所组成的类，是所有 OWL 类的父类。

（2）Rdfs：subClassOf（子类），可以通过说明一个类是另一个类的子类来建立类之间的层次关系。例如 Person 类可以说明为是 Mammal 类的子类，若某一个体是 Person 类的一个实例，推理器可以自动推断出该个体也是一个 Mammal 类的实例。

（3）Rdfs：Property（属性），属性可以用于说明个体之间或个体到数值间的关系。属性的例子包括 hasChild，hasRelative，hasSibling 和 hasAge。前三个属性是关于 Person 类的一个实例到另一个 Person 类实例的关系（称为对象属性）；最后的 hasAge 属性是关于 Person 类的实例到整型数据类型实例的关系（称为数据类型属性）。

（4）Rdfs：subPropertyOf（子属性），与类相似，可以通过说明一个属性是另一个或多个属性的子属性来建立属性之间的层次关系。例如可以说 hasSibling（拥有兄弟姐妹）是 hasRelative（拥有亲属）的子属性。这样推理器可以自动推断出有 hasSibling 属性的两个个体之间同时有 hasRelative 属性。

（5）Rdfs：domain（域），属性的域限定了可以应用该属性的个体的类。如果某个属性将两个个体关联起来，且该属性的域是某个类，则被关联的个体必须属于那个类。例如可以说 hasChild 属性的域为 Mammal。Frank hasChild Anna，则 Frank 必须是 Mammal。

（6）Rdfs：range（范围），属性的范围在另一个方向上限定个体的取值。如果某个属性将两个个体关联起来，且该属性的范围是某个类，则关联的另一个个体必须属于那个类。如 hasChild 属性的范围为 Mammal。Frank hasChild Anna，则 Anna 必须是 Mammal。

（7）Individual（个体），个体是类的实例。可以用属性将一个个体与另一个个体关联起来。如一个叫 Deborah 的个体是类 Person 的一个实例，属性 hasEmployer 将个体 Deborah 和个体 StanfordUniversity 关联起来。

OWLLite 相等/不等性：

（1）EquivalentClass（类相等），两个类可以说明为相等的，相等的类都包含有相同的个体。相等性可以用于建立同义词类，例如可以说 Car 和 Automobile 类之间有类相等关系。推理器可以判断出任一 Car 的实例也是 Automobile 的实例，反之亦然。

（2）EquivalentProperty（属性相等），两个属性可以说明为相等的。相等的属性将每个相同的个体与相同的另一个个体集关联起来。相等性可以用于建立同义词属性，例如可以说 hasLeader 和 hasHead 属性之间有相等关系。推理器可以判断出任两个通过 hasLeader 相关联的个体，同时也被 hasHea 属性相关联，反之亦然。推理器还能推导出 hasLeader 是 hasHead 的子属性，同时 hasHead 也是 hasLeader 的子属性。

（3）SameIndividualAs（个体相同），两个个体可以说明为是相同的。可以使用这个构造成分来创建同一个体的不同的名字。例如可以说个体 Deborah 是与个体 DeborahMc 相同的个体。

（4）DifferentFrom（不同于），一个个体可以显式的说明为不同于另外的个体如个体 Frank 不同于个体 Deborah 和个体 Jim。这时，如果 Frank 和 DeborahMc 都成为某个函数型属性（即该属性最多只有一个值）的值，则会出现矛盾在 OWL 和 RDF 中，并不限定个体只有一个名字，因此能够显式说明个体是不同的，是很重要的。

（5）AllDifferent（全不同），可以用一个'全不同'语句说明多个个体两两互不相同。例如 Frank，Deborah，和 Jim 可以用'全不同'语句加以说明使用上面的'不同于'语句，只能得出个体 Frank 不同于个体 Deborah；和个体 Frank 不同于个体 Jim。不能得出个体 Deborah 不同于个体 Jim 的结论。这一点可以方便地用'全不同'语句说明。

OWL-Lite 属性特性：

（1）InverseOf（逆反）：一个属性可以说明为是另一个属性的逆反。例如 hasChild 属性的逆反是 hasParent 属性。TransitiveProperty（传递）：属性可以是传递性的。如 hasAncestor 属性是传递的，即如果有 hasAncestor（A，B）和 hasAncestor（B，C），则同时也有 hasAncestor（A，C）。

（2）SymmetricProperty（对称）：属性可以是对称性的，即对某个属性 P，如果有 P（A，B），则同时有 P（B，A）。例如已知 Friend（Frank，Deborah），且属性 Friend 为对称性属性，则同时能得出 Friend（Deborah，Frank）。FunctionalProperty（函数式）：属性可以说明为只有一个唯一的值。如果某个属性是函数式属性，则对每个个体它都有不多于一个值（有些个体可能不对应值）。

（3）InverseFunctionalProperty（反函数式）：如果说某个属性为反函数式属性，则该属性的逆反属性为函数式属性。如属性 hasSocialSecurityNumb 的逆反属性为 TheSocialSecurityNumberFor，其是函数式属性，可知属性 hasSocialSecurityNumber 为反函数式属性。

OWL-Lite 属性类型限制：

（1）AllValuesFrom（全部取值于）：'全部取值于'限制了属性的取值范围为某个特定的类，例如 Person 类有一个属性 hasOffspring（拥有后代），该属性有一个'全部取值于'限制，限定了 hasOffspring 属性的取值范围为 Person 类。如果个体 Louise 是 Person 类的一个实例，他的 hasOffspring 属性值为个体 Deborah，系统又知道 hasOffspring 属性的'全部取值于'限制为 Person 类。则推理器可以自动推断出个体 Deborah 是 Person 类的一个实例。

（2）SomeValuesFrom（一些取值于）：'一些取值于'限制了属性的一些取值为某个特定的类。例如类 SemanticWebPaper 有一个属性 hasKeyword，该属性有一个'一些取值于'限制，限定了 hasKeyword 属性的一些值是类 SemanticWebTopic 的实例。这一限制容许 SemanticWebPaper 有多个 keyword，在这些 keyword 中有一个或多个是类 SemanticWebTopic 的实例即可，不要求全部的 keyword 都是类 SemanticWebTopic 的实例，这一点不同于上面的 allValuesFrom（全部取值于）限制。

OWLLite 基数限制：

OWL 的基数限制作用在属性的相关类上。即限制了属性在某个类的个体上取值的基数。在 OWLLite 中的基数规定只能为 0 或 1，而不像在 OWL DL 和 OWL Fu 中的基数可以取任意的非负整数值。

（1）MinCardinality（最小基数）：如果某个类的属性在相关类上的最小基数是 1，那么该属性最少有一个相关类上的实例。例如类 Parent（父母亲）用于语义 Web 的本体表示语言的属性 hasOffspring（拥有后代）的最小基数为 1，它的属性类型限制为 allValuesFrom（全部取值于）类 Person。如果已知 Louise 是类 Parent 的一个实例，推理器就能自动推断出 Louise 的属性 hasOffspring（拥有后代至少有一个类 Person 的实例。在 OWL Lite 中 minCardinality（最小基数只能取值 0 或 1。但最小基数取值为 0 时，表明定义在某个类上的属性是可选的（Optional）。例如类 Person 的属性 hasOffspring 的最小基数取值应为 0，因为并不是所有人都拥有后代（hasOffspring）。

（2）MaxCardinality（最大基数）：如果某个类的属性在相关类上的最大基数是 1，那么该属性最多有一个相关类上的实例。其 maxCardinality（最大基数）为 1 的属性有时候被称为'函数式'的属性。例如可以在类 Person 上定义属性 hasBirthMother，取值为类 Women 的实例。属性 hasBirthMoth 的最大基数为 1。最大基数的另一个用途是用于说明某个属性在相关联的类上没有对应的值，如类 UnmarriedPerson（未婚的人）的属性 hasSpouse（拥有配偶）并不对应任何个体，因此属性 hasSpouse（拥有配偶）的最大基数就应该为 0。

（3）Cardinality（基数）：当最小基数和最大基数相同时，使用 cardinality（基数）。以属性 hasBirthMother 为例，它的最小基数和最大基数都为 1，可以说它的基数为 1。

OWL-Lite 类相交：

intersectionOf（相交）：OWLLite 只容许命名类和限制之间的相交。例如类 EmployedPerson 可以描述为是类 Person 和类 EmployedThings 的相交（类 EmployedThings 的属性 hasEmployer 的最小基数为 1）。

5.4 基于本体的地理信息服务搜索

5.4.1 高精度服务搜索体系结构

OWS 敏感的搜索引擎遵循了以下几个原则：①工具必须能够处理不同的 OWS 服务版本，如处理 WMS 从 1.0.0 到 1.3.0。②连接探测和服务能力的匹配花费时间要尽量最低，要能够满足因特网环境的需求。③系统中的部件必须是松耦合的，即每一个部件都封装成 Web 服务的模式。④部件独立于操作系统平台从而允许在网络环境中使用。

如图 5-4，基于本体的空间信息服务搜索体系结构包含以下六个主要部件：分布式 GIS 服务资源、服务搜索引擎、本体生成器、目录服务、本体推理引擎、多协议客户端。

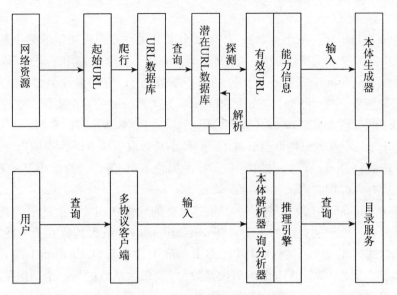

图 5-4 OWS 服务搜索体系结构

分布式 GIS 服务,主要是指存在于网络上的各种 OWS(如 WMS、WFS、WCS 和 SOS)相关的页面,它们是本系统搜索和重建本体服务的对象。一般情况是在直接或间接知道它们服务的网络地址,再根据地址供搜索引擎搜索。

GIS 服务搜索引擎,是根据输入的网络资源网址 URL,经过爬行,得到一个 URL 数据库,再对 URL 数据库每个链接查询得到一个潜在的 URL 数据库,潜在的 URL 数据库通过解析可以得到新的潜在的 URL 数据库,通过探测可以得到有效 URL 和服务的能力信息。

本体处理,包括本体生成器和本体解析器两个部分。一是本体生成器,即在搜索引擎得到有效 URL 和能力信息后,将它们转化成本体信息,本体文件存储在文件或数据库中,在进行语义搜索前,我们通过支持语义的 CSW 服务进行注册;一是本体解析器,即在查询时将客户端的查询请求转化成本体的查询。

目录服务,是把处理好的本体注册到 CSW 中,负责提供 OWS 服务的注册、管理和查询功能。

多协议客户端,提供一个用户界面层,其功能包含用户请求信息的处理、从目录服务中查询 OWS 服务、根据地址调用 OWS 服务和对结果进行可视化展现等功能。

5.4.2 基于能力匹配的服务发现

本节将讨论基于能力匹配的 OWS 服务,用 WMS 作为例子。

WMS 响应,不仅包括"version"和"attributes"属性,还包括"Service"和"Capability"元素。"version"可以是到目前为止的版本号。"Service"包括的必须元素有

"Name"、"Title"、"Abstract"、"OnlineResource",可选择的元素有"KeywordList"、"ContactInformation"、"Fees"、"AccessConstraints"、"LayerLimit"、"MaxWidth"和"MaxHeight"。"Capability"包括必须元素"Request"和"Exception"元素,可选元素有"ExtendedCapabilities"和"Layer"。上面的属性和元素都用于能力探测。在本书中,"WMS_Capabilities"标签和"version"属性用于从潜在的 URL 数据库中查找"WMS"链接;"Service"和"Capability"元素用于产生"WMS"本体实例。

图 5-5 表示了 WMS 爬行与探测的过程。这个过程包括下面几个步骤:

(1) 爬行:我们使用流行的开源搜索引擎 Nutch 跟踪每个知道的网页和相关的链接,从特别的 URL 链接产生一个 URL 数据库(A)。

(2) 查询:一旦有了页面内容,我们就准备查询。Indexer 索引器将搜索的内容作全文倒排索引。将文档分成一些索引段,每个片段适合于一个搜索过程。我们使用"WMS"和"Web Map Service"关键字查询索引的页面内容,潜在的"WMS"URL 数据库能归档(B)。

(3) 解析:潜在"WMS"URL 数据库里的链接包含"WMS"和"Web Map Service"关键字。使用 html 解析器解析内容,一些"WMS"相关的链接能够被发现并且存储在潜在的 URL 数据库(C)中。

(4) 探测:我们向"WMS"链接发送"WMS_GetCapabilities"get 或者 post 请求并得到响应。如果返回的响应包含"WMS_Capablities"元素,我们就能得到 URL 和"WMS"元数据和相应的信息。

(5) 合并:比较上面的各个"WMS"URL,删除重复记录,产生一个"WMS"URL 数据库。

(6) 产生:每个 WMS 服务作为一个本体在 OGC CSW 中注册。

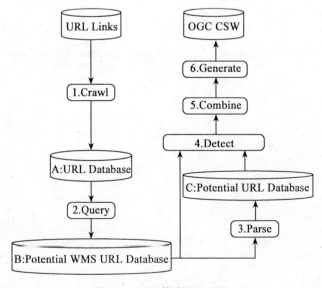

图 5-5 OWS 能力匹配过程

5.4.3　OWS 本体的创建与注册

本体创建步骤：①确定感兴趣的类和关系做成抽象本体词汇表。②根据搜索引擎得到的相关关系信息，按照本体词汇表的类和关系通过本体编辑器生成用 OWL 描述的本体。③将本体与数据库作映射，构成一种本体存在于数据库中的方法，这样本体就可以注册到目录服务中了。OWS 的本体词汇与关系如图 5-6 所示（此图在 Protege 3.4 根据 OWL 描述生成）。

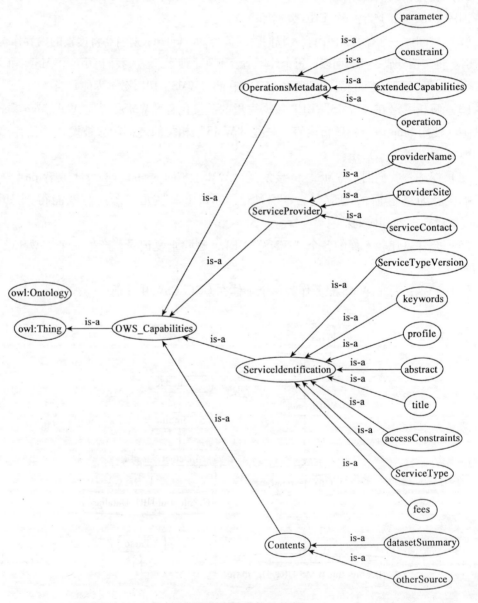

图 5-6　OWS 本体关系图

第 5 章 地理信息服务搜索

WMS 的本体词汇和关系如图 5-7 所示（此图在 Protege 3.4 根据 OWL 描述生成）。

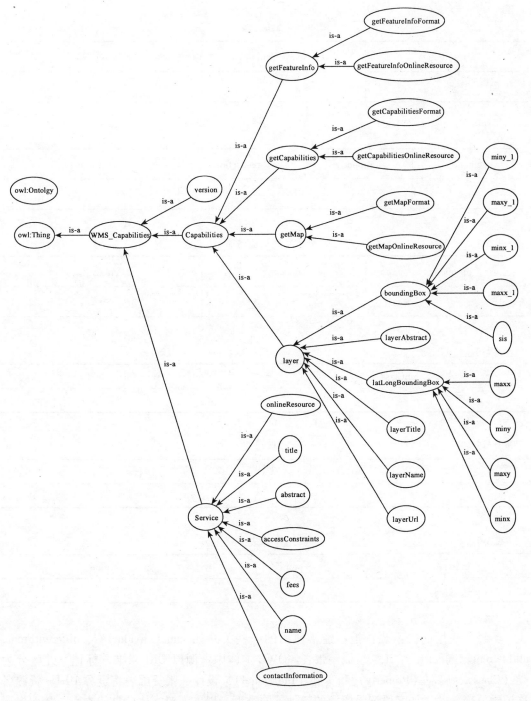

图 5-7　WMS 本体关系图

陶皖和姚红燕（2007）提出的方法简单、扩展性好、规范化程度高，具体做本体与数据库映射的方法如下：建立以下 6 个表（表 5-1 ~ 表 5-6）。

表 5-1　资源表

resource	resourceName	resourceType

表 5-2　限制表

class	property	restriction	value

表 5-3　定义域与值域表

property	domain	range

表 5-4　类表

subClass	superClass

表 5-5　个体类表

individual	class

表 5-6　个体表

Individual	property	value

不经常使用的关系表：把不经常使用的一些关系如 sameIndividualAs、differentFrom、alldifferent、intersectionOf 等组成一张表。OWL 本体中资源以 URI 来唯一标识，并区分为类（Class）、属性（Property）和实例（Individual），设计一张资源表将资源 URI、资源名称记录下来，并添加字段记录资源的三种不同类型，以方便对本体信息的索引，从而提高查询效率。OWL 本体中常使用 subClassOf、subProperty、equivalentClass、equivalentProperty 等来描述类或属性间的关系（层次或等价等关系），为提高查询推理效率，将经常出现的

第 5 章 地理信息服务搜索

关系组织成单独的表。

设计一张定义域与值域表记录属性的 dmain 和 range 信息,设计一张特别属性表记录其他属性信息(如 InverseFunctionalProperty、FunctionalProperty、TransitiveProperty、SymmetricProperty 等)。设计一张约束表记录对属性的各种约束(如 allValuesFrom、someValuesFrom、minCardinality、maxCardinality 和 cardinality 等),为说明属性值的范围在其中特别设置了 Value 字段,它与 restriction 字段配合即可比较清楚地表明属性的取值情况。基于上面本体与数据库映射的方法可以得到 WMS 本体(图 5-7)映射到数据库得到如下几张表(表中只给出少数例子,用类似的方法可以将图 5-7 中的本体与关系全部填满表 5-7~表 5-12)。

表 5-7 资源表

resource	resourceName	resourceType
XX/WMS-Capabilities	WMS-Capabilities	Class
……	……	……
XX/is_ a	is_ a	property
……	……	……
XX/具体例子的个体	具体例子的个体	Individual
……	……	……

其中,XX 表示一个具体例子的 URI。

表 5-8 限制表

class	property	restriction	value
getCapabilities	is_ a		
……	……	……	……

表 5-9 定义域与值域表

property	domain	range
is_ a	version	WMS_ Capabilities
……	……	……

表 5-10　类表

subClass	superClass
version	WMS_ Capabilities
……	……

表 5-11　个体类表

individual	class
具体例子中的个体	具体例子中个体所属的类
……	……

表 5-12　个体表

Individual	property	value
具体例子中的个体	具体例子中个体属性	具体例子中个体的值
……	……	……

上述生成的本体与数据库做映射，这样就可以将本体分成一定意义上的表进行存储。CSW 目录注册使用 deegree 的 CSW 目录服务。Deegree CSW 配置文件有 3 个：csw_ capabilities. xml、wfs_ capabilities. xml 和 csw. xsd。csw_ capabilities. xml 是配置 CSW 能力服务的。它包含 5 个主要部分：①deegree 参数配置，提供 CSW 目录服务网上资源和 WFS 资源，CSW 通过间接的调用 WFS 来调用数据的；②提供 CSW 服务识别信息；③服务提供者详细信息；④操作信息，包括 GetCapabilities 等操作类的配置；⑤空间操作的配置，为空间计算服务的。wfs_ capabilities. xml 是 WFS 能力配置信息，文件结构与 csw_ capabilities. xml 类似。但它配置了与数据库联系的语句和 csw. xsd 文件位置。csw. xsd 文件是 wfs_ capabilities. xml 调用的文件，是对空间数据结构的描述。*. xsd 中开始是名称空间的声明，再是数据库连接的配置，最后描述表示的标记与数据库中表的记录名的对应。这些配置设置好后，就可以启动目录服务，再通过服务的客户端进行管理。

5.5　地理信息服务搜索实验

本节所做的所有实验的配置是：系统 Microsoft Windows XP Professional 版本 2002 Service Pack 2，CPU Pentium（R） 4 1.80GHz，内存 768MB。所用的软件涉及：JDK1.5.0_ 08，Cygwin 2.510.2.2，Nutch-0.9，Tomcat 5.0，degree-csw 2.1，postgresql8.3，postgis_ 1_ 3_ 2_ pg83，Protege 3.4。

5.5.1　地理信息服务搜索部署

搜索引擎部署和搜索的步骤如下：

(1) 下载 Nutch0.9，将其解压到 D：/中。

(2) 在 Nutch 的安装目录中建立一个名为 url.txt 的文本文件，文件中写入要抓取网站的顶级网址，即要抓取的起始页。笔者在此文件中写入如下内容：http：//wms-sites.com/。

(3) 编辑 conf/crawl-urlfilter.txt 文件，修改 MY.DOMAIN.NAME 部分：

accept hosts in MY.DOMAIN.NAME

+^http：//（[a-z0-9]*\.）*wms-sites.com/

(4) 编辑文件"conf/nutch-site.xml"，插入最基本的属性并设置为你希望的值。

(5) 运行 Cygwin 软件。由于运行 Nutch 自带的脚本命令需要 Linux 的环境，所以必须首先安装 Cygwin 来模拟这种环境。

(6) 运行 Crawl 命令抓取网站内容。在界面中输入如图 5-8 所示的爬行命令。

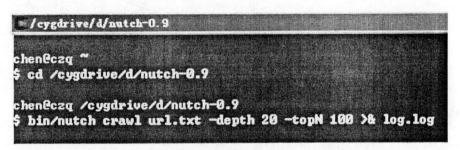

图 5-8　爬行命令图

(7) 获得链接的索引。crawl 文件下的全部有关索引的文件结构如图 5-9 所示。

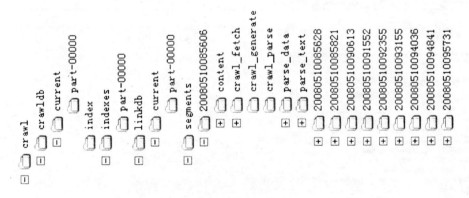

图 5-9　索引目录结构

(8) 使用 Web 页面进行搜索。将 nutch-0.9.war 解压到 tomcat 的 ROOT 文件夹下，修改 ROOT\WEB-INF\classes 下的 nutch-site.xml 文件，在配置加下面的内容<property><name> searcher.dir </name> <value> D：\nutch-0.9\crawle </value></property>

（9）修改查询端查询语句，打开如图 5-10 所示的界面，输入关键词 WMS 后就可以得到含有此关键词的网址，如图 5-11 所示。

图 5-10　查询界面

图 5-11　搜索结果图

（10）构建潜在的 WMS URL 数据库。在上面第（8）步的网址就可以构成潜在的 WMS URL 网址。如图 5-11 所示。

（11）解析。编写 Java 程序做一个解析器，这个解析器是以上面第（9）步的 URL 为 URL，解析出这些 URL 链接页面里的 URL。具体的做法是以第（9）步的 URL 为起始 URL，链接每个 URL 的页面，解析这些页面内的 URL，再将所有的 URL 收集在一起，去掉重复 URL，便得到了潜在的 URL 数据库。如图 5-12 所示。

图 5-12　WMS 潜在 URL

（12）探测。将第（9）和（10）步中的 URL 根据经验知识去掉一些不可能的 URL 和去掉重复的 URL。再用自己编写的 Java 探测器对上面的 URL 探测，探测的方法是在这些 URL 后面加上"？REQUEST＝GetCapabilities&SERVICE＝wms"或者不加，这要看 URL 本身是不是一个探测 URL。探测后得到有效链接的能力信息。如用 URL＝ http：//lio-app. lrc. gov. on. ca/cubeserv/ cubeserv. pl？REQUEST＝GetCapabilities&SERVICE＝wms 探测，就可以得到一个包含能力信息的 XML 文件，如图 5-13～图 5-15，图 5-13～图 5-15 是这个能力信息 XML 文件的部分内容。其他的 URL 探测后如果有能力信息返回，则类似于图 5-13～图 5-15。解析每个有效 URL 返回的能力信息，解析这些能力信息就可以创建本体。

```
<WMT_MS_Capabilities version="1.0.0">
  <Service>
    <Name>OGC:WMS</Name>
    <Title>CubeSERV</Title>
    <Abstract>WMS-compliant cascading map server by CubeWerx Inc.</Abstract>
    <OnlineResource>http://www.cubewerx.com/</OnlineResource>
    <Fees>none</Fees>
    <AccessConstraints>none</AccessConstraints>
  </Service>

  <Capability>
    <Request>
      <Map>
        <Format>
          <PNG/>
          <TIFF/>
          <GIF/>
          <JPEG/>
          <PPM/>
          <CW_WKB/>
          <GML.1/>
          <GML.2/>
        </Format>
        <DCPType>
          <HTTP>
            <Get
             onlineResource="http://lioapp.lrc.gov.on.ca/cubeserv/cubeserv.pl?"/>
          </HTTP>
        </DCPType>
      </Map>
      <Capabilities>
        <Format>
          <WMS_XML/>
        </Format>
```

图 5-13　WMS GetCapability 操作信息实例

```
        <DCPType>
          <HTTP>
            <Get
             onlineResource="http://lioapp.lrc.gov.on.ca/cubeserv/cubeserv.pl?"/>
          </HTTP>
        </DCPType>
      </Capabilities>
      <FeatureInfo>
        <Format>
          <MIME/>
          <HTML/>
          <GML.1/>
        </Format>
        <DCPType>
          <HTTP>
            <Get
             onlineResource="http://lioapp.lrc.gov.on.ca/cubeserv/cubeserv.pl?"/>
          </HTTP>
        </DCPType>
      </FeatureInfo>
    </Request>

    <Exception>
      <Format>
        <INIMAGE/>
        <BLANK/>
        <WMS_XML/>
        <HTML/>
      </Format>
    </Exception>

    <VendorSpecificCapabilities>
      <CubeSERV version="4.0.9"></CubeSERV>
    </VendorSpecificCapabilities>
```

图 5-14　WMS GetFeatureInfo 操作信息实例

```
<Layer queryable="0">
  <Title>CubeSERV layers</Title>
  <Abstract>CubeSERV layers</Abstract>
  <SRS>EPSG:4326 EPSG:84 AUTO:42001 AUTO:42002 AUTO:42003 AUTO:42004 EPSG:2163 EF
  <LatLonBoundingBox minx="-180" miny="-90" maxx="180" maxy="90"/>

  <Layer queryable="0">
    <Title>LIO_TOPO</Title>
    <Abstract>remote layers served from wms-topography</Abstract>
    <Keywords>ESRI ArcIMS Feature MapService ArcIMS Image MapService</Keywords>
    <LatLonBoundingBox minx="-180" miny="-90" maxx="180" maxy="90"/>
    <BoundingBox SRS="EPSG:4269" minx="-97" miny="41" maxx="-74"
      maxy="57.25"/>
    <Layer queryable="1">
      <Name>CONTOUR:LIO_TOPO</Name>
      <Title>Contours</Title>
      <LatLonBoundingBox minx="-180" miny="-90" maxx="180" maxy="90"/>
      <BoundingBox SRS="EPSG:4269" minx="-95.16749369999999"
        miny="41.6814132" maxx="-74.34055770000001" maxy="56.8143857"/>
    </Layer>
    <Layer queryable="1">
      <Name>RECREATION_ACCESS_POINT:LIO_TOPO</Name>
      <Title>Recreation Access Point</Title>
      <LatLonBoundingBox minx="-180" miny="-90" maxx="180" maxy="90"/>
      <BoundingBox SRS="EPSG:4269" minx="-95.14364550000001"
        miny="42.580341" maxx="-75.51070780000001" maxy="52.4650248"/>
    </Layer>
    <Layer queryable="0">
      <Name>NAMED_PLACE:LIO_TOPO</Name>
      <Title>Named Place</Title>
      <LatLonBoundingBox minx="-180" miny="-90" maxx="180" maxy="90"/>
      <BoundingBox SRS="EPSG:4269" minx="-95.185253" miny="41.6834126"
        maxx="-74.3329097" maxy="56.800168"/>
    </Layer>
```

图 5-15　WMS GetMap 操作层信息实例

5.5.2　地理信息服务本体创建与注册

根据上面得到的 WMS 能力信息以及根据所需要建立的服务，可以创建如下的本体。它分为三大类，分别是层类 layer，经纬度类 latLongBoundingBox 和坐标范围类 boundingBox。其中，layer 有属性元素 ID 号，名称 NAME，标题 TITLE，摘要 ABSTRACT，坐标系 SRS，经纬度范围 LATLONGBOUNDINGBOXID，坐标范围 BOUNDINGBOXID。latLongBoundingBox 有属性元素 ID 号，MINX，MINY，MAXX，MAXY。boundingBox 有属性元素 ID 号，坐标系 SRS，MINX，MINY，MAXX，MAXY。将这个本体用 OWL 描述和用 Protege 3.4 编辑自动生成本体树。将此本体映射到数据库为以下四个表（表 5-13 ~ 表 5-16）。

表 5-13　　　　　　　　　　　　　　**TResource**

ID	LAYERNAME	URL
TRESOURCE_ 17	drain_ 2m：Atlas_ of_ Canada	http：//lioapp.lrc.gov.on.ca/cubeserv/cubeserv.pl
TRESOURCE_ 21	places_ labels_ 2m：Atlas_ of_ Canada	http：//lioapp.lrc.gov.on.ca/cubeserv/cubeserv.pl
TRESOURCE_ 13	roads_ 2m：CCRS	http：//lioapp.lrc.gov.on.ca/cubeserv/cubeserv.pl

表 5-14　　　　　　　　　　　TLayer

ID	NAME	TITLE	ABSTRACT	LATLONG-BOUNDING-BOXID	BOUNDINGBOXID
TLAYER_18	drain_2m: Atlas_of_Canada	Rivers (1:2 000 000)	Rivers intended for display at 1:2 000 000.	TLATLONG-BOUNDINGBOX_19	TBOUNDINGBOX_20
TLAYER_22	places_labels_2m: Atlas_of_Canada	Populated Place Names (labels 1:2 000 000)	Selection of Canadian populated places in four classes based on 1991 Census data.	TLATLONG-BOUNDINGBOX_23	TBOUNDINGBOX_24
TLAYER_14	roads_2m: CCRS	Transportation Netowork (1:2 000 000)	Road network and ferry routes intended for display at thescale of 1:2 000 000.	TLATLONG-BOUNDINGBOX_15	TBOUNDINGBOX_16

表 5-15　　　　　　　　　　TLatLongBoundingBox

ID	MINX	MINY	MAXX	MAXY
TLATLONGBOUNDINGBOX_19	−178.838	31.8844	179.94	89.8254
TLATLONGBOUNDINGBOX_23	−172.301	36.4991	−13.1758	83.484
TLATLONGBOUNDINGBOX_15	−154.144	34.3231	−31.7891	73.79130000000001

表 5-16　　　　　　　　　　TBoundingBox

ID	SRS	MINX	MINY	MAXX	MAXY
TBOUNDINGBOX_20	EPSG:42304	−2750560	−936639	3583870	4673120
TBOUNDINGBOX_24	EPSG:42304	−2303860	−681503	2926170	3798860
TBOUNDINGBOX_16	EPSG:42304	−2618000	−936638	3000530	2701120

上面的表在 postgis 数据库中建立好后，就配置 csw.xsd 文件。csw.xsd 文件有两个部分，第一个部分是与数据库连接的配置语句，第二个部分是描述本体与数据库表映射的语句。csw.xsd 描述完毕，再在客户端通过 CSW 的 Transaction 操作的 Insert 注册服务。

5.5.3　地理信息服务查询

客户端对几个 web 服务的查询是等效的，以提交 WFS 查询请求为例。图 5-16 是客户

第 5 章 地理信息服务搜索

端的界面，可分为四个基本区，即服务查询区、服务查询显示区、图片显示区和地图查询区。服务查询区向数据库查询服务，得到的服务将在服务查询显示区显示，再通过现实的结果向地图查询区输入参数，点击查询便可以在图片显示区中显示查询到的地图。图 5-16～图5-20显示了这个过程。

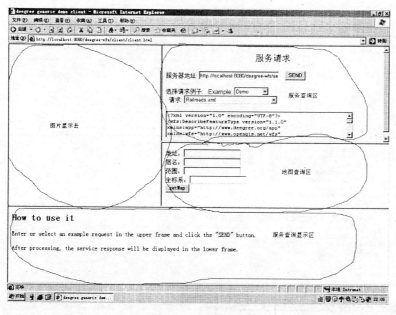

图 5-16　查询界面图

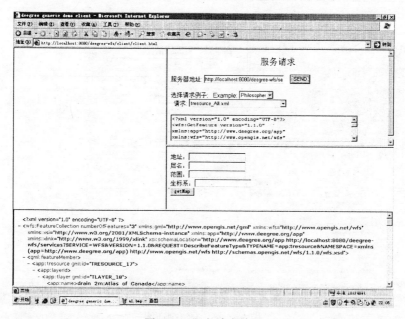

图 5-17　服务请求结果

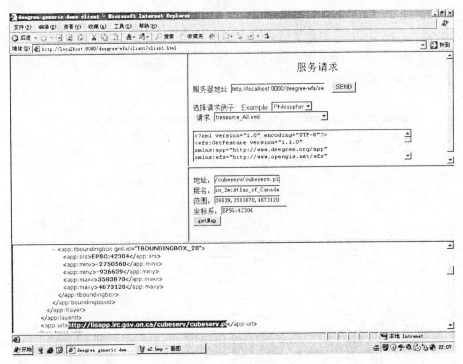

图 5-18　输入查询地图参数

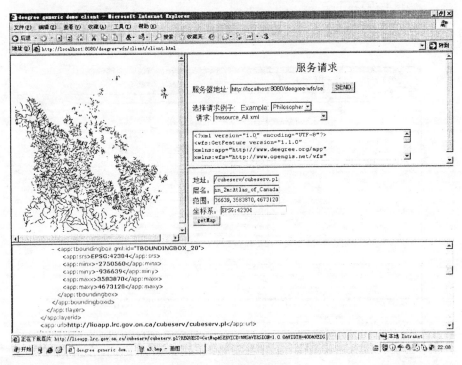

图 5-19　查询得到地图

第 5 章 地理信息服务搜索

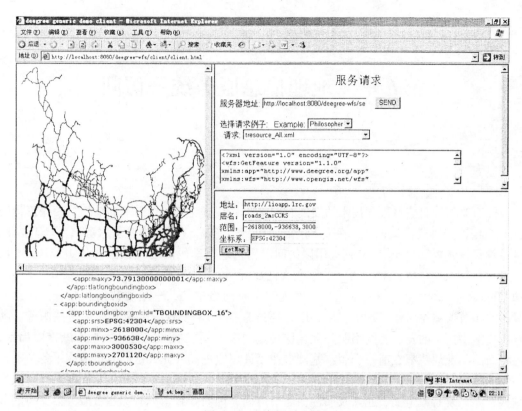

图 5-20 查询得到地图

第 6 章　地理信息服务统一访问

6.1　地理信息服务访问

伴随地理空间信息服务技术的发展及网络服务共享与互操作需求的增长，一些流行的 OGC 数据访问协议应运而生，例如网络地图服务（WMS）、网络要素服务（WFS）及网络覆盖服务（WCS）。它们分别被用以访问以栅格地图编码的地理数据（如 JPEG 图片）、要素（如气象站数据）和网格（如航空影像数据）。设计地理网络服务目录 CSW（Nebert 和 Whiteside，2005）的目的就是用于发现和发布网络中的共享地理数据和服务。数据和服务的元数据被注册在目录中，以便用户通过查找 CSW 发现、绑定和激活这些服务。随着现代网络技术的发展，网络服务互操作规范也在不断发展和完善，版本不断推陈出新，每种新的实现规范都在前一个版本基础上作了许多改进和补充，这同时也造成了各个不同版本实现规范及其对应的信息模型间出现了版本差异。这些版本差异主要表现在信息模型结构、元素及对象定义、元素及属性命名等方面，因而导致了只有那些被服务器支持的服务实例才能被请求成功，而当前多版本服务只能通过版本协商机制来解决。

版本协商机制是 OGC 网络服务实现规范定义的一个多版本网络服务请求实现的方法，也是目前网络服务中不同版本服务请求得以实现的唯一方法。网络服务实现规范规定：客户端请求的特定服务实例中使用的版本号必须等于这个实例已经申明支持的版本号。一个服务实例可能支持许多不同版本服务，客户端则可以根据协商规则来发现这些不同版本服务并进行请求。通过版本协商机制让一个客户端和一个服务实例共同决定双方都同意的规范的版本号。版本协商在服务请求时通过 GetCapabilities 操作完成，并遵照下面的规则。

所有的能力文档中都必须包含协商的版本号，为了响应一个包含版本号的 GetCapabilities 请求，网络服务器必须响应输出与这个版本号一致的版本，或者在请求的版本号没有被服务实例支持时，双方协商确定一个版本。如果请求中没有申明的版本号，服务器必须响应一个它能理解的最高版本号，并标记相应的响应。版本协商的过程如下：

（1）如果服务器实现了请求的版本号，服务器必须发送这个版本号。

（2）如果客户端请求一个未知的版本号，即请求的版本号高于服务器能理解的最低的版本号，服务器必须发送低于请求版本号的最高版本号。

（3）如果客户端发送的版本号低于服务器所能理解的所有版本号，服务器必须发送一个它能理解的最低版本号。

（4）如果客户端不能理解服务器传递的新版本号，它可能停止与服务器通信，或者发送一个带有客户端能理解的新版本号请求，但这个版本号必须小于服务器发送的版本号

(如果服务器已经响应了一个低版本号)。

(5) 如果服务器已经响应了一个比较高的版本号(因为请求中的版本号低于任何服务器能理解的版本号),并且客户端不能理解这个版本号,客户端可能发送一个新的带有高于服务器发送的版本号的版本号。

上述处理过程不断重复,直到双方接受一个都能理解的版本号,或者客户端终止与服务器的通信。

例如,服务器支持的版本号为 1、2、3、4 和 5。客户端能理解的版本号为 1、3、4 和 6。当客户端请求版本 6 时,服务器响应版本 5。当客户端请求版本 4 时,服务器响应版本 4,双方都能理解,协商成功。

再如,服务器支持版本号 4、5 和 8。客户端能理解的版本号为 2,客户端请求版本 2 时,服务器响应的最低版本为 4,客户端不能接受这个版本号,于是协商失败,通信终止。通过这些例子可知,利用版本协商机制在一定的程度上为实现多版本网络服务访问提供了一个可以通信的方法,但它只能在用户请求的版本号服务器支持的情况下才能实现用户准确版本请求,在多数情况下只能协商返回一个非用户请求的版本号服务响应结果,而且在很多情况下,协商会出现失败从而导致服务请求失败。可见,版本协商机制可靠性差,无法保证用户的访问要求。

当前,在网络服务器中注册的各种服务实例,我们可以把它们分成三种类型:同种类型同种版本的服务、同种类型不同版本的服务和不同类型的服务;或者称它们为同一版本同质服务、不同版本同质服务及异质服务。同版本同质服务具有相同信息模型和模式,不同版本同质服务具有相同信息模型不同模式,异质服务具有不同信息模型和模式。针对这三种服务,设计三种类型方法来实现服务的统一访问。即对于同版本同质服务采用直接的请求和响应派遣(a. Dispatch),对于同质不同版本服务采用动态模式映射(b. Translate),对于异质服务采用信息模型融合(c. Fusion)的方法实现服务统一访问。图 6-1 是三种服务统一访问方法示意图。

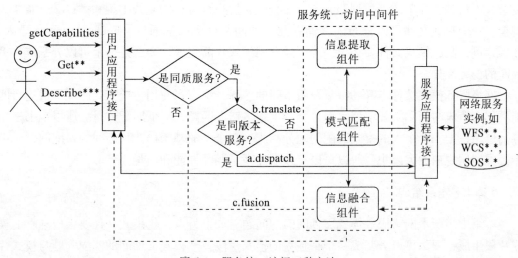

图 6-1 服务统一访问三种方法

对于同种类型相同版本的服务请求可以直接派遣给服务器实现服务请求，对不同版本同种类型服务的统一访问包括：不同版本间的模式匹配及不同文档间的信息提取与转换两个步骤。第一阶段表示为一系列内部模式对应关系的高级规范转换成一系列两个模式间设计选择的映射，设计选择包括数据的层次组织及模式约束（如外键约束）；在第二阶段，这些映射转换成对源模式通过产生数据填充到目的模式的查询（SQL、XQuery 和 XSLT）。映射算法的一个重要特点是考虑到目的模式的约束条件从而保证产生的数据将不会违反目的模式完整性。对异质服务，即不同类型的服务，除了模式转换请求外，在模式转换前还要对响应的不同信息模型进行融合，例如 O&M resultModel 和 GML WCS 简表或 GML 要素简表间的融合，从一个 SOS 产生的实时观测的元数据在 CSW 服务器中注册成一个"objectType"。如果观测结果是覆盖信息，元数据"WCSCoverage"产生；如果观测结果是要素信息，"WFSLayer"元数据产生。"WCSCoverage"包含数据集名称、地理范围、数据格式、空间参考和分辨率信息。"WFSLayer"包含数据集名称、要素类型、地理范围、空间参考信息。

6.2 基于片段的模式匹配方法

随着技术的发展进步及人们需求的增长，WFS、WCS、SOS 等数据服务规范也在不断升级完善，同种类型执行规范出现了多个不同版本。每个版本都进行了改进，不同版本模式文件在结构和内容上差异较大。这些差异表现在：①模式整体结构发生变化，例如 WFS 几种操作在 1.0 及以前版本中都分别在不同模式文件中进行定义，发展到 1.1 版本后，所有操作都集中在一个模式文件中定义；②元素命名不一致，相同元素标签可能表示不同含义，不同标签却可能表示相同含义；③操作类型定义变化，操作类型要么增删了属性或元素，要么改变了约束关系；④元素路径长度变化，不同版本对应元素路径长度不同，模式树中的结构表示发生变化。此外，上述服务模式本身具有如下特点：①元素结构复杂，不仅包含简单数据类型和元素，而且包含用户自定义的复杂类型和类；②分布式大规模，一个模式文件可以分布式存储在几个不同文件中，常通过 include 或 import 导入；③模式可分割，模式文件要么由一个个独立的模式片断组成，要么是一个可以分割成许多片断的模式文件。

网络服务模式文件本身的特点及版本间的差异，决定了使用传统模式匹配方法进行匹配不仅会造成时间和空间浪费，而且会产生很多错误匹配，降低匹配质量。所以本书采用分治思想，把一个个大的模式匹配问题分割成一个个小的基于模式片断间的匹配问题。由于匹配问题规模大大减小，所以可以有效地提高了匹配性能和质量。

6.2.1 体系结构

本书中多版本网络服务模式文件间匹配问题有如下特点：①模式文件要么由独立的模式片段组成，要么可以分割成一个个独立的模式片段；②模式文件间的匹配问题与模式片段间匹配问题是相同问题；③片段间的模式匹配结果组合可以得到两个模式文件间的匹配结果;④模式片段间没有重叠,不会造成重复匹配操作。所以对多版本网络服务模式文件匹配问题应用分治法思想是可行也是合理的。

当前有许多模式匹配系统涉及基于片断的匹配问题,例如 BMO(Hu 和 Qu,2006)使用一种基于语言学的方法来匹配两个本体产生一个相似值矩阵,接着对相似值矩阵应用一种特殊的分割算法得到直接的块映射。由于匹配是基于两个完全的本体,系统扩展性差,不适合大规模的本体匹配问题。此外,由于算法使用基于语言学的方法来计算两个元素间的相似值,所以匹配质量不是很高。ARTEMIS(Castano 等,2001)同样应用一种块匹配思想,它借助 WordNet(Miller,1995)同义词库知识来计算两个模式元素间的语义距离,并对这些映射元素对使用一种聚类算法来生成块映射,该方法的缺点是算法复杂。COMA++(Aumueller 等,2005)把每一个本体转换成一个有向无环图并使用一种自顶向下的方法对模式图进行分割。COMA++ 最初是用来分割数据库模式或 XML 模式,这些模式在匹配系统内部通常表示成树结构。本书在综合分析上述匹配系统特点的基础上,提出了一种基于 COMA++ 的片断模式匹配方法。图 6-2 是基于片段的模式匹配方法结构图。

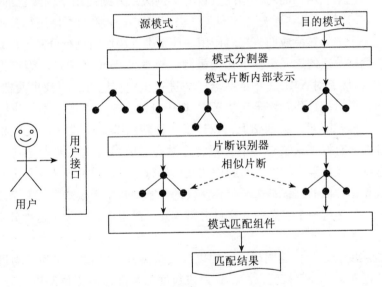

图 6-2 基于片段的模式匹配方法结构图

系统由三个核心部件组成:模式分割器、片断识别器及模式匹配组件。模式分割器主要功能是采用一种合理的模式文件分割方法把一个大的模式文件分割成几个合适的模式片断。模式分割器是系统的关键组成部分,模式分割方法的好坏直接影响模式匹配结果的质量。片断识别器主要用来发现所有在源模式片断与目的模式片断中的相似片断,以便从细节上对这些模式片断进行匹配。片断识别是系统执行正确片断匹配的重要前提条件。模式匹配组件主要用来实现所有相似模式片断间的匹配,并把所有模式片断间匹配结果进行组合形成两个模式文件完全匹配结果。模式匹配组件是系统的核心执行部件,它可能只包含某种具体的匹配算法，也可能提供各种匹配算法的组合，用户通过用户接口可以选择具体的匹配算法和匹配结果组合方法，它相当于一个独立的模式匹配系统。基于片断的匹配方法包含模式文件解析和分割、相似片段识别、模式片段间匹配及最后的匹配结果组合四个步骤。

6.2.2 方法实现

1. 模式文件动态解析和分割

模式文件的分割是基于模式文件的模式图（或树）进行的，当前，有许多工作对模式片段的构建做了研究。如 J. Seidenberg（2006）通过对本体中某个具体的实体中所有不同链接（如属性）的遍历来构建一个独立的模式片段。它通过应用 OWL 本体中详细的语义关系来生成高度相关的片段。H. Stuckenschmidt（2007）使用基于分布式描述逻辑为模块化本体定义了一种框架，但是设计的模块化方法并没有定义操作的模块大小。K. Tu（2005）提供了一种新的本体可视化方法，生成本体的一个整体镜像，这个镜像包括本体类的一个语义轮廓，对分布式实例和实例关系也一样进行了可视化，并且对不同数目的实例使用不同的颜色来表示，而对于不同数目的实例关系，则使用不同颜色的线进行表示。K. Tu 使用的是一种数据聚类算法（切割演算法）来对一个大的本体进行分割，其基本思想是通过先把一个本体转换成图，接着使用一种聚类算法对图进行分割，但是这种方法不能够对任何包含空节点的三元组提供保护机制。Sana Sellami（2009）等首先把模式文件转换为 XML 树，接着对 XML 树中的频繁子树进行识别和挖掘，再找出两棵 XML 树中相关的频繁子树，最后把这些频繁子树从 XML 树中分割出来。在本书中，我们在 COMA++提出的基于片段模式匹配方法基础上，设计了一种新的基于模式（片段）相似度的模式分割方法。即对所有源模式文件中的片段，通过在目的模式文件搜索与其相似的模式片段，然后以这些模式片段为粒度对目的模式文件进行分割。目的模式文件分割的过程也是一个不断寻找相似片段的过程，而源模式文件的分割则是基于模式文件复杂度，通过一种直接的模式树分裂法把一个复杂模式文件分割成几个简单模式片段。这种分割方法有如下几个好处：

（1）分割粒度合理，目的明确。我们以源模式文件（片段）作为分割目的模式片段的依据，目的模式文件分割粒度以源模式片段粒度为基准，避免目的模式分割的盲目性。对源模式文件根据其复杂度进行简单分割，简单可行，而 Sellami 等人提出的方法中，通过识别两个模式树中相关的频繁子树来对 XML 树进行分割，由于频繁子树的识别工作量很大，而且频繁子树的粒度各不相同，对源 XML 树的分割容易造成太多"碎片"。

（2）简化了片段识别工作。模式分割过程同时发现了两个模式文件中所有可能的相似片段，从而降低了模式片段识别阶段模式片段识别范围，有效地提高识别效率。

（3）由于分割粒度合理，相似片段最大限度地保证包含了两个模式文件所有可能的映射。分割粒度过大，失去分割意义，分割粒度太小，不仅增加了片段匹配工作，而且很容易丢失映射。

模式分割按如下两个步骤进行：

步骤1. 对输入的模式文件进行动态解析和表示。

为了更好的处理大尺度模式、XSD、Web OWL 及其他 XML 模式语言允许一个模式文件分布式地存储在几个文档和名称空间中，并且每一个 XSD 文档被分配一个所谓的目的名称空间，并向 XSD 提供不同定向来把在一个文档中定义的部分导入到一个新文档。一个模式可能包含多个子模式，如不同的消息格式，它们都可单独实例化。为了处理方便，通过把对分布的相关文档进行解析并把导入或交叉引用部分转换到一个文档中然后再处理。在模式文件进行解析时，顺序读取模式中每个元素，然后对每个元素作如下处理：如果元素的名称是 schema，就根据属性信息得到 targetNamespace 内容；如果元素的名称是 restriction 或 extension，说明有继承类型，根据属性信息得到继承的基类类型；如果元素的名称是 include 或 import，表示要导入新的模式文件，根据属性信息得到模式文件的 URL 地址和导入的模式文件名，根据 URL 地址和文件名动态到 OGC 网站去下载模式文件，文件下载后保存到本地并用同样方法对模式文件进行解析，解析过程中如发现有新的要导入模式文件，则继续动态下载新的模式文件并对文件进行解析，直至文件解析完毕；如果元素的名称是 complexType、singleType、element、attribute、group、attributeGroup 等则对这些元素名称和类型进行处理，模式元素读入结束后把每个元素相关信息保存在数据库中，这些信息包括：模式文件名，ID 号，元素名，元素类型，元素命名空间，元素类型空间，元素的元数据类型，注释等，同时如果一个模式元素是另一个元素子元素，则还需保存两个元素间的一个关系，关系信息包括：子元素模式文件名，子元素 ID，父元素模式文件名，父元素 ID，父子间关系（此处为 IS_A）等。模式文件解析结束后，模式文件所有元数据信息保存到了数据库中，模式文件在模式管理器中被统一用有向图（或树）（Zeidenberg 和 Rector，2006）进行了表示。图 6-3 表示的是模式元素解析流程。

我们使用 WFS1.1.0 版本的"wfs.xsd"模式文件和 WFS 1.0.0 版本的"WFS_basic.xsd'"模式文件来阐述模式文件解析的流程。如图 6-4 所示，"wfs.xsd"模式文件导入了三个分布式模式文件："gml.xsd"、"filter.xsd"和"owsAll.xsd"；而"WFS_basic.xsd'"模式文件包含两个分布式的模式文件："feature.xsd"和"filter.xsd"，所有的模式文件都有不同的命名空间。虽然，导入的"filter.xsd"模式文件具有相同的命名空间，但是一个是 1.1.0 版本，而另一个是 1.0.0 版本。这两个版本的模式包含一系列分散式的简单和复杂元素，并且载入后均可以用树图表示。

步骤2：把模式图（树）分割成片段。

在本书中，我们使用的是基于相似片段搜索的分割方法，边搜索边分割。即对源模式文件中所有模式片段寻找它在目的模式文件中的相似片段，如果查找成功则分割结束，如果在目的模式（片段）中找不到相似片段，则对目的模式（片段）进行一次分割，然后在分割后的模式片段中继续搜索相似片段，直到所有源模式片段都找到了其在目的模式片段中的相似片段为止。特别说明的是，这里的源模式文件是低版本模式文件，目的模式文件是高版本模式文件，我们还假定高版本模式文件是对低版本模式文件的扩展和补充，所有低版本模式文件片段在高版本中都能找到它的相似片段。

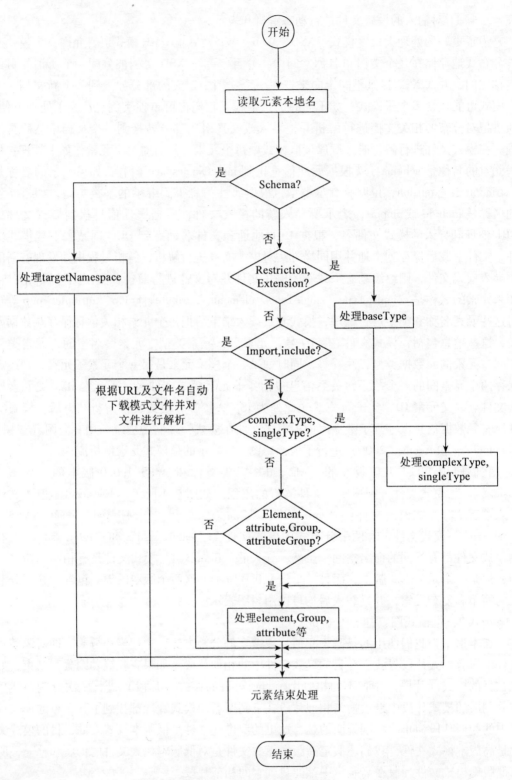

图 6-3 模式文件解析流程图

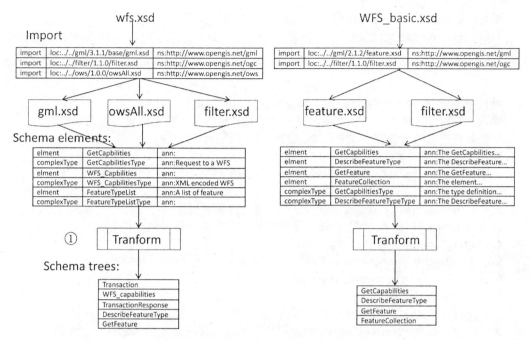

图 6-4 WFS 模式文件解析例子

图 6-5 是两棵简单的模式树分割过程。由图中可以看出，模式树分割从总体上分三个步骤，即模式树分裂、识别相似候选模式片段和输出候选相似片段对。模式树分裂有两种：源模式树分裂和目的模式树分裂。源模式树分裂主要根据模式树复杂度来确定是否需要分裂，对目的模式树的分裂则是根据源模式树中的模式片段在目的模式树中的查找过程进行的，主要看能否找到与源模式树中的模式片段相似的模式片段，如果不能找到则需要对模式树进行一次分裂。

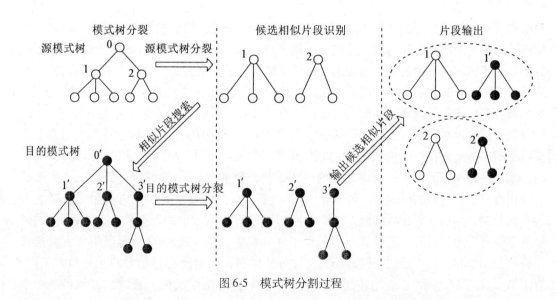

图 6-5 模式树分割过程

图 6-6 是模式树分割的伪代码。算法输入的是源模式树与目的模式树的根节点，为了表示方便，每个模式树都用其根节点表示。算法首先判断源模式树是否需要分割，如果要分割，则使用树分裂法进行一次分割（行 1，2 所示）。树分裂算法 divideTree 根据模式

模式分割算法: schemaDecomposition(srcRoots, targRoots)
输入：源和目的模式树的根节点，每个根节点表示的是一棵模式树，目的模式树的分割是根据其所有与源模式片段相似的模式片段进行的。
输出：一系列模式片段

1. if(srcRoots.size==1&&isNeedDivide(srcRoots))//源模式只有一棵树，并且很复杂需要分割
2.   srcRoots=divideTree(srcRoots);//对源模式树使用树分裂法进行一次分割
3. foreach(root in srcRoots)//对每个源模式片段搜索其在目的模式树中相似片段
4.   if(targRoots.size>1)
5.   if(hasSimilarRootPair(root, targRoots))//找出所有相似目的片段
6.   removeRoot(root, targRoots [i]);
7.   else continue;
8.   else//目的模式只有一棵独立的模式树
9.   targRoots =divideTree(targRoots);//对目的模式树使用树分裂法进行一次分割
10.   if(hasSimilarRootPair(root, targRoots))
11.   removeRoot(root, targRoots [i]);
12.   else continue;
13. if(srcRoots is null)//所有源模式片段的相似片段都找到
14.   Fragments=cloneTree(srcRoots,labeled root in targRoots); return Fragments;
15. Else
16.   schemaDecomposition(srcRoots,targetRoots);

图 6-6　模式文件分割伪代码

根节点对模式树进行分割，具体过程为：删除树的根节点，删除根节点到其所有直接孩子的链接，有 n 个孩子的原树就被分割成 n 棵子树，每个孩子节点成为新的子树的根节点，分割后的子树统一用树的根节点表示，每棵子树成为了源模式文件的一个分割后的模式片段。源模式树分割完后，接着搜索源模式树的模式子树在目的模式树中的相似模式子树，如果所有源模式子树找到了相似模式子树，分割结束，否则对目的模式树使用树分裂法进行分割，然后再在分割后的模式子树中搜索相似子树。目的模式树分割过程为：对每个源模式子树，搜索它在目的模式树中的相似子树，如果找到了所有与之相似的目的模式子树，则对所有相似的源模式子树和目的模式子树作删除标记（行 5，6 所示），如果源模式子树有多个，而目的模式树（子树）只有一个，则首先对目的模式树使用树分裂法进行一次分割，然后在分割后的模式子树中搜索相似子树（行 8 ~ 12 所示）。如果源模式树根节点集合为空，即所有源模式子树都做了删除标志（行 13 所示），则说明所有源模式子树都找到了相似目的模式子树，模式文件分割结束，输出所有分割后的相似模式子树，算法结束（行 14 所示）。否则使用相同的方法递归地对源模式树和目的模式树做进一步

分割。实际中,为了防止有源模式子树找不到相似子树而使得分裂一直进行下去,可以对递归的次数给一个限定,一般不超过 3 次。在本书的网络服务模式片段分割实验中,通常一次分割就可完成所有相似片段的查找。分割后的模式片段类型通常分为两类:内部模式片段和子模式片段。内部模式片段是指那些通过树分裂法分割后的模式片段,子模式片段则是那些解析后的独立的模式片段(没有经过分割),包括定义在模式文件中复杂的数据类型(wcsGetCapabilities.xsd 中的数据类型 Capabilities),或者是一些独立的操作类型(wcsGetCapabilities.xsd 中操作类型 GetCapabilities)。分割后的模式片段也可能比较复杂,也可能是只包含一个叶子元素的简单元素。

根据模式片断类型,模式树的分割分成四种不同情形:第一种情况是源模式树和目的模式树解析后都是独立的简单子树,源模式所有子树在目的模式子树中都能找到相似子树,两种模式树都不需要分割;第二种情况是只需要分割目的模式树,源模式树解析成许多独立的简单子树,目的模式树是一棵独立复杂的树,这时只需要对目的模式树进行分割;第三种情况与第二种情况相反,只需要对源模式树进行分割;第四种情况的源模式树和目的模式树都需要进行再次分割。

图 6-7 显示的是模式文件的子模式片段。"wfs.xsd" 模式文件包含 10 个独立的片段:Transaction、LockFeature、DescribeFeatureType、TransactionResponse、FeatureCollection、GetGMLObject、WFS_Capabilities、GetFeature、GetCapabilities 和 GetFeatureWithLock;而 "WFS_basic.xsd" 模式文件包含 4 个独立的片段:FeatureCollection、DescribeFeatureType、GetFeature 和 GetCapabilities。

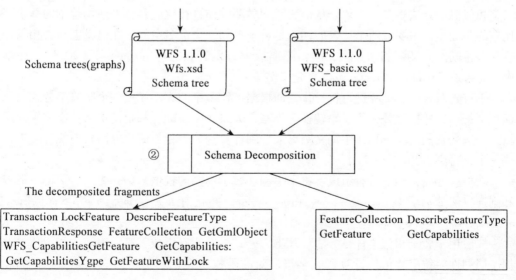

图 6-7 WFS 模式文件片段分割结果

2. 相似模式片断的识别

在模式文件的分割过程中根据模式片断的根元素名称已经初步确定了源模式文件和目的模式文件中所有可能相似的模式片断，接着我们将从这些相似片断候选者中去精确发现那些真正相似的模式片断，以便能够从细节上对这些模式片断进行片断模式匹配，所以识别相似片断过程中不仅要对元素的名称进行比较，还要对片断的结构进行比较。结构比较过程中常常需要借助模式片段元数据信息，这些信息包含片段名字、模式树深度、叶子及其他统计数据等。模式片断识别基于模式片段的模式图（树）进行，对于每对要识别的模式片断，通过比较对应根元素命名是否相等和结构是否一致来判断两个模式片断是否充分相似，根据命名和结构相似值的组合值，选择相似组合值最大的模式片断为最终的相似模式片断。基本算法如下所示。

算法：模式片断识别算法。

输入：源模式片断 S 和目的模式片断 T。

输出：相似模式片断对。

IdentifyFragments（S，T）。

（1）读入所有候选源模式片断 S 和候选目的模式片断 T。

（2）对每个目的模式片断 Ti，首先使用公式（3-1）计算其根元素与所有候选相似源模式片断 Sj 根元素名字相似值，选择相似值最大一个作为根元素间名字相似值 Es。

$$E_{(i,j)} = \text{Similarity}(root_i, root_j) \tag{6-1}$$

式中，$0<i<m$，$0<j<n$，m，n 为目的和源模式的片断数量；$E(i,j)$ 为第 i 个目的片断与第 j 个源片断根节点相似值；$root_i$，$root_j$ 分别指第 i 个目的根节点和第 j 个源根节点。计算名字相似值的方法很多，主要是从语法和词义两方面进行比较，首先使用基本的基于字符比较的匹配器，主要看两个比较的词语是否来自同一个命名空间，在语义上是否相等，是否具有相同的同义词和超义词，编辑距离或发音是否相等等（Chen 等，2008）。在本书中，对算法 Similarity（$root_i$，$root_j$）定义如下：

①首先对 $root_i$，$root_j$ 进行符号化，即根据字符串中的大小先把一个字符串分解成几个简单字符串，并把这些字符子串转换为小写，如果 $root_i$，$root_j$ 都是简单字符串，则使用编辑距离法和它们在 WordNet 中词义距离来分别计算它们间相似值，返回相似值较大者，算法结束，否则转②。

②根据 $root_i$，$root_j$ 所有组成字符字符串词性赋予不同的权值，如，名词、动词、形容词和副词权值分别用 w_{name}、w_{verb}、w_{adj} 和 w_{adv} 表示，并且有 $w_{name} \geq w_{verb} \geq w_{adj} \geq w_{adv}$，$w_{name} + w_{verb} + w_{adj} + w_{adv} = 1.0$，转③。

③使用步骤①相似值计算方法计算出 $root_i$，$root_j$ 所有组成字符字符串间的相似值，并根据不同词性字符串权值，计算所有字符串对的带权组合相似值，即为 $root_i$，$root_j$ 的相似值，算法结束。

（3）从结构上，将目的模式片断子树和源模式片断树的路径数目和长度上进行比较，如果对于目的模式子树的每条路径都能在源模式子树中找到一个对应路径，则相似值为 1。否则用目的模式树路径与源模式子树路径匹配数目与目的模式路径总数比值表示相似值 S_s。相似值计算公式为：

$$S_s = \text{paths}_{(s,t)} / \text{paths}_t \tag{6-2}$$

式中，$\text{paths}_{(s,t)}$ 是源模式片断与目的模式片断匹配的路径数，paths_t 是指目的模式片断路径总数。

（4）对每个目的模式片断，计算其与源模式所有片断间元素相似值和结构相似值的组合值，选择相似值最大的模式片断对作为相似片断对输出。组合相似值计算公式如下：

$$Sim_{(s,t)} = \alpha E_s + (1-\alpha) S_s, \quad 0 < \alpha < 1 \tag{6-3}$$

式中，E_s 是元素相似值，S_s 是结构相似值，α 为权系数，根据经验权系数通常取 0.6~0.7 左右。

图 6-8 为经过上述识别过程获得的 "wfs.xsd" 和 "WFS_basic.xsd" 模式文件的相似片段，包含 FeatureCollection、DescribeFeatureType、GetFeature 和 GetCapabilities。

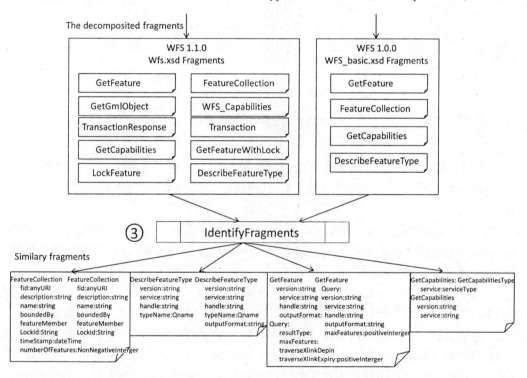

图 6-8　"wfs.xsd" 和 "WFS_basic.xsd" 模式文件的相似片段

3. 模式片断匹配及匹配结果组合

识别了源模式片断与目的模式片断后，就可以对这些片断中的元素与属性使用各种匹配算法（何杰等，2011）来进行片断模式匹配了。图 6-9 是片断模式匹配过程，它由如下 4 个步骤组成：

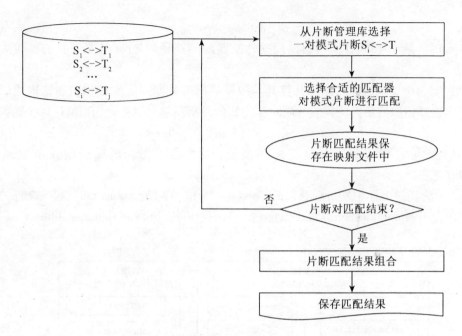

图6-9 片断模式匹配过程

步骤1：模式片断选择。模式片段识别部分中识别的模式片断被保存在片断管理器中，片断匹配执行时每次从片断管理器中顺序选择一对没有匹配的片断（如 $T_i \leftrightarrow S_j$）进行匹配。

步骤2：片断匹配。每一相似片段对间的匹配问题都是一个独立匹配问题，对于每对模式片断间的匹配，我们使用通用的组合模式匹配方法——COMA 来计算两个模式片断间元素映射关系，每对片断间的匹配结果被保存在一个中间映射文件中。

步骤3：片断匹配结果组合。所有片断对间匹配完成后，对保存在映射文件中的所有映射进行组合形成两个模式文件最后的完全匹配结果。对不同的模式片断的类型选择不同的映射组合方法，即，如果两个模式片断都是独立的子模式片断，由于每个模式子树的根节点也是原模式树的一个根节点，所以组合时直接把所有映射进行合并即可；如果模式片断是内部模式片断，则组合前先在那些内部模式片断的映射路径前加上从模式根节点到内部模式根节点的路径，然后再进行映射合并。组合结果是一系列包含模式元素对间的对应关系的映射。最后对片断模式匹配结果进行输出或把匹配结果保存在一个文件中为以后的匹配重用所使用（何杰等，2011）。在本书中的匹配结果将输入到样式表生成器去生成 XML 文档间的转换规则。

图 6-10 为模式文件"wfs.xsd"和"WFS_basic.xsd"的匹配结果，包含 21 个匹配的元素项。

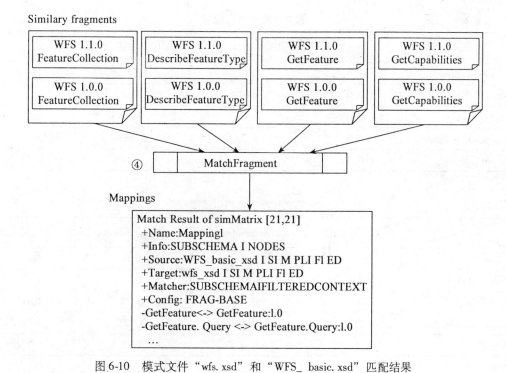

图 6-10　模式文件"wfs.xsd"和"WFS_basic.xsd"匹配结果

6.2.3　方法实验

1. 模式片断识别实验

a. WCS 模式片断识别试验

我们以 1.0 版本模式文件 getCoverage.xsd 和 1.1 版本模式文件 wcsGetCoverage.xsd 为例，通过片段识别算法首先计算模式片断根元素节点间相似值，计算结果如表 6-1 所示，候选相似片断的根元素相似值都为 1，非相似片断根节点相似值为 0。表 6-2 结果是通过公式（6-2）计算得到的模式片断结构相似值。表 6-3 则是利用公式（6-3）计算的模式片断间组合相似值，权系数 α 在这里取 0.6，相似片断门限相似值取 0.5。根据表 6-3 中模式片断相似值得到如图 6-11 中所示相似片断对应关系，每个片断在图中用根元素表示。

表 6-1　　　　　　　　　　模式片断根节点相似值

1.0 \ 1.1	Identifier	DomainSubset	RangeSubset	Output
sourceCoverage	1.0	0.0	0.0	0.0
domainSubset	0.0	1.0	0.0	0.0
rangeSubset	0.0	0.0	1.0	0.0
interpolationMethod	0.0	0.0	0.0	0.0
output	0.0	0.0	0.0	1.0

表 6-2　　　　　　　　　　　模式片断结构相似值

1.0 \ 1.1	Identifier	DomainSubset	RangeSubset	Output
sourceCoverage	1.0	0.0	0.0	0.3
domainSubset	0.0	0.67	0.0	0.0
rangeSubset	0.0	0.0	0.33	0.0
interpolationMethod	0.0	0.0	0.053	0.0
output	0.0	0.0	0.0	0.33

表 6-3　　　　　　　　　　　模式片断组合相似值

1.0 \ 1.1	Identifier	DomainSubset	RangeSubset	Output
sourceCoverage	1.0	0.0	0.0	0.0
domainSubset	0.0	0.87	0.0	0.0
rangeSubset	0.0	0.0	0.73	0.0
interpolationMethod	0.0	0.0	0.021	0.0
output	0.0	0.0	0.0	0.73

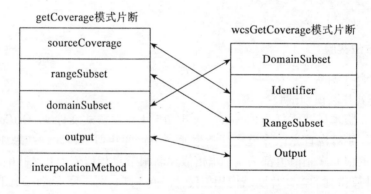

图 6-11　识别的相似片断

b. WFS 模式片断识别试验

以模式文件 wfs_xsd 和 WFS_basic_xsd 为例，同样应用片段识别算法分别计算出来的模式片断根元素节点间相似值、模式片断结构相似值及模式片断间组合相似值如表6-4，表6-5，表6-6所示。根据表6-6中模式片断相似值得到如图6-12所示相似片断对应关系，每个片断在图中用根元素表示。

表 6-4　　　　　　　　　　　　　模式片断根节点相似值

1.0 \ 1.1	GetCapabilities	DescribeFeatureType	GetFeature	FeatureCollection
FeatureCollection	0.0	0.0	0.0	1.0
GetCapabilities	1.0	0.0	0.0	0.0
GetFeature	0.0	0.0	1.0	0.0
transaction	0.0	0.0	0.0	0.0
DescribeFeatureType	0.0	1.0	0.0	0.0
Query	0.0	0.0	0.0	0.0
Lock	0.0	0.0	0.0	0.0

表 6-5　　　　　　　　　　　　　模式片断结构相似值

1.0 \ 1.1	GetCapabilities	DescribeFeatureType	GetFeature	FeatureCollection
FeatureCollection	0.0	0.0	0.0	0.5
GetCapabilities	1.0	0.25	0.25	0.0
GetFeature	0.67	0.33	1.0	0.0
transaction	0.33	0.33	0.5	0.0
DescribeFeatureType	0.33	0.67	0.5	0.0
Query	0.0	0.05	0.12	0.0
Lock	0.0	0.25	0.06	0.0

表 6-6　　　　　　　　　　　　　模式片断组合相似值

1.0 \ 1.1	GetCapabilities	DescribeFeatureType	GetFeature	FeatureCollection
FeatureCollection	0.0	0.0	0.0	0.8
GetCapabilities	1.0	0.01	0.01	0.0
GetFeature	0.27	0.13	1.0	0.0
transaction	0.13	0.13	0.2	0.0
DescribeFeatureType	0.13	0.87	0.2	0.0
Query	0.0	0.02	0.05	0.0
Lock	0.0	0.01	0.02	0.0

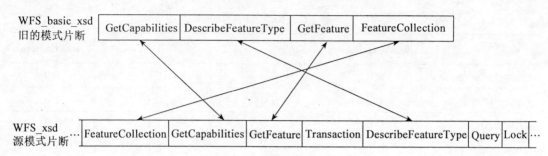

图 6-12 识别的相似片断

c. SOS 模式片断识别试验

以两种版本模式文件 sosGetCapabilities.xsd 为例，同样应用片段识别算法分别计算出来的模式片断根元素节点间相似值、模式片断结构相似值及模式片断间组合相似值如表 6-7、表 6-8 和表 6-9 所示。根据表 6-9 中模式片断相似值得到如图 6-13 所示相似片断对应关系，每个片断在图中用根元素表示。

表 6-7　　　　　　　　　　　模式片断根节点相似值

1.0.0＼0.0.31	GetCapabilities	Capabilities
GetCapabilities	1.0	0.33
Capabilities	0.33	1.0

表 6-8　　　　　　　　　　　模式片断结构相似值

1.0.0＼0.0.31	GetCapabilities	Capabilities
GetCapabilities	1.0	0.12
Capabilities	0.12	0.95

表 6-9　　　　　　　　　　　模式片断组合相似值

1.0.0＼0.0.31	GetCapabilities	Capabilities
GetCapabilities	1.0	0.20
Capabilities	0.20	0.97

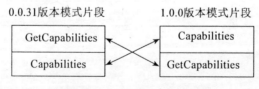

图 6-13 识别的相似片断

2. 模式匹配质量实验

我们采用查准率、查全率和全面性（Ziegler 等，2006）这 3 项指标来评估基于片断的模式匹配方法质量。

（1）查准率（precision）：匹配结果中正确匹配结果占所有匹配结果的比率：

$$\text{Precision} = T/P = T/(T+F) \tag{6-4}$$

（2）查全率（recall）：匹配结果中正确匹配结果占实际匹配结果的比率：

$$\text{Recall} = T/R \tag{6-5}$$

（3）全面性（overall）：通过使用匹配算法所节省的工作量占总的匹配工作量的比率：

$$\text{Overall} = \text{Recall} * (2 - 1/\text{Precision}) \tag{6-6}$$

其中 T 为匹配算法返回的正确匹配结果，P 为匹配算法返回的所有匹配结果，F 为匹配算法返回的错误匹配结果，R 为所有正确的匹配结果。

所有匹配试验是统一使用 Windows 机器上安装的 Sun Java 1.6.0 库，机器硬件配置为：3.0GHz Intel Xeon 处理器和 2.0GB RAM。对于文中选择的 CONTEXT 匹配方法，它的组成匹配器为 path（路径匹配器），相似值立方体聚合方法是 average（平均法），定向方法选择的是 both（双向定向法），相似值组合方法是 average（平均法），最后的匹配候选者选择方法是多因子法，其值为 multiple（0，0.01，0.5），其中多因子三个值分别表示候选者数量（一般都为 0），一个可调参数及门限值（一般为 0.5），对于 COMA 匹配方法，其组成匹配器包括 name，path，leaves，parent 等匹配器。其相似值聚合方法、定向方法、相似值组合方法与 CONTEXT 相同。匹配候选者选择方法也是多因子方法，其值为 multiple（0，0.008，0.5）。

a. WCS 模式匹配质量试验

实验选择网络覆盖服务模式 1.1 版本 wcsGetCapabilities.xsd，wcsGetCoverage.xsd，wcsDescribeCoverage.xsd 作为源模式，选择 1.0 版本 wcsCapabilities.xsd，describeCoverage.xsd，getCoverage.xsd 作为目的模式文件，匹配在：C1：wcsGetCapabilities.xsd 与 wcsCapabilities.xsd 间；C2：wcsDescribeCoverage.xsd 与 describeCoverage.xsd 间；C3：wcsGetCoverage.xsd 与 getCoverage.xsd 间分别进行。分别使用 COMA、CONTEXT 和 FRAG-BASE（基于片断）三种方法对两种版本模式进行匹配，选择 COMA 匹配方法对模式片断进行匹配。从图 6-14，6-15，6-16 可以看出，对于 C1，C2 组匹配，基于片断方法在平均查全率，平均精度及全面性等方面是最高的，查全率和精度都在 80% 以上，从图 6-14，6-15，6-16 还可以看出，对于完全模式匹配，如 C3 组匹配，其查全率，精度和全面性方面明显低于 C1，C2 组匹配结果。

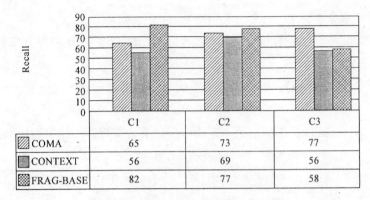

图 6-14　三种方法匹配查全率比较

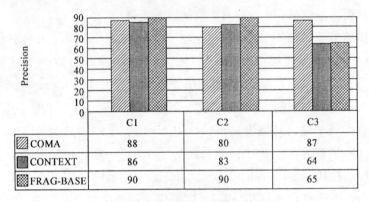

图 6-15　三种方法匹配精度比较

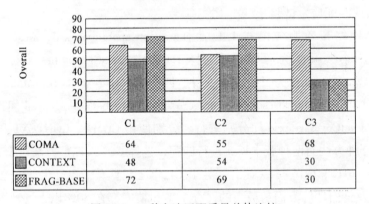

图 6-16　三种方法匹配质量总体比较

b. WFS 模式匹配质量试验

实验选择网络要素服务模式 1.1 版本 wfs.xsd 作为源模式，选择 1.0 版本 WFS-basic、WFS-capabilities、WFS-transaction.xsd 作为目的模式文件，分别使用 COMA、CONTEXT 和 FRAG-BASE（基于片断）三种方法对两种版本模式进行匹配，同样选择 COMA 匹配方法对模式片断进行匹配。从图 6-17、6-18、6-19 可以看出，三种方法平均查全率平均精度和全面性都在 80% 以上，基于片断方法平均查全率，平均精度和全面性达到 90% 以上，对于基于子模式片断匹配，如模式文件 wfs-basic.xsd，wfs-transaction.xsd 模式文件的片断匹配，其平均查全率和精度高达 100%。从图 6-17、6-18、6-19 还可以看出，对于完全模式匹配，如 wfs-capabilities.xsd，其查全率，全面性方面明显低于基于子模式片断匹配结果。

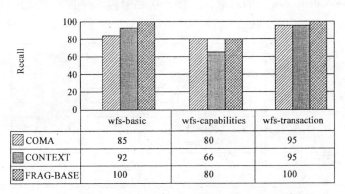

图 6-17　三种方法匹配查全率比较

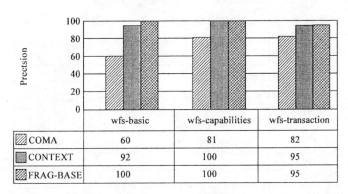

图 6-18　三种方法匹配精度比较

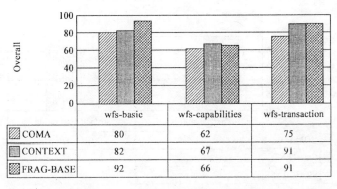

图 6-19　三种方法匹配质量总体比较

c. SOS 模式匹配质量试验

实验选择传感器观测服务模式 1.0.0 版本 sosGetCapabilities.xsd，sosGetObservation.xsd 作为源模式，选择 0.0.31 版本 sosGetCapabilities.xsd，sosGetObservation.xsd 作为目的模式文件，分别使用 COMA、CONTEXT 和 FRAG-BASE（基于片断）三种方法对两种版本模式进行匹配，选择 COMA 匹配方法对模式片断进行匹配。从图 6-20、6-21、6-22 可以看出，三种方法平均查全率平均精度和全面性都在 80% 以上，平均精度达到 90% 以上，对于模式文件 sosGetObservation.xsd 间的匹配，三种方法结果都一样且匹配质量高达 90% 以上。

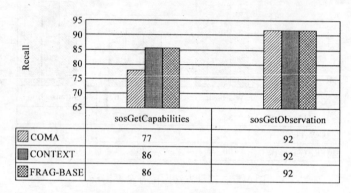

图 6-20　三种方法匹配查全率比较

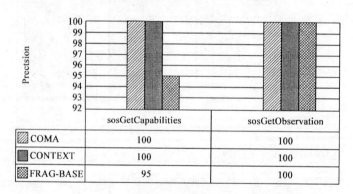

图 6-21　三种方法匹配精度比较

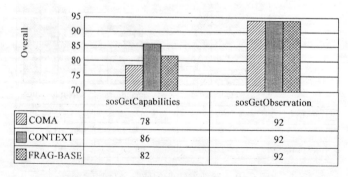

图 6-22　三种方法匹配质量总体比较

3. 模式匹配效率实验

为了比较本书提出的基于片断匹配方法在性能上的优势，本书针对 WCS，WFS，SOS 三种服务类型两种不同版本的服务模式，从在相同的软硬件环境下使用 COMA，CONTEXT，FRAG-BASE 三种匹配方法进行匹配，得出的试验结果如图 6-23、6-24、6-25 所示。从 WCS，WFS，SOS 模式文件匹配效率结果图可以明显看出，对于相同的网络服务模式间的匹配问题，使用基于片断的匹配方法大大地提高了匹配的性能，对于一个匹配元素数目在 100 个左右的模式文件而言，使用基于片断匹配方法所花费的时间在几十个毫秒内，在同等条件下，使用基于片断匹配方法所花费时间大约为 COMA 方法匹配时间的 10%～20%，比使用 CONTEXT 方法也要节约 50%～70% 的时间。

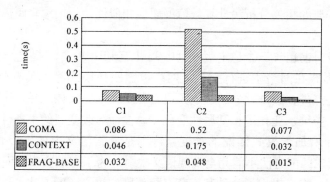

图 6-23　WCS 模式不同匹配方法效率比较

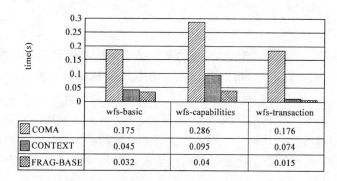

图 6-24　WFS 模式不同匹配方法效率比较

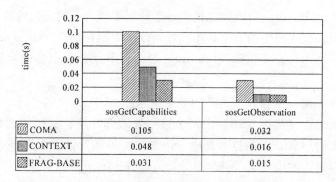

图 6-25　SOS 模式不同匹配方法效率比较

6.3 基于语义的模式匹配方法

语义匹配方法（Giunchiglia 和 Shvaiko, 2003）通常借助一些外部辅助信息，如使用 WordNet（Miller, 1995）、DOLCE（Gangemi 等，2003）词库来确定元素间语义关系，然后利用语义公式对输入进行解释及结果验证，如 S-Match（Giunchiglia 等，2004）和 SAT（Le Berre, 2004）系统。关佶红等（2004）提出使用两个元素组成词元的同义词、缩写及简写词、数据类型和命名空间等相似值的几何平均数来确定两个元素的语义相似值。王育红、陈军（2008）提出使用相离、相交和包含来确定两个模式文件要素的语义相似值，并使用统计学中经典的相关分析法计算数值型属性相似性，使用编辑距离来计算字符型属性相似性。

网络覆盖服务目前包含三个稳定版本（0.9、1.0 和 1.1），它提供影像和数字高程模型以"覆盖"的形式在网络中进行交换。网络覆盖服务模式除了具有分布式、大规模、元素结构复杂等特点外，版本差异还造成了语义异质性问题，体现在：①类变化：类名改变、类元素增删、类继承变化等；②属性变化：属性命名改变、约束条件变化、引用类型变化等。这些差异增加了模式匹配的难度，特别是元素语义上的多样性问题，使得 S-Match 和 SAT 等模式匹配方法不能完全发现语义映射。为了有效实现不同版本网络覆盖服务模式的精确匹配，本书提出了一种基于节点相似度的语义匹配方法，通过节点标签的结构和语义分析，实现了多版本网络覆盖服务模式的有效匹配。

6.3.1 体系结构

语义匹配主要从元素标签的概念（即元素标签表示的本来意义）出发来计算元素间的语义关系（如相等、包含等关系），而不是从语法上对标签本身进行比较得到一个 [0, 1] 范围内的一个值，它考虑的是模式的信息，而不是实例，此外，语义匹配还会从元素标签的注释出发来辅助计算元素间的语义相似值。基于语义的模式匹配方法基于两个关键概念：标签概念和节点概念。标签是用来对识别的对象的简单描述，例如地面覆盖，使用标签 coverage 表示，而标签概念代表一系列属于该标签的文档或数据实例，如标签 coverage 的标签概念指标签 coverage 所有 WordNet 词义组合，表示为 $\bigcup_{i=1}^{n} WN_{coverage}$；节点是指在图或网络中几条线相交的点，节点概念代表一系列属于该节点的文档或数据实例，并且有一个具体的标签及在模式树中的一个具体位置，以文中图 6-28 为例，节点 name 的节点概念是指从根节点 GetCoverage 到当前节点 name 的所有节点标签概念的合取，用公式表示为：$c_{17} = c_{GetCoverceg} \cap c_{rangeSubset} \cap c_{axisSubset} \cap c_{name}$

式中，c_{17} 表示是第一棵树代号为 7 的节点概念。

语义匹配体系结构（见图 6-26）由两个核心处理部件（模式预处理和模式匹配执行器）和三个辅助部件（知识及数据管理库、语义匹配器和 SAT 解决器）组成。模式预处理部件主要用来对输入的模式文件进行预处理，预处理的工作主要包括：对输入的模式文件进行动态解析，并使用一种通用的有向无环图（或树）的形式对模式文件进行表示；

借助知识和数据管理器中的辅助信息，如 WordNet 等同义词库信息计算出模式树中所有标签的概念，通过对标签概念的扩展计算出模式树中节点的概念。预处理完成后的模式最后表示成了一棵带丰富的标签概念和节点概念的树。

匹配执行器负责计算模式树所有元素标签概念间及节点概念间的语义关系。基于标签在 WordNet 中词义及标签注释文本向量空间模型，应用一种标签词义计算和标签注释文本相似值计算相结合的混合方法来计算标签间概念关系，根据标签概念间关系计算节点概念间关系，根据节点概念间语义关系确定模式元素间的对应关系。在匹配执行器执行前先要定制匹配器，语义匹配系统使用的匹配器包括字符串匹配器，即基于字符比较技术的匹配器，基于词义的匹配器和基于注释的匹配器。基于词义和基于注释的匹配器输入的是两个 WordNet 词义，它们分别应用 WordNet 层次结构属性和注释比较技术来计算词义间的语义关系。

在计算节点语义关系时通常把计算节点概念关系转化为一种合取范式，通过借助于命题满意度解决器 SAT 来验证节点概念间关系，最后根据节点间概念关系计算出节点间的语义相似值大小，选择那些相似值超过阈值的节点作为映射结果输出。基于节点相似度语义匹配方法输入的是两个要匹配的模式文件，输出的是模式文件元素间的映射。

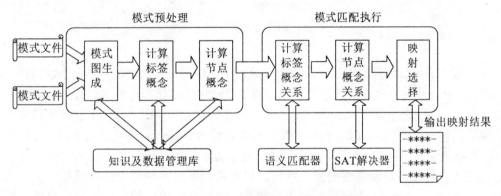

图 6-26　基于语义的模式匹配方法体系结构

6.3.2　方法实现

1. 模式预处理

主要目标是通过对输入的模式进行动态解析并表示成树的结构形式（Melnik 等，2002），如果模式是用图进行表示的，这时候通过一种转换工具把模式图转化为模式树，如使用 Protoplasm（Bernstein 等，2004）进行转换。然后计算树中所有标签和节点的概念，形成一棵丰富的树。WCS 模式文件中由于包含分布式命名空间及通过重定向，如 include、import 导入了其他模式文件，所以为了处理方便，在进行解析过程中，动态地把那些包含或导入的模式文件下载到本地，然后把对应的所有引用的内容都导入到一个独立的文件中，再使用内部模式树进行表示。图 6-27 是模式文件 wcsGetCoverage.xsd 的树表示形式。

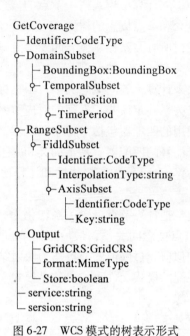

图 6-27 WCS 模式的树表示形式

模式载入表示后就开始对模式树进行预处理了，模式树预处理按如下两步进行：

步骤 1：计算标签概念。其思想是把自然语言表达式转化为命题逻辑公式，基于一个标签单词可能的意思计算其概念和内部关系。对于任何标签，通过分析其在现实世界中语义，返回其标签的概念，用 CL 表示（其中 C 是概念（concept）的英文首字母，L 是标签（Label）的英文首字母）。我们用命题逻辑公式来对标签概念进行编码。编码步骤为：① 对标签进行符号化，即标签根据标点符号，如空格、单词大小写等分割成符号，如 GetCoverage→<get，coverage>。② 对符号进行归类；主要是从单词的字形上进行分析，找出标签的各种可能形式，如标签 coverage 有名词、名词复数等形式，即有（Coverage、Coverages）→coverage。③ 所有符号的原子概念，即找出符号在 WordNet 中的所有词义，如 GetCoverage，其中 get 有 36 种动词词义，coverage 有 3 种名词词义。④ 根据标签中的介词，连词来构建复杂的概念。如连词 or 用连接符号"∩"表示，连接词 and 用"∪"表示。如标签 GetCoverage 表示为：

$$c_{\text{GetCoverage}} = (\text{get}, WN_{\text{get}}) \cup (\text{coverage}, WN_{\text{coverage}})$$

式中，∪ 是 get 和 coverage 在 WordNet 中意义的联合。

步骤 2：计算节点概念。其思想是通过了解树的结构，即给定标签概念出现的上下文，把标签概念扩展到节点的概念。图一个节点的概念是对从根到该节点的所有的标签概念的合取，我们以图 6-28 为例，如计算图 6-28 中第一棵树（左边）标号为 7 的节点概念，计算结果用公式表示为：

$$c_{1_7} = c_{\text{GetCoverceg}} \cap c_{\text{rangeSubset}} \cap c_{\text{axisSubset}} \cap c_{\text{name}}$$

第 6 章　地理信息服务统一访问

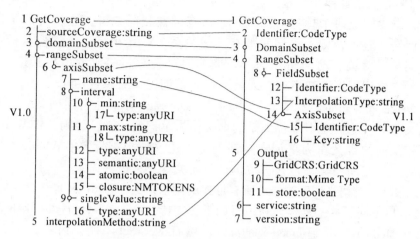

图 6-28　wcsGetCoverage.xsd 两种版本模式树及部分映射

2. 模式匹配执行

语义匹配核心是分别使用标签概念关系和节点概念关系分别从元素语义上和结构上来表示两个模式元素间关系，并把这些关系转化成相似度值，equivalence（相等）；more general（包含）；less general（被包含）；disjointness（不相关），如果上述关系都不成立就用 idk（I don't know）关系表示。其中相等关系是最强关系，其相似度值我们用 1 表示，对于本书中所有 idk 关系，规定其相似度值均定义为 0，包含与被包含关系强度相等，其值可以由用户选择，在本书中其相似度值用 0.8 表示。语义匹配计算出的每个映射元素是一个四元组，即为：

$$<ID_{ij}, n_{1i}, n_{2j}, R>, i=1, \cdots, n_1, j=1, \cdots, n_2$$

式中，ID_{ij} 是映射元素的唯一标识符；n_{1i} 是第一个模式图的第 i 个节点，n_1 是第一个模式图节点数目；n_{2j} 表示第二个图的第 j 个节点，n_2 是第二个模式图节点数目；R 是两个节点概念的具体语义关系，这些具体语义关系最后转化成具体的相似度值。

以图 6-28 两个版本模式文件为例，图中每个节点前的数字唯一标识节点，我们使用字母"C"表示节点和标签的概念，使用"C1"，"C2"分别表示第一棵树和第二棵树的节点和标签概念。例如，C1getCoverage、C13 分别标识第一棵树标签 GetCoverage 概念和第一棵树节点 3 的概念。语义模式匹配过程主要包括计算标签概念、计算节点概念、标签概念关系计算和节点概念关系计算等 4 个步骤，其中计算标签概念和计算节点概念过程已经在模式预处理阶段完成，下面重点阐述匹配执行过程，即标签概念关系和节点概念关系的计算过程。

标签概念关系计算：其思想是利用先验知识，如 WordNet 词典，专业知识来帮助确定元素标签语义上的匹配结果。WordNet 语义组织单元是树，树中的节点是具有相同含义的同义词集合（SynSet），边是同义词集合间的关联，主要关联类型有同义（synonymy）和上下位（hypernym）。对于两个模式图中所有标签对，使用元素级语义匹配器计算它们间的标签语义关系。元素级语义匹配器输入的是两个标签，借助

163

WordNet 词典等来计算两个标签间相等，包含等关系。在使用 WordNet 来确定标签概念关系时，先要知道两个标签对的词性，只有词性相同或可互相衍生的单词对才能够进行相似度比较；否则，单词间没有关联关系。可互相衍生的词性包括：动词与名词、名词与形容词、动词与副词。如果单词对具有相同或者可相互衍生的词性，则可由此确定单词词性。知道词性后就可计算单词词义关系，由于一个单词在 WordNet 中词义有很多，如 get 有 36 种动词词义，coverage 有 3 种名词词义，通常我们选择这些词义中第一个满足上下位关系的词义作为单词的词义，否则，将 WordNet 统计的使用频率最高的含义作为单词在当前的确切含义。根据标签在 WordNet 中语义关系，我们定义标签间相等、包含、被包含及无关等 4 种语义关系。

当前还没有一个语义词库能处理所有形式的词语语义，WordNet 也一样，使用 WordNet 词义库有以下问题：①复合词和缩写词不被支持，例如，InterpolationMethod 来自 Interpolation 和 Method，fun 是 function 的缩写，然而 WordNet 不能识别。②简写词也不支持，例如 CRS 代表 Coordinate Reference System，WordNet 也不能识别。③WordNet 中收录的专业技术单词也不是很充足，例如可升级矢量图形（scalable vector graphics，SVG），WordNet 是不能识别的。所以当我们计算的元素标签本身是一个合成词时，即标签符号化后分解成几个单词序列（去除其中的停止词）。为了计算合成词间语义关系，则先要把所有合成词的组成成分转化为普通的 WordNet 可以识别的单词。例如，Max→maximum，min→minimum，URI→Uniform Resource Identification，CRS→Coordinate Reference System，(wcs, WCS)→web coverage service，(Coverage, coverages)→coverage。接下来要确定这些单词的词性并通过语法分析得到单词序列中的关键成分集合 Skeypart 和非关键成分集合 Snonkeypart。给定 w1、w2 两个合成词，其语义相似度表示为：

$$\sim(w_1, w_2) = u \times \sim_{set}(s_{1keypart}, s_{2keypart}) + \theta \times \sim_{set}(s_{1nonkeypart}, s_{2nonkeypart}) \quad (6-7)$$

式中，μ 和 θ 是可调参数，并且有 $\mu+\theta=1$，它们被用来控制关键成分和非关键成分对合成词语义相似度的影响程度，它们的值可以根据实际情况由专家设定，例如计算复合标签 wcsGetCoverage 与 getCoverage 间语义相似值，转化为计算标签 Get 与 get，Coverage 与 Coverage 间相似值的组合值，其中名词 Coverage 为复合标签的关键部分，Get 为非关键部分，所以利用公式（6-7）计算相似值时，μ 取值为 0.6，则 θ 取值为 0.4，有 sim（wcsGetCoverage, getCoverage）= 0.6×sim（coverage, coverage）+ 0.4×sim（get, get）= 0.6+0.4 =1.0。

公式 6-7 中每个简单单词间相似度计算是根据它们在 WordNet 中词义关系确定，把词义关系转化为单词间相似度值。计算出合成词相似度值时，为了计算节点概念关系方便，我们把合成词间根据其相似度值也转化成合成词间的标签关系，如相似度值如为 1，则为相等关系，如果小于 1 但大于 0.6 我们定义为包含或被包含关系，小于 0.5 定义为不相关关系。

以图 6-28 为例，表 6-10 是根据公式（6-7）计算的最终相似度值，表 6-11 则是根据相似度值转换后的语义关系。

表 6-10　图 6-28 中部分标签相似值

1.0 \ 1.1	GetCoverage	Idenfifier	DomainSubset	RangeSubset	InterpolationType	AxisSubset
GetCoverage	1.0	0.145	0.0	0.0	0.0	0.0
sourceCoverage	0.21	0.672	0.0	0.0	0.0	0.0
domainSubset	0.0	0.0	1.0	0.21	0.0	0.21
rangeSubset	0.0	0.0	0.21	1.0	0.0	0.21
axisSubset	0.0	0.0	0.21	0.21	0.0	1.0
Name	0.0	0.8	0.0	0.0	0.0	0.0
interpolationMethod	0.0	0.0	0.0	0.0	0.6	0.0

表 6-11　图 6-28 中部分标签关系结果

1.0 \ 1.1	GetCoverage	Idenfifier	DomainSubset	RangeSubset	InterpolationType	AxisSubset
GetCoverage	=					
sourceCoverage		⊆				
domainSubset			=	⊥		
rangeSubset			⊥	=		
axisSubset						=
Name		⊆				
interpolationMethod					=	

节点概念关系计算：其思想是减少匹配问题，把匹配问题变成一个验证问题，通过对上一步计算的标签概念关系作为定理来推理节点概念间关系。对两个模式图中所有节点对，使用结构级语义匹配器计算它们间的节点概念关系。要证明节点间的语义关系，则先假定节点间存在某种语义关系，然后，把节点间关系命题公式转换成合取正则式（CNF），最后使用基于标准 DPLL 的 SAT 解析器进行验证。例如，继续以图 6-28 为例，要证明 c_{15} 和 $c2_{13}$ 间的关系，先假定 $c_{15} \subseteq c2_{13}$，即有 $c_{15} \rightarrow c2_{13}$，得到如下的关系公式：

$$(\neg\ GetCoverage \cup GetCoverage) \cap (GetCoverage \cup \neg\ GetCoverage) \cap (\neg\ interpolation\ Method \cup InterpolationType) \cap (interpolationMethod \cup \neg\ Interpolation\text{-}Type) \cap (GetCoverage \cap interpolation\ Method) \cap \neg\ (GetCoverage \cap RangeSubset \cap Field\ Subset \cap InterpolationType) \tag{6-8}$$

接下来使用 SAT 解析器来验证公式（6-8）成立，同理可以证明 $c2_{13} \rightarrow c1_5$，所以有 $c1_5 \leftrightarrow c2_{13}$，即 $c1_5$ 与 $c2_{13}$ 是相等的关系。表 6-12 是图 6-28 中部分节点概念间关系结果。

表 6-12　　　　　　　　　图 6-28 中部分节点概念关系

	$c2_2$	$c2_3$	$c2_4$	$c2_{13}$	$c2_{14}$
$c1_2$	=	idk	idk	idk	idk
$c1_3$	idk	=	idk	idk	idk
$c1_4$	idk	idk	=	idk	idk
$c1_5$	idk	idk	idk	=	idk
$c1_6$	idk	idk	idk	idk	=

6.3.3 方法实验

实验选择网络覆盖服务模式 1.1 版本和 1.0 版本的 GetCapabilities describeCoverage，getCoverage 三种类型模式文件，分别使用 COMA、CONTEXT 和 SEMANTIC 三种方法对两种版本模式文件进行匹配。

得到实验结果后，我们选取模式匹配方法的研究中最常用、最能够反映模式匹配方法性能的查准率、查全率和全面性（Rahm 等，2001）这 3 项指标来进行对比。

从匹配结果图 6-29，6-30，6-31 可以看出，在三种方法中，基于语义的匹配方法无论是在查全率还是匹配的精度和质量上都好于 COMA 和 CONTEXT。基于语义方法的匹配查全率均值达到 82%，平均精度均值达到 91%，匹配质量全面性均值达到 67%；COMA 的匹配查全率均值为 72%，平均精度均值为 85%，匹配质量全面性均值为 62%；CONTEXT 的匹配查全率均值为 60%，平均精度均值为 78%，匹配质量全面性均值为 44%。

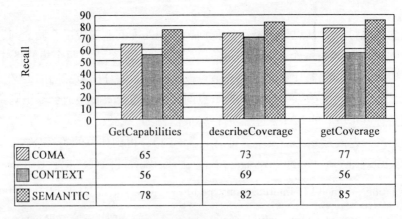

图 6-29　匹配查全率比较

第 6 章 地理信息服务统一访问

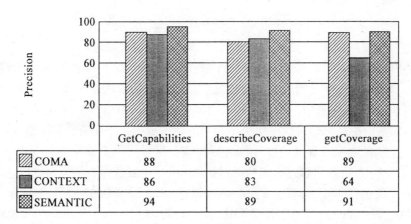

图 6-30 匹配精度比较

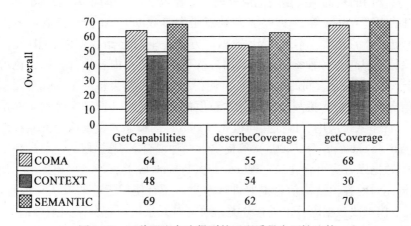

图 6-31 三种匹配方法得到的匹配质量全面性比较

基于语义的模式匹配方法通过模式元素间语义进行深度分析，通过借助 WordNet 等外部语义知识库来发现元素语义上的本来关系，从而为那些从语法上无法进行匹配的元素对找到了一种新的对应关系，即相等或包含等关系，能够发现模式元素间更多的映射关系，因此在查全率和精度等质量指标上取得比 COMA 等匹配方法更好的结果。但基于语义方法并不能找到全部映射关系，特别是对那些从语义上都无法确定关系的映射，如元素对（SourceCoverage, Identifier），无论从语法或语义上都不能确定它们是对应的关系，但实际上在 WCS 两种版本的模式元素描述中，它们表示的是同一意义，即是对某个具体 coverage 名称的描述。对于这些模式映射，只能通过匹配后的专家干预来发现。此外，在本书中并没有分析语义匹配方法的性能问题，语义匹配方法由于需要额外对所有元素进行预处理（特别是对合成词的处理），WordNet 知识库初始化，语义分析和关系识别及验证，所以效率上明显低于 COMA 等方法，这将是以后需要改进的方面。

6.4 动态信息提取方法

传统的信息提取（IR）集中在识别与需要信息有关的文档上，通常以用户查询请求的形式表达。结果的粒度是固定的，通常返回符合用户请求的整个文档。Xml（Adler 等，2006；Ann Navarro 和周生柄，2002；刘政敏和牛艳芳，2003）信息提取与传统信息提取差别在于以元素而不是文档为提取单位，结果的粒度根据请求响应变化而变化。传统信息提取查询语言常表达纯内容（CO）请求，而 XML 信息提取查询语言还支持内容和结构（CAS）请求。XML 信息提取方法包括通过扩展 full-text 信息提取系统来达到 XML 提取目的，或者是代表包含 XML 标准，如 XPath（Berglund 等，2005）、XSL（Adler 等 2001）、XQuery（Boag 等，2006），用来处理 XML 表示和提取（Govert 和 Kazai，2003）的特定 XML 数据库方法。Full-text 信息提取方法直接进行 XML 提取，不需要任何有关 XML 文档结构信息。其使用的查询主要是纯词语查询，主要包含一个单词包。查询时常使用一种有效的倒索引结构（Witten 等，1999），其缺点是大多数 full-text 信息提取都不支持索引和提取文档中更具体的元素。本地 XML 数据库方法提供对存储和查询 XML 文档的有力支持。XML 文档信息包含各种索引结构，用户既可通过文档内容进行查询，也可使用结构查询。由于 XML 文档元素间的层次关系，使得相同文本信息被一个或几个元素包含。因此，XML 信息提取的最大挑战是决定元素粒度的合理等级（即确定哪些元素是最合适的提取单元）。许多系统应用了最低共同祖先（LCA）的概念来帮助确定元素提取粒度。此外，Pehcevski（Pehcevski 等，2005）等提出了一种混合 XML 提取：把信息提取方法和一个本地 XML 数据库方法组合起来。Pehcevski（Pehcevski 等，2004）还提出了使用一种本地 XML 数据库对内容和结构信息提取进行改进。还有使用记分的方法来进行信息提取，根据信息提取模型或数据库技术进行分类，通过对元素进行记分来识别合适的元素粒度，在 XML 提取中控制重叠。本书的研究重点是 XML 文档间的信息提取和转换，实现的是不同版本 XML 文档间的精确、快速转换。当前，对 XML 文档间的信息提取和转换相关研究很多，应用非常广泛。如 Jussi Myllymaki（Jussi Myllymaki，2002）使用标准的 XML 转换技术实现 Web 应用中 XHTML 和 XML 文档间的转换。宋艳娟，李金铭等（宋艳娟等，2008）利用 XSLT（Khun Yee Fung，2002；Clark James，1999）作为信息抽取规则，以 XML 作为信息表现模型，通过 PDF 源文档转换为一种 XML 中间文档，然后利用文本特征，位置特征及显示特征来对中间 XML 文档实现基于 XSLT 规则的信息提取。李伟、郑宁（李伟和郑宁，2004）通过利用动态 XML 文件定义页面组成，使用 XSLT 文件定义页面布局，通过 XSLT 转换把页面布局定义文件和页面组成定义文件结合起来得到最终的页面，此外还可以利用 XSLT 技术解决数据异构问题（胡平和李知菲，2005），即实现使用 XSLT 技术完成 XML 文件到 HTML 文件的转换。除了上述几种方法是利用 XSLT 进行文档间转换外，实现 XML 文档转换的方法还可以通过 SAX（Simple API for XML）（Megginson，2010）及 DOM（Documen Object Model）进行转换，用户还可以自己编写程序进行转换，如王丛刚，瞿裕忠（王丛刚和瞿裕忠，2002）利用 Java 设计了一个 XSLT 处理器来实现 XML 文档间信息抽取和转换。

6.4.1 信息提取和转换基本原理

多版本网络服务统一访问的关键是根据用户不同版本请求返回不同版本的请求结果。服务中间件通过对请求进行统一并对结果 XML 文件进行信息提取,最后转换成用户要求形式。而信息提取的关键就是根据模式匹配生成的映射表生成的样式表来提取网络服务器返回的请求结果中的相关信息并生成新的符合用户要求的结果文件。图 6-32 显示的是信息提取转换原理结构图。信息提取转换的过程描述为:首先信息提取转换部件接收从模式匹配输入的映射表文件,映射表文件被样式表生成器生成 XSL 样式表文件;接着源 XML 文档和样式表文件同时被 XSLT 处理器按如下规则进行处理:①文档解析:即把源文档解析后生成一种 DOM 树结构,转换是基于文档树进行的。②根节点处理:把根节点作为当前节点,从样式表中选择最佳模板对根节点进行处理,产生的结果树片段附加到结果树中。在创建结果树时,总是从包含源树根节点的节点列表开始处理。③处理下一节点:选择下一个新的源节点列表继续处理,直到没有选择任何新的源节点。最后输出结果 XML 文件。

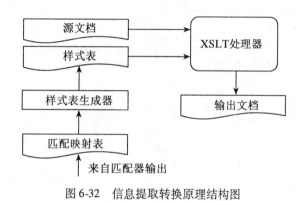

图 6-32 信息提取转换原理结构图

6.4.2 信息提取和转换规则生成

XML 文件的转换过程的关键一步是根据匹配映射表生成对应 XML 文件信息提取模式规则,即样式表文件。样式表文件是使用 XSLT(扩展样式表语言)描述的,XSLT 通过 XSL 样式表文件把源文档转换成目标文档。样式表定义了把源树转换为结果树的规则。层次关系是 XML 文件的重要信息,样式表也是一种 XML 文件,根据 XML 文件的设计规则,当它要描述的数据具有层次关系时,这种层次关系应该反映在相应的标记里面。

在本书中,样式表的生成完全根据模式匹配映射表来进行,映射表的生成又是完全根据两个不同版本模式文件进行内容和结构上的匹配得到,映射表的元素次序完全按照模式文件中元素次序排列,映射表的映射路径表达了模式文件真实的结构信息,所以我们根据如下步骤来生成样式表:①映射路径解析及元素识别。根据映射信息分离出其中的源 XML 文档信息提取路径,分离出目的文档中各节点的名称,节点元素类型,判断是属性元素还是普通元素。②样式表规则树构建。规则树构成过程包括:确定树的根节点,通常根节点就是目的路径中的第一个节点,且此节点与前面读取的目的路径第一个节点不同;确定树的深度,树的深度就是具有相同根节点的所有映射信息中节点元素个数的最大值;确定各个中间节点的子节点,即子树;建立叶子节点,即是目的路径中最后一个节点。③规则树格式化。根据目的路径中的节点建立好规则树后,根据源路径信息得到样式表文本节点的取值路径。图 6-33 显示的是根据映射文件生成样式表流程。图 6-34 显示的是根据 wfsDescribeFeatureType. txt 映射文件生成的样式表部分片断。图 6-35 显示的是根据 wcsGet-Capabilities. txt 映射文件生成的样式表部分片断。

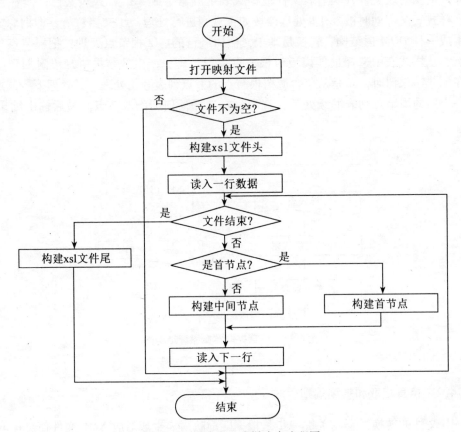

图 6-33　样式表生成样式表流程图

```xml
<?xml version="1.0" encoding="UTF-8" ?>
<xsl:stylesheet xmlns:xsl="http://www.w3.org/1999/XSL/Transform"
  xmlns:wfs="http://www.opengis.net/wfs" xmlns:gml="http://www.opengis.net/gml"
  xmlns:tiger="http://www.census.gov" xmlns:ows="http://www.opengis.net/ows"
  xmlns:xlink="http://www.w3.org/1999/xlink" xmlns:ogc="http://www.opengis.net/ogc">
  <xsl:output method="xml" version="1.0" indent="yes" />
  <xsl:template match="/">
    <xsl:element name="wfs:FeatureCollection">
      <xsl:attribute name="wfs">http://www.opengis.net/wfs</xsl:attribute>
      <xsl:attribute name="gml">http://www.opengis.net/gml</xsl:attribute>
      <xsl:attribute name="tiger">http://www.census.gov</xsl:attribute>
      <xsl:element name="gml:boundedBy">
        <xsl:element name="gml:Box">
          <xsl:attribute name="srsName">
            <xsl:value-of
              select="wfs:FeatureCollection/gml:featureMembers/tiger:tiger_roads/gml:boundedBy/
          </xsl:attribute>
          <xsl:element name="gml:coordinates">
            <xsl:attribute name="decimal">"."</xsl:attribute>
            <xsl:attribute name="cs">","</xsl:attribute>
            <xsl:attribute name="ts">""</xsl:attribute>
            <xsl:value-of select="gml:boundedBy/gml:Envelope/gml:coordinates" />
          </xsl:element>
        </xsl:element>
      </xsl:element>
      <xsl:for-each select="//wfs:FeatureCollection/gml:featureMembers/tiger:tiger_roads">
```

图 6-34　根据 wfsDescribeFeatureType.txt 生成的样式表部分片段

图 6-35　根据 wcsGetCapabilities.txt 生成的样式表部分片段

6.4.3　网络服务模式信息提取和转换实验

1. WFS 不同版本服务模式信息提取和转换

　　XSLT 转换 XML 的过程分两个阶段：第一个阶段是结构转换，XSL 处理器首先通过分析器（DOM 或 SAX）技术读取 XML 标记及数据。当浏览器通过 XML DOM 对象读取到 XML 的树状结构和数据后，将 XML 树状结构重新排列组合后产生一个暂时的树状结构，这个树状结构称为结果树。第二阶段是格式化。XSL 处理器将数据转换（格式化）为另一种格式良好的 XML 文档。在这个阶段新的结构以要求的格式输出。通常它使用与源文档不同的 XML 标记词汇。在本书中，WFS 服务器提供的是 WFS1.0.0 版本服务，当用户请求 WFS1.1.0 版本服务时，WFS 服务中间件对两种版本的模式文件作匹配，生成匹配映射表，匹配映射表被加载到样式表生产器生成样式表文件，WFS1.1.0 版本请求统一成 WFS1.0.0 版本请求，WFS1.0.0 版本响应结果被动态加载到 XSLT 处理器中，XSLT 处理器根据样式表文件把 WFS1.0.0 版本响应文档转换成目的 WFS1.1.0 版本结果文档。图 6-36 是 WFS1.0.0 部分源 XML 文档，图 6-37 显示的是经过转换后的 WFS1.1.0 版本部分目的 XML 文档。

```xml
<?xml version="1.0" encoding="UTF-8" ?>
<wfs:FeatureCollection xmlns:wfs="http://www.opengis.net/wfs" wfs="http://www.opengis.net/wfs"
 gml="http://www.opengis.net/gml" tiger="http://www.census.gov">
  <gml:boundedBy xmlns:gml="http://www.opengis.net/gml">
    <gml:Box srsName="urn:x-ogc:def:crs:EPSG:4326">
      <gml:coordinates decimal="." cs="," ts=" " />
    </gml:Box>
  </gml:boundedBy>
  <gml:featureMember xmlns:gml="http://www.opengis.net/gml">
    <tiger:poi xmlns:tiger="http://www.census.gov" gml:fid="poi.1">
      <tiger:the_geom>
        <gml:Point srsName="urn:x-ogc:def:crs:EPSG:4326">
          <gml:coordinates decimal="." ts=" " cs=",">40.707587626256554 -74.01046109936333</gml:coordinates>
        </gml:Point>
      </tiger:the_geom>
      <tiger:NAME>museam</tiger:NAME>
      <tiger:THUMBNAIL>pics/22037827-Ti.jpg</tiger:THUMBNAIL>
      <tiger:MAINPAGE>pics/22037827-L.jpg</tiger:MAINPAGE>
    </tiger:poi>
  </gml:featureMember>
  <gml:featureMember xmlns:gml="http://www.opengis.net/gml">
    <tiger:poi xmlns:tiger="http://www.census.gov" gml:fid="poi.2">
      <tiger:the_geom>
        <gml:Point srsName="urn:x-ogc:def:crs:EPSG:4326">
```

图 6-36　WFS_ getFeature1.0.0 版本部分 XML 文档

```xml
<?xml version="1.0" encoding="UTF-8" ?>
<wfs:FeatureCollection numberOfFeatures="6" timeStamp="2008-12-07T11:04:06.953+08:00"
 xsi:schemaLocation="http://www.census.gov http://localhost:8080/geoserver/wfs?service=WFS&version=1.1.0&request=DescribeFeatureType&typeName=tiger:poi
 http://www.opengis.net/wfs http://localhost:8080/geoserver/schemas/wfs/1.1.0/wfs.xsd"
 xmlns:ogc="http://www.opengis.net/ogc" xmlns:tiger="http://www.census.gov"
 xmlns:wfs="http://www.opengis.net/wfs" xmlns:topp="http://www.openplans.org/topp"
 xmlns:xsi="http://www.w3.org/2001/XMLSchema-instance"
 xmlns:sf="http://www.openplans.org/spearfish" xmlns:ows="http://www.opengis.net/ows"
 xmlns:gml="http://www.opengis.net/gml" xmlns:xlink="http://www.w3.org/1999/xlink">
  <gml:featureMembers>
    <tiger:poi gml:id="poi.1">
      <gml:boundedBy>
        <gml:Envelope srsName="urn:x-ogc:def:crs:EPSG:4326">
          <gml:lowerCorner>40.707587626256554 -74.01046109936333</gml:lowerCorner>
          <gml:upperCorner>40.707587626256554 -74.01046109936333</gml:upperCorner>
        </gml:Envelope>
      </gml:boundedBy>
      <tiger:the_geom>
        <gml:Point srsName="urn:x-ogc:def:crs:EPSG:4326">
          <gml:pos>40.707587626256554 -74.01046109936333</gml:pos>
        </gml:Point>
```

图 6-37　WFS_ getFeature1.1.0 版本部分 XML 文档

2. WCS 不同版本服务模式信息提取和转换

在 WCS 服务模式提取和转换试验中，WCS 服务器提供的是 WCS1.0.0 版本服务，当用户请求 WCS1.1.0 版本服务时，服务中间件对两种版本的标准模式文件作匹配，生成匹配映射表，WCS 1.0.0 版本请求结果动态加载到 XSLT 处理器中，XSLT 处理器根据样式表文件把源文档转换成目的 WCS1.1.0 版本结果文档。图 6-38 是 WCS1.0.0 部分源 XML 文档，图 6-39 显示的是经过转换后的 WCS1.1.0 版本部分目的 XML 文档。

```xml
<?xml version="1.0" encoding="UTF-8" ?>
<GetCoverage version="1.0.0">
    <service>WCS</service>
    <sourceCoverage>Cov123</sourceCoverage>
    <domainSubset>
        <spatialSubset>
            <gml:Envelope xmlns:gml="http://www.opengis.net/gml" srsName="urn:ogc:def:crs:OGC:2:84">
                <gml:pos>-71 47</gml:pos>
                <gml:pos>-66 51</gml:pos>
            </gml:Envelope>
        </spatialSubset>
    </domainSubset>
    <rangeSubset>
        <axisSubset>
            <name>waveLength</name>
        </axisSubset>
    </rangeSubset>
    <interpolationMethod>cubic</interpolationMethod>
    <output crs="urn:ogc:def:crs:EPSG:6.6:32618">
        <format>image/netcdf</format>
    </output>
```

图 6-38　getCoverage1.0.0 版本部分 XML 文档

```xml
<?xml version="1.0" encoding="UTF-8" ?>
<GetCoverage xmlns:wcs="http://www.opengis.net/wcs/1.1" xmlns:ows="http://w
    xmlns:xsi="http://www.w3.org/2001/XMLSchema-instance" xsi:schemaLocation="
    service="WCS" version="1.1.0">
    <owcs:Identifier>Cov123</owcs:Identifier>
    <wcs:DomainSubset>
        <ows:BoundingBox crs="urn:ogc:def:crs:OGC:2:84">
            <ows:LowerCorner>-71 47</ows:LowerCorner>
            <ows:UpperCorner>-66 51</ows:UpperCorner>
        </ows:BoundingBox>
    </wcs:DomainSubset>
    <wcs:RangeSubset>
        <wcs:FieldSubset>
            <owcs:Identifier>Radiance</owcs:Identifier>
            <wcs:AxisSubset>
                <wcs:Identifier>waveLength</wcs:Identifier>
                <wcs:Key>0.6</wcs:Key>
                <wcs:Key>0.9</wcs:Key>
            </wcs:AxisSubset>
        </wcs:FieldSubset>
        <wcs:FieldSubset>
            <owcs:Identifier>Temperature</owcs:Identifier>
            <wcs:InterpolationType>cubic</wcs:InterpolationType>
        </wcs:FieldSubset>
    </wcs:RangeSubset>
    <wcs:Output format="image/netcdf" store="true">
        <wcs:GridCRS>
            <wcs:GridBaseCRS>urn:ogc:def:crs:EPSG:6.6:32618</wcs:GridBaseCRS>
            <wcs:GridOffsets>10 10</wcs:GridOffsets>
```

图 6-39　getCoverage1.1.0 版本部分 XML 文档

6.5 多版本网络服务统一访问原型系统实现

6.5.1 系统设计考虑

系统的一个关键部件功能就是使多种版本网络服务请求能以一致接口实现对网络服务器的访问。系统设计的目标是提供一个即插即用中间件来对不同版本服务请求进行统一，并对请求结果进行信息提取和转换。系统必须可互操作，可重用，扩展性、通用性强。

可互操作：服务转换中间件，网络服务器及用户能够通过各种层次的标准接口规范进行互操作。如客户通过"GetCapabilities"操作可以得到各种网络服务器的能力信息，通过"DescribeCoverageType"、"DescribeFeatureType"、"DescribeSensor"等操作来对网络覆盖及网络要素，及观测的传感器进行详细描述，使用"GetCoverage"、"GetFeature"、"GetObservation"等操作得到从服务器注册的具体覆盖实例和要素数据的元数据信息，及传感器的观测信息。

可重用：设计的服务转换中间件不需要修改或几乎不用修改就能在需要该软件功能的系统中直接使用。

扩展性：注册的服务转换中间件适合于不同的服务转换系统，如我们可利用中间件来实现其他网络服务的统一访问功能。系统能够根据应用需求的发展对功能进行扩展，对整个系统进行升级等。

6.5.2 总体架构

为了满足上述这些特点，采用面向服务的中间件体系结构来实现服务请求与结果转换。图 6-40 是多版本网络服务统一访问系统总体架构。系统设计分三层结构，分别是用户层，控制层和服务器层。根据每层的特点，系统定义了以下三种类型角色：①网络服务请求者：即是指各种不同的网络服务用户。网络服务用户通过多版本网络服务门户向网络服务器发出各种网络服务请求，各种网络服务请求以 HTTP 形式把用户请求发送到网络服务统一访问中间件并激活相应操作。②服务代理者（网络服务请求转换中间件）：网络服务中间件通过客户 APIs 接收客户请求，对客户请求进行统一化，然后使用服务 APIs 向服务器请求服务，并把请求响应结果通过服务中间件转换后返回给用户。③网络服务提供者（各种类型的网络服务器）：主要用来提供某种注册版本的网络服务实例，如 WCS1.1.0、WFS1.1.0、SOS1.0.0 版本服务，WCS1.0.0、WFS1.0.0、SOS0.0.31 版本服务及其他 WCS、WFS、SOS 不同版本的服务实例。在本书的服务统一访问系统中，每种类型的网络服务器提供某种或某几种版本类型的服务，无论客户端请求何种版本服务，何种类型的网络服务，通过服务转换中间件都能实现请求的正确响应。实现请求服务版本的独立性是系统实现的主要功能和目标。

第6章　地理信息服务统一访问

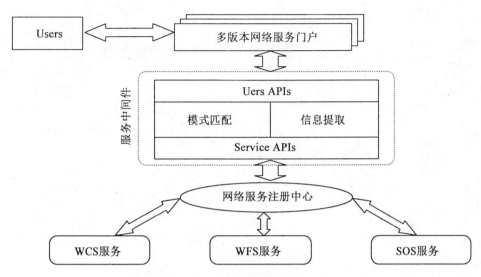

图 6-40　多版本网络服务统一访问总体架构

多版本网络服务统一访问实现过程可描述为：当客户向网络服务器请求某种类型某种版本的网络服务时，客户请求先通过客户 APIs 发送到多版本网络服务统一访问中间件，中间件对请求信息进行解析，确定客户请求的服务类型，服务版本信息，然后在网络服务注册中心去查找相关服务，如果发现有相同类型相同版本的服务实例，则直接向服务器请求该服务实例，并把请求结果返回给客户；如果在注册中心没有找到对应的版本网络服务，则激活服务访问中间件进行如下操作：①模式匹配部件对不同版本模式文件进行匹配，生成匹配映射表；② 信息提取部件首先将匹配结果生成 XSL 样式表文件；③服务中间件以一种统一的接口去请求服务器提供的服务实例，该服务实例是服务器提供的该类型服务的最高版本服务，并把请求结果文档返回给服务中间件；④服务访问中间件根据第二步中生成的样式表文件把从服务器返回的结果文档转换为用户请求的准确版本服务的结果文档，最后，转换后的请求结果返回给用户，从而完成本次服务请求，客户还可以继续请求其他服务。网络服务中间件的两个核心部件：模式匹配部件和信息提取部件来实现不同版本网络服务的统一访问功能。图 6-41 显示的是某种服务的 GetCapabilities 操作的顺序图。

6.5.3　系统部件

多版本网络服务统一访问系统包括四大部件，即多版本网络服务门户，网络服务请求转换中间件的模式匹配部件和信息提取部件，多版本网络服务注册部件。

多版本网络服务门户提供门户和用户权限管理及对网络服务访问控制。多版本网络服务门户支持多种来自支持 OGC 规范的不同实现者提供的地理网络服务（WMS，WFS，WCS，WPS）。通过网络门户，地理信息服务可以分布、注册、发现、激活和集成。用户使用门户通过任何兼容的注册服务来发现和访问分布式的地理数据。

模式匹配部件主要用来实现对 XML 或 XSD 模式文件的匹配工作。针对本书要匹配的

175

对地观测传感网信息服务的模型与方法

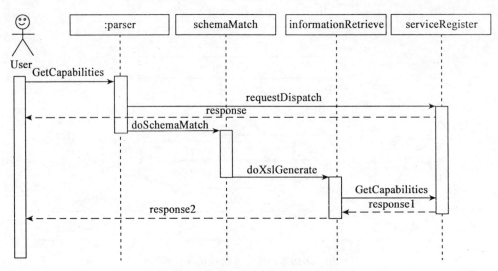

图 6-41 GetCapabilities 操作 UML 顺序图

地球空间信息网络服务模式文件的特点，设计了基于片段的语法模式匹配方法和基于节点相似度的语义模式匹配方法，通过对一个大的模式文件进行分块，分割成一个个小的模式片段，最后对模式片段进行匹配。为了提高模式匹配的精度，最大限度的发现所有匹配映射，在语法模式匹配方法基础上，设计一种基于节点标签词义和元素标签注释文本相似度的语义匹配方法从语义上对模式元素间的相似度值进行精确计算，最后输出正确匹配结果。模式匹配部件使用的算法充分考虑到了模式匹配的性能和质量的平衡问题，通过模式文件的分割，通过把模式匹配问题转换为对模式片段的匹配问题来大大提高匹配性能，同时应用的语义模式匹配方法则从匹配质量上进行改善。模式匹配部件综合应用了基于语法和语义的模式匹配方法，部件功能可以根据用户要求进行扩展，可以为部件添加新的匹配算法。模式匹配部件核心操作是"Match"。

信息提取部件主要功能是根据模式匹配部件匹配结果生成的样式表使用 XSL 处理器来对 XML 文档进行转换，得到客户要求的结果。信息提取的关键一步是根据匹配映射结果生成转换规则，转换规则的好坏直接影响信息提取的质量和效率。文档转换则是应用现在比较成熟的 XSLT 转换技术实现 XML 文档到 XML 文档间的转换。其核心操作是"Transform"。

多版本网络服务注册部件主要用来实现对来自不同服务提供者提供的不同类型不同版本的网络服务的注册。通过网络服务注册部件，可以对各种分布式网络服务和数据的描述信息进行收集、注册和维护，并且提供对注册服务元数据信息的智能搜索能力。

6.5.4 系统主要功能

多版本网络服务统一访问系统的主要功能是实现对同种类型多种版本的网络服务的精确访问。系统不仅要实现对不同版本网络服务请求的响应，而且要实现正确的响应结果。

第6章　地理信息服务统一访问

系统的最终目的是屏蔽网络服务版本差异对不同版本服务访问造成的互操作问题，实现服务版本的独立性。系统具体功能包括设计一个多版本网络服务门户——GeoPortal 实现对用户请求及响应结果转发；一个网络服务模式匹配组件——GeoMatcher 实现对不同版本网络服务模式的精确匹配；一个信息提取部件——GeoExtrator 来实现对不同版本请求响应结果文档的信息提取和转换。

1. 多版本网络服务请求功能

图 6-42 显示的多版本网络服务统一访问的请求门户主界面。通过请求门户，我们可以进行：服务器配置，如主机名、端口号、服务注册地址等进行设置；服务配置：主要用来设定用户请求的服务的类型及版本号；请求配置：主要定制用户请求服务的操作类型及请求方式，主要包括 GET 和 POST，及是否使用 SOAP；请求信息配置可以定制输出响应格式，模式语言及具体的要素和覆盖名字，最后的请求信息；请求结果信息主要显示最后的请求结果。

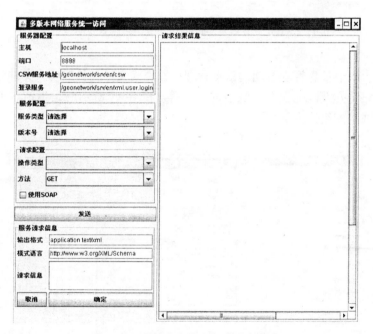

图 6-42　多版本网络服务请求主界面

如图 6-43 显示的是请求的 WCS1.0.0 版本的 getCapabilities 操作配置信息及其请求结果显示信息。由于服务器注册的服务实例都是 1.0.0 版本，所以当请求 1.0.0 版本任何服务时，直接进行请求的派遣，最后从服务器返回请求结果。

2. 模式匹配功能

当请求的服务版本超过了服务器提供的版本号，多版本网络服务统一访问系统将激活其模式匹配部件——GeoMatcher 和信息提取部件——GeoExtrato 来实现对请求的正确访问。以本书设计的基于语法的动态模式匹配方法和基于语义的动态模式匹配方法为基础，设计了一种综合的模式匹配系统，来实现对模式文件的导入、导出，模式信息管理；映射

图 6-43　WCS1.0.0 版本 getCapabilities 请求配置及响应结果

的导入、导出，映射信息管理及辅助信息管理；源模式文件和目的模式文件管理；匹配器管理，匹配策略选择及匹配执行；映射的操作等。图 6-44 所示的是当请求 1.1.0 版本服务时激活的模式匹配组件界面图。

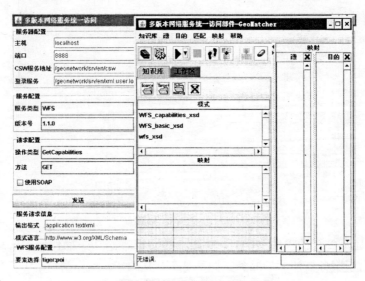

图 6-44　模式匹配部件主功能菜单

3. 模式文件导入/导出功能

模式文件的导入/导出功能如图 6-45 所示。包括导入使用 Xml Schema Definition 语言定义的 XSD 文件，web 本体描述语言定义的 owl 文件，eXternal Data Representation

（XDR）文件，及数据库文件，如 ODBC 等（Curbera 等 2002）。还可以直接导入文件的 URI 及导入实例文件，同时还可以对文件进行导出、删除操作。模式文件导入后以模式图形式保存在模式管理器中。

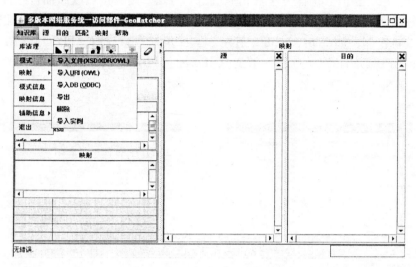

图 6-45　模式文件的导入/导出

4. 匹配模式选择

利用匹配模式选择功能菜单从模式管理器中选择要进行匹配的模式文件，从源选择模式功能菜单选择要匹配的源模式文件，从目的选择模式功能菜单选择要匹配的目的模式文件。选择的模式文件的模式图表示同时在右边面板中显示出来，如图 6-46 所示，选择了一个源模式文件 wfs_ xsd 和目的模式文件 WFS_ basic_ xsd 后，源模式图和目的模式图显示在右边面板中。

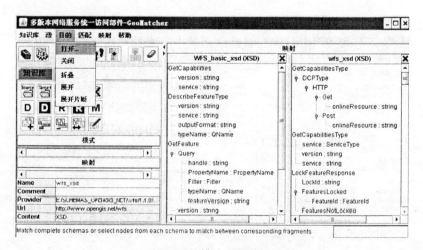

图 6-46　模式文件选择

179

5. 匹配器编辑，匹配策略选择

匹配功能中，可以对系统现有匹配器进行选择，对匹配器参数重新配置，如图 6-47 (a) 显示的是匹配器配置菜单，用户根据要求可以选择匹配器的组成，匹配定向方法，相似值聚合方法，相似值选择方法及相似值组合方法。用户也可以添加自己设计的匹配器。配置好匹配器参数后，用户可以选择匹配的策略，匹配策略选择前，用户根据要求对匹配策略重新定制，如图 6-47 (b) 所示。匹配策略可以选择 ALLCONTEXT（全上下文），FILTEREDCONTEXT（过滤上下文），Fragment（片段），Reuse（重用），Semantic（语义）等策略。

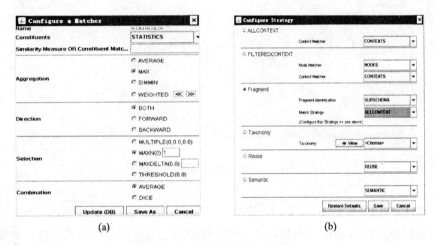

图 6-47　配置匹配器及策略

配置好匹配器和匹配策略，就可以执行匹配，图 6-48 显示的是使用 COMA 匹配器产生的映射图。

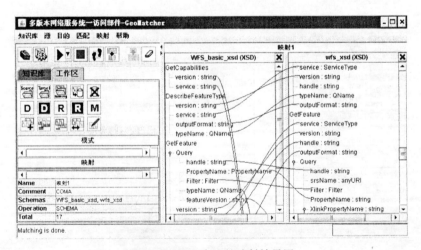

图 6-48　匹配产生的映射结果图

第 6 章 地理信息服务统一访问

6. 映射编辑

使用映射编辑菜单的各种功能对匹配产生的映射结果进行编辑，如映射的保存，复制，删除，映射的合并，交，差，比较等。图 6-49 显示对映射的复制操作。

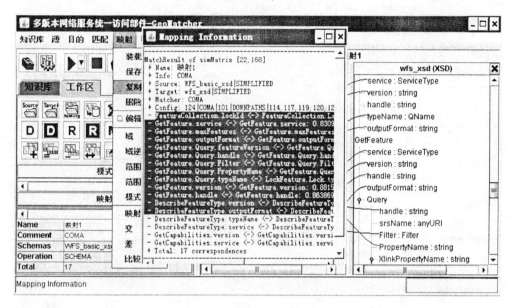

图 6-49 映射的复制操作

7. 信息提取及文档转换功能

当多版本网络服务访问的模式匹配部件工作完成时，系统激活了多版本网络服务统一访问部件——GeoExtrator 用来实现不同版本响应文档间的信息提取和转换。GeoExtrator 部件可以根据模式匹配部件生成的匹配结果生成不同版本文档间的文档转换的样式表文件，通过样式表文件，应用 XSLT 技术实现文档间信息提取和转换。图 6-50 中，我们选择匹配结果生成的映射文件，输入要生成的样式表名字，点击生成样式表即可生成对应的样式表文件。图 6-50 左边文本区域显示的是生成的样式表文件信息。最后选择生成的样式表文件，选择要进行信息提取和转换的源文档，点击转换将实现 1.0.0 版本响应结果转换为 1.1.0 版本请求的响应结果。图 6-51 显示的是通过服务访问中间件实现的 WFS1.1.0 版本的 getCapabilities 请求结果。

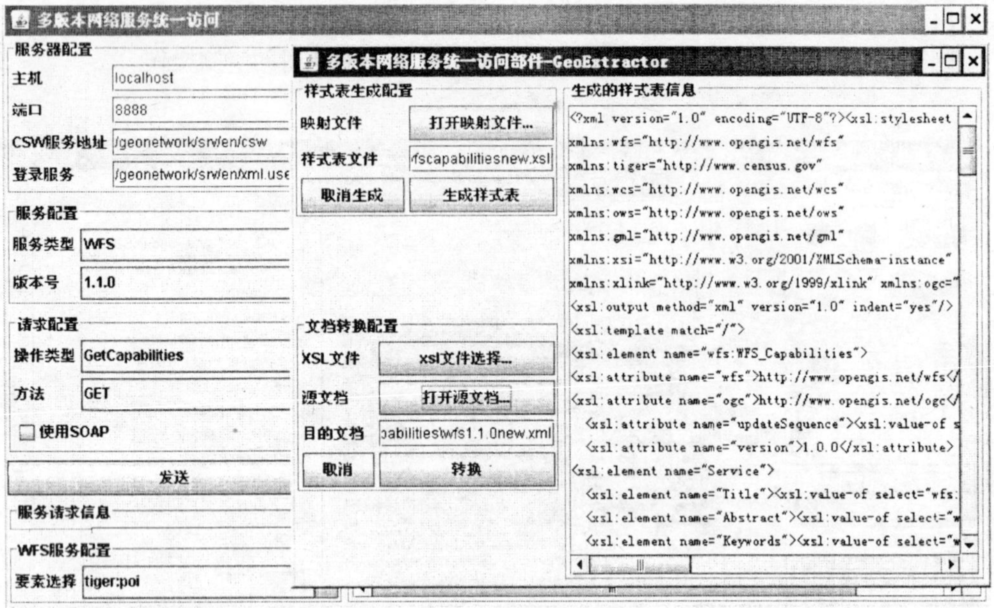

图 6-50 样式表生成及信息提取和文档转换

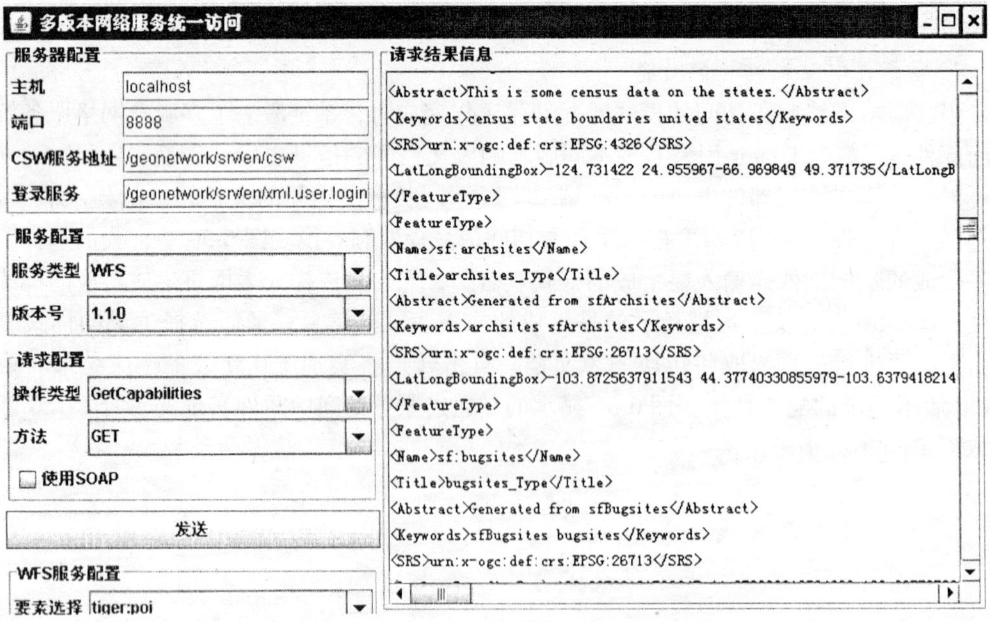

图 6-51 WFS1.1.0 版本 getCapabilities 请求结果

6.6 南极空间数据基础设施集成应用

6.6.1 南极空间数据基础设施

南极是地球上最冷,最干旱,最难到达的地方。与世界其他地方不同,南极洲气候恶劣,人烟稀少,长年铺着白雪。南极洲在许多科研问题中扮演着关键角色,特别是在那些与全球气候变化有关的研究中。在最近的研究活动中,南极空间部分研究异常活跃和重要。南极洲乔治王岛(King George Island)是南雪特兰群岛(South Shetland Island)之一。它位于南极半岛的北角,其北边到南美的合恩角有1200公里左右,它被一个巨大的冰冠支配着。乔治王岛上那些无冰地区和靠近海岸的地区有大量各种各样的动植物。海豹,海燕及各种丰富的植被使得该岛的自然环境不仅吸引了大量的旅游者,而且吸引了大量有关南极的国际研究活动。

南极空间数据基础设施(AntSDI,2006)是由南极地理信息委员会(SC-AGI)发起,制定南极空间数据的标准规范,实现南极空间数据的维护和共享。在 AntSDI 中存在许多空间数据库(如英国的南极数字化数据库 ADD,澳大利亚的大地控制数据库,意大利的南极地名数据库等)和开放地理信息服务(如德国的乔治王岛地理信息系统——KGIS,KGIS 使所有国家都能通过 WMS 和 WFS 服务访问集成的南极地理空间数据库)。KGIS 数据库包含的主流数据有高程和海洋学的,水文的,交通和基础设施等。英国极地测量局(BAS)南极数字化数据库(ADD)维护着 1∶10000000 的南极海岸带、岩石、等高线等地形数据,这些数据可以通过 WFS 和 WMS 进行访问。澳大利亚南极局 AAD;中国南极研究中心测绘(CACSM)数据库;美国宇航局(NASA)雪冰数据中心(NSIDC)维护着由全南极 5 公里分辨率数字高程模型,目前也可以通过地球观测系统数据信息中心协议(ECHO)进行访问。2008 年陈能成等(Chen N 等,2008)提出了一种南极空间数据基础设施互操作的地理信息网关,通过一种基于通用接口的多协议的 OWS 服务门户支持来自不同遵循 OGC 规范实现的各种类型的地理网络服务(WMS, WFS, WCS, WPS)。通过这种互操作 AntSDI,南极地理数据和服务能够按需发现,发布,存储,管理和服务。

6.6.2 南极空间服务和数据注册

对南极空间数据基础设施中的网络服务和数据进行注册时,分别使用"ServiceType"对象和"DataType"对注册服务和数据进行表示。"ServiceType"提供了网络服务进行注册所需的最小元数据信息。"ServiceType"中的"Service"对象定义的内容包括:"id"、"home"、"objectType"、"status"、"expiration"、"majorVersion"、"minorVersion"、"stability"及"userVersion"属性,还定义了这样一些元素,如"name"、"description"、"slot"、"classification"、"externalIndentification"及"serviceBinding"。"Slot"实例提供一种动态方法来把任意一个属性添加到注册的服务对象中。"classification"定义一种树结构来描述注册对象进行分类和编目的结构化方法。通过"slot"功能,我们可以把一些新的属性,如"version"、"keyword"、"connectPointLinkage"、"wsdlURL"添加到"Service-

Type"对象中。"DataType"提供注册南极空间覆盖数据所需的最小元数据,同时,一个"Association"对象使用一种"associationType"属性来表示一个源"DataType"对象和一个目的"Service"对象之间的联系,以便"DataType"数据可以通过具体的 OWS 服务器进行服务。"DataType"对象不仅包含"id"、"home"、"objectType"、"status"、"expiration"、"majorVersion"、"minorVersion"、"stability"、"userVersion"、"mimeType"及"isOpaque"等属性,而且还定义了"name"、"description"、"slot"、"classification"、"externalIndentification"、"granule"、"version"、"name"、"label"、"gridEnvelopLow"、"gridEnvelopHigh"、"xAxisName"、"yAxisName"、"originPoint"、"xResolution"、"yResolution"、"requestCRSs"、"responseCRSs"、"nativeCRSs"、"supportedFormats"、"nativeFormat"及"BBOX"等元素。

在本书中,分别对 SCAR KGIS 及 SCAR ADD 的 1.0.0 版本的 WFS 和 WMS 服务绑定为"ServiceType"对象,并把这些元数据信息转换为标准的元数据文件并打包成 MEF 文件,然后注册到 GeoNetwork 中。

6.6.3 南极空间服务统一访问

目前,南极空间数据基础设施(AntSDI)提供两种类型的数据服务,即是 OGC WMS 和 WFS。有三种类型的网络要素服务,SCAR 南极数字数据库(ADD)WFS 和 SCAR KGIS WFS 及中国南极测绘中心(CACSM)WFS。对于网络要素服务三种类型操作 GetCapabilities, DescribeFeatureType, GetFeature。WFS 服务器提供的服务实例为 WFS1.0.0,所以对于那些请求的服务版本高于 1.0.0 时,例如请求的服务版本号为 1.1.0 时,首先应用本书设计的模式匹配方法对两种不同版本的模式文件进行匹配。我们以 SCAR KGIS WFS 为例来实现 SCAR KGIS WFS1.1.0 版本服务请求的准确响应。多版本网络服务中间件模式匹配部件首先对两个版本网络服务模式进行匹配,得到如图 6-52 所示的匹配结果,接着信息提取部件根据匹配结果产生如图 6-53 所示的映射表,最后,将网络要素服务器响应的 1.0.0 版本的结果 XML 文档转换为用户请求的 1.1.0 版本的 XML 文档。图 6-54 显示的是 WFS1.0.0 GetCapabilities 请求的响应结果,图 6-55 显示的是从 WFS1.0.0 响应结果转换得到的 WFS1.1.0 请求结果。

图 6-52 WFS GetCapabilities 两种版本模式文件部分映射结果

```xml
<?xml version="1.0" encoding="UTF-8" ?>
<xsl:stylesheet xmlns:xsl="http://www.w3.org/1999/XSL/Transform" xmlns="http://www.opengis.net/wfs"
    xmlns:wfs="http://www.opengis.net/wfs" xmlns:ows="http://www.opengis.net/ows"
    xmlns:xsi="http://www.w3.org/2001/XMLSchema-instance" xmlns:xlink="http://www.w3.org/1999/xlink"
    xmlns:ogc="http://www.opengis.net/ogc">
    <xsl:output method="xml" version="1.0" indent="yes" />
    - <xsl:template match="/">
        - <xsl:element name="wfs:WFS_Capabilities">
            <xsl:attribute name="xsi:schemaLocation">http://www.opengis.net/wfs
                http://www.kgis.scar.org:7070/geoserver/schemas/wfs/1.1.0/wfs.xsd</xsl:attribute>
            <!-- <xsl:attribute name="xmlns:glims">http://www.glims.org/</xsl:attribute>
                <xsl:attribute name="xmlns:cite">http://www.opengeospatial.net/cite</xsl:attribute>
                <xsl:attribute name="xmlns:scar">http://www.scar.org/gml</xsl:attribute> -->
            <xsl:attribute name="version">1.1.0</xsl:attribute>
            - <xsl:element name="ows:ServiceIdentification">
                - <xsl:element name="ows:Title">
                    <xsl:value-of select="wfs:WFS_Capabilities/wfs:Service/wfs:Name" />
                </xsl:element>
                - <xsl:element name="ows:Abstract">
                    <xsl:value-of select="wfs:WFS_Capabilities/wfs:Service/wfs:Abstract" />
                </xsl:element>
                - <xsl:element name="Keywords">
                    <xsl:value-of select="wfs:WFS_Capabilities/wfs:Service/wfs:Keywords" />
                </xsl:element>
                <xsl:element name="ows:ServiceType">WFS</xsl:element>
                <xsl:element name="ows:ServiceTypeVersion">1.1.0</xsl:element>
                - <xsl:element name="ows:Fees">
```

图 6-53 匹配结果生成的样式表

```xml
<?xml version="1.0" encoding="UTF-8" ?>
<WFS_Capabilities version="1.0.0" xmlns="http://www.opengis.net/wfs" xmlns:glims="http://www.glims.org/"
    xmlns:cite="http://www.opengeospatial.net/cite" xmlns:scar="http://www.scar.org/gml"
    xmlns:ogc="http://www.opengis.net/ogc" xmlns:xsi="http://www.w3.org/2001/XMLSchema-instance"
    xsi:schemaLocation="http://www.opengis.net/wfs http://www.kgis.scar.org:7070/geoserver/schemas/wfs/1.0.0/WFS-
    capabilities.xsd">
    + <Service>
    + <Capability>
    - <FeatureTypeList>
        + <Operations>
        - <FeatureType>
            <Name>scar:Building</Name>
            <Title>Building</Title>
            <Abstract>Buildings (fixed structures) on King George Island, Antarctica</Abstract>
            <Keywords>installations, buildings</Keywords>
            <SRS>EPSG:4326</SRS>
            <LatLongBoundingBox minx="-58.997142791748" miny="-62.2443656921387" maxx="-58.3915557861328" maxy="-
                62.0839347839355" />
        </FeatureType>
        - <FeatureType>
            <Name>scar:Coastline</Name>
            <Title>Coastline</Title>
            <Abstract>Coastline for King George Island, Antarctica</Abstract>
            <Keywords>coastline</Keywords>
            <SRS>EPSG:4326</SRS>
            <LatLongBoundingBox minx="-59.0784721374512" miny="-62.2800636291504" maxx="-57.5769271850586" maxy="-
                61.8743438720703" />
        </FeatureType>
```

图 6-54 WFS1.0.0 服务请求响应结果 XML 文档

```xml
<?xml version="1.0" encoding="UTF-8" ?>
<wfs:WFS_Capabilities version="1.1.0" xmlns:xsi="http://www.w3.org/2001/XMLSchema-instance"
    xmlns="http://www.opengis.net/wfs" xmlns:wfs="http://www.opengis.net/wfs" xmlns:ows="http://www.opengis.net/ows"
    xmlns:gml="http://www.opengis.net/gml" xmlns:ogc="http://www.opengis.net/ogc" xmlns:xlink="http://www.w3.org/1999/xlink"
    xsi:schemaLocation="http://www.opengis.net/wfs http://www.kgis.scar.org:7070/geoserver/schemas/wfs/1.1.0/wfs.xsd"
    xmlns:glims="http://www.glims.org/" xmlns:cite="http://www.opengeospatial.net/cite" xmlns:scar="http://www.scar.org/gml"
    updateSequence="170">
    + <ows:ServiceIdentification>
    + <ows:ServiceProvider>
    - <ows:OperationsMetadata>
        + <ows:Operation name="GetCapabilities">
        + <ows:Operation name="DescribeFeatureType">
        + <ows:Operation name="GetFeature">
    </ows:OperationsMetadata>
    - <FeatureTypeList>
        + <Operations>
        - <FeatureType xmlns:scar="http://www.scar.org/gml">
            <Name>scar:Building</Name>
            <Title>Building</Title>
            <Abstract>Buildings (fixed structures) on King George Island, Antarctica</Abstract>
            - <ows:Keywords>
                <ows:Keyword>installations</ows:Keyword>
                <ows:Keyword>buildings</ows:Keyword>
            </ows:Keywords>
            <DefaultSRS>urn:x-ogc:def:crs:EPSG:6.11.2:4326</DefaultSRS>
            - <OutputFormats>
                <Format>GML2</Format>
                <Format>text/xml; subtype=gml/2.1.2</Format>
```

图 6-55 由 WFS1.0.0 请求响应结果转换得到的 WFS1.1.0 请求响应结果

6.6.4 实例

为了对南极多版本网络服务访问的结果进行评估，我们使用如下的例子进行检验。即我们通过南极乔治王岛的中国长城站（经度为-58.962°，纬度为-62.217°）的不同版本 GML 描述的地物叠加显示来测试本书设计的多版本网络服务统一访问方法的有效性。实验通过以下几个步骤来完成：

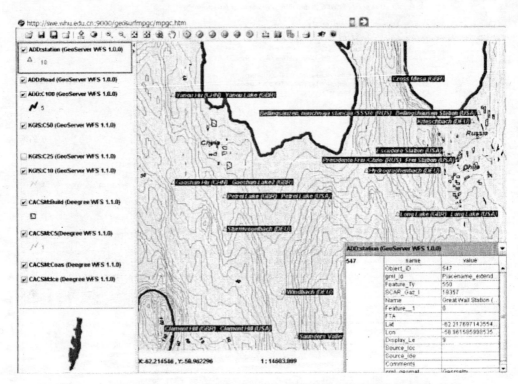

图 6-56　各种 WFS（ADD，KGIS，CACSM）要素数据在客户端的集成叠加显示

（1）通过 ADD WFS1.0.0 版本服务提取全局小比例尺地形数据：南极数字数据库（ADD）是南极地区编辑好的小比例尺的地形数据。其数据来源于各种各样的资源，其目的是提供所有区域当前可利用的最好数据。最详细的信息来自于 1:1000000（分辨率大约为 5 米）比例尺编辑的地图数据；而最粗的数据分辨率大约为 5 公里。在 ADD 部署了 WFS 服务，只要通过发送一个"GetFeature"请求 ADD WFS，就可以下载到长城站比例尺为 1:1000000，使用 GML2 格式编码的地形数据。

（2）通过 KGIS WFS1.1.0 服务提取中比例尺地形数据：SCAR 乔治王岛 GIS（KGIS）项目提供乔治王岛和南雪特兰群岛的地形数据。这些数据主题多样，如包括地形，近海岸海洋生物分布，地表水文学，冰川，植被，农业特征和人类影响等。当前，在 Geoserver 服务器中部署了 WFS1.1.0 服务来对 KGIS 进行访问。同样，我们可以使用网络要素服务对 KGIS 进行访问。如果我们使用一个"GetFeature"去请求 KGIS WFS，将下载到长城站比例尺为1∶250000，使用GML3格式编码的地形数据。

（3）使用CACSM WFS1.1.0服务提取大比例尺地形数据：中国南极测绘中心（CACSM）工程提供了长城站各种专题的地形数据库，如高程、等高线、海岸线、湖泊、陆地、河流和建筑物等数据。当前，在Deegree服务器部署的WFS1.1.0服务提供了对CACSM的访问。如果我们使用一个"GetFeature"去请求CACSM WFS，将下载到长城站比例尺为1∶2000，使用GML3格式编码的地形数据。

（4）对WFS1.1.0服务和WFS1.0.0服务进行模式匹配和信息提取：根据ADD WFS，KGIS WFS及CACSM WFS，普通用户可以获得小比例尺的GML2.0格式的要素数据，中比例尺和大比例尺的GML3.0格式的要素数据。如果我们在只能支持WFS1.0.0接口和GML2.0格式的信息模型的客户端叠加各种不同格式的要素数据，本书设计的动态模式匹配部件和信息提取部件实现GML2.0和GML3.0格式的数据间自由转换。

（5）把各种格式的数据在OWS客户端进行集成：通过模式匹配和信息提取服务中间件，普通用户可以方便地对OWS客户端感兴趣的各种版本的地理数据进行操作和可视化。如图6-56显示的就是各种版本的WFS（ADD，KGIS，CACSM）服务实例在客户端中的集成显示结果。

第7章 传感网数据处理服务

7.1 地理空间数据网络处理

地理空间数据具有数据量大、种类繁多、处理模型多样等特点,具体如下:

(1) 数据量大、数据种类繁多。单以卫星为例,每天观测地球的卫星成百上千,如美国的 NASA 和 NOAA 控制的卫星,还有欧洲、中国、日本和印度等国卫星。这些卫星每天获取和需要处理的数据是 TB 级的。同时,数据类型来源多样,如有 Landsat、SPOT、IKONOS、QuickBird、AVHRR、EOS 和 ALOS 等。数据格式也多样,如 ASCII、HDF、PICT 和 TIFF/GeoTIFF 等。

(2) 有很多处理模型和方法。由于数据来源、数据格式和数据应用多样,数据处理模型和方法多样。即使是相同的数据,也出现这种情况。例如,算植被状况指数就有很多:归一化植被指数(NDVI)、均值植被状况指数(MVCI)、比值植被指数(RPNDVI)和植被状况指数(VCI)等。

(3) 处理的要求越来越高,应用越来越广泛。这是因为处理越来越广泛地应用到社会各个领域。

(4) 单机版处理和基于网络的处理同时存在。单机版处理只能应用在本地环境。基于网络的处理能够联合多网络服务器协同处理。单机版的处理是有限的,受限于物理存储和中央处理器的计算能力,是物理的瓶颈。基于网络的处理可以处理分布式的高性能处理。

面对这些特点,以及如何满足日益增长的需求。地理数据处理面临以下的问题:

(1) 一些处理通过网络进行调用、操作、访问和管理很困难。由于历史原因,由于很多数据和处理都是基于本地或局域网的,这些资源很难通过网络访问获取,同时,由于大量数据分布在不同的地方,调用面临分布式计算和高性能计算问题。

(2) 一些处理不易共享和理解。这是因为很多处理只是遵循国家标准、组织标准或本地标准,而这些标准并没有得到广泛的认可。

(3) 一些处理不够柔性,扩展性差。由于很多处理是依据特定模型或者针对特定领域,利用这类处理来处理不同来源、不同格式的数据,不同的模型和方法都会很困难。

(4) 一些处理的处理性能不高,处理能力有限。由于数据量大,计算性能往往不能满足要求或者延时太长,不能满足实时或者近实时任务。

要解决这些问题,处理系统必须是基于网络的、与国际标准相兼容的、可扩展的、高性能的处理。Web 服务技术,OGC WPS 技术和云计算技术给我们新的思考方式和实现方法。

　　Web 服务技术是一个设计用于支持网络上机器间互操作的软件系统。它拥有一个机器可处理格式的接口。其他的系统与之交互时使用 SOAP 消息机制通过典型的 HTTP 协议和 XML 系列化等网络标准交互。Web 服务是自描述、可重用和高轻便的。它的主要优点：容易构造、快速、低成本、安全和可靠。Web 服务技术已大量地运用在生活和科学研究的很多方面。

　　云计算是网格计算、分布式计算、并行计算、效用计算、网络存储、虚拟化、负载均衡等传统计算机和网络技术发展融合的产物。云计算具有网络尺度的计算、服务面向的计算和高性能的计算等特点（Stanoevska-Slabeva 等，2010；Markus Klems 等，2012）云服务一般分为三个层次：基础设施即服务，平台即服务和软件即服务。由于云计算的成功使用，出现了众多的云环境软件框架，Apache Hadoop 就是其中的一种，它通过简单编程模型实现大规模数据分布式处理。

　　OGC 开发了一系列地理信息共享与互操作服务，其中 WPS 是关注处理的服务。WPS 软件已经被开发和应用。52N WPS 是一个很好的开源 WPS 框架。它使用插件的方式实现处理和数据编码。52N WPS 主要部署在单服务器上。Deegree WPS 支持 1.0.0 版 WPS 规范。它通过配置文件来插入处理，同时整合了一些流行的地理处理框架，如 Sextante（http：//www.sextantegis.com/）、FME（http：//www.safe.com/fme/fme-technology/）和 GRASS（http：//grass.fbk.eu/）等。Deegree WPS 也是主要部署在单服务器上。

　　这些 WPS 框架主要部署在单服务器上。然而，面对复杂的任务和分布式地处理，单服务器的处理能力是远远不够的。虽然一些 WPS 整合高性能方法得到实现，如网格计算、分布式计算和平行计算等，但 WPS 整合云计算的方法没有得到评估。目前流行的云环境有：Amazon 弹性云、谷歌 AppEngine 和微软的 Azure 平台。然而，这些云环境都是收费的，而且不是开源的。Apache Hadoop 是一个开源的构造云环境的框架，已得到 IBM、Yahoo 和 Facebook 等多家大型企业成功应用。构建一个开源的整合了云环境的 WPS 将是一个有意义的工作。

　　综上所述，云环境下 WPS 的实现是一种解决上面问题的方案。

7.2　传感网数据处理服务模型

　　图 7-1 为传感网数据网络处理服务模型。它分为 3 个部分：分布式传感网数据、网络处理服务和结果。分布式传感网数据主要以 SOS 服务形式存在和提供。这些数据作为 WPS 的输入。WPS 输入通过其操作 DescribeProcess 描述。WPS 接收到数据并根据具体的 Execute 操作进行融合和处理。WPS 的 Execute 操作封装了具体的融合算法。WPS 执行完任务，融合得到结果。具体的结果可以依据具体的任务选择结果存在形式：如结果存储在服务硬盘下，以链接的方式提供给用户；也可以将结果插入到 SOS 中，通过 SOS 管理。

　　WPS（Web Processing Service）定义了有助于地理空间处理的发布以及客户端发现、绑定这些空间处理的标准化接口（Chen 等，2010）。WPS 中的"processes"包括作用于各种空间参考数据上的算法、模型等。WPS 可以通过 Web 提供各种 GIS 处理功能。它可以

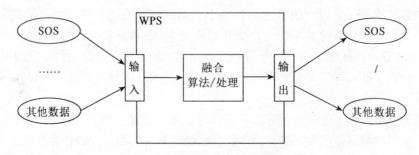

图 7-1 传感网数据处理服务模型

提供简单的计算（如缓冲区计算），也可以进行复杂的计算，例如气候模型的产生。这种接口规范提供了一种机制来标识计算需要的空间参考数据，初始化计算，并对计算结果进行管理以便客户可以对其进行访问。WPS 的处理对象包括各种矢量和栅格数据。WPS 规范允许服务提供者暴露 Web 可访问处理，并且无需客户对输入数据和处理执行的物理处理接口或 API 有所了解。WPS 接口标准化了空间处理以及输入输出描述的方式。由于 WPS 提供了一个通用接口，它可以用于包装其他已有的或将制定的可提供地理空间处理 OGC 服务。因此，原则上看，基于 WPS 接口的实施没有任何限制。WPS 规定了描述和通过 Web 获得地理空间处理的通用机制，以及地理空间处理所需要和产生的数据输入的描述机制。WPS 为客户提供了访问作用于空间参考数据上的预编程计算和/或算法模型。服务所需的数据在网络上进行传递或者从服务器端获取。数据可以使用影像数据格式或数据交互标准如 GML。技术可以是简单的，也可以是复杂的。实现网络上进行地理空间处理需要开发大量的支持原子地理空间操作的 Web 服务，以及先进的建模能力。同时为了减少所需的编程工作，帮助新服务的实施和采用，标准化调用处理的方式也很重要。WPS 接口定义了 3 个操作，包括 GetCapabilities、DescribeProcess、Execute 等操作，这些操作都是服务器必须实现的。其中，GetCapabilities 操作允许客户请求并接收 WPS 服务元数据以及所有可访问处理服务的 XML 文档。DescribeProcess 操作允许客户请求并接收服务实例上的处理的具体信息，包括输入要求，可接收的格式以及产生的输出信息。Execute 操作则允许客户使用输入参数值，运行 WPS 实施的特定处理，返回产生的输出结果。WPS 具有中间件性质，允许把已有的软件接口进行包装后作为 Web 服务发布在网络上。WPS 可以作为一种中间件来实施时包括：一个用于唯一标识处理的 OGC URN，一个处理 DescribeProcess 请求响应的引用，以及一个描述处理以及操作实施的人类可读文档（即 capabilities 文件）或是一个描述处理操作的 WSDL 文件。这使得客户可以选择是否使用 HTTP 或 SOAP 架构方法。使用 WPS 接口的服务既可以是一个简单服务，也可以是一个复合服务，原则上对使用了 WPS 接口的实施操作没有任何限制，因而留有充分的发挥空间，提供了服务编制的可能性。因此，可以使用 WPS 来进行 OWS 整合，这种方式定义的接口可以隐藏各种处理的具体实现细节。

基于云计算的 WPS 需要满足：①系统必须执行所有 WPS 的标准接口；②必须容易实现多种视频变化检测算法，也在需要时方便增加算法；③架构必须是松耦合，跨语言跨平台的。基于云计算的 WPSWPS 与 SOS 和客户端交互。基于云计算的 WPSWPS 分为三层：接口层、域接口层和执行层。接口层是 WPS 抽象接口层，所有的应用都必须执行它。此层有三部分，即输入接口、WPS 核心接口和输出接口。输入接口是 WPS 任务的输入，输出接口是输出。输入输出格式和参数都通过 XML Schema 限制。XML Schema 定义 XML 模式，具有扩展性，能定义自己的数据结构和类型，同时根据 XML Schema 可以实现自动编程。服务器可以根据输入输出 Schema 开发服务和约束输入输出，用户根据输入输出的 Schema 就可以向服务发送需要的请求。WPS 核心接口层是 WPS 规范定义的标准接口，这些接口包括：GetCapabilities、DescribeProcess 和 Execute。在具体应用时这些接口都被执行。域接口层继承自接口层，它抽象于某具体域。域接口层就是负责抽象这个流程的接口。当使用具体的检测算法时，这些接口都被执行。域接口层是接口层与具体执行的连接桥梁，域接口定义了处理的输入接口、核心接口和输出接口。执行层执行具体域接口，包括输入执行、核心执行和输出执行。在此三层中，WPS 接口层与 WPS 框架相同，具体的执行层依赖于域接口层的抽象。

7.3 网络处理服务分类

因为地球空间信息处理服务是对地理要素进行分析、处理、加工，所以地球空间信息处理服务的分类与通用的要素模型密切相关。处理服务会部分地修改要素的属性，因而处理服务中的分类建立在通用的要素模型中要素属性类型基础之上的。地球空间信息处理服务可被细分为：空间处理、专题处理、时间处理和元数据处理。

7.3.1 空间处理

空间处理服务是对获取的数据（包括矢量和栅格）进行空间变换或操作，或者基于空间信息作进一步的处理以获取需要的结果，包括如表 7-1 所示内容。

表 7-1　　　　　　　　　　　空间处理服务

服务名称	服务说明
坐标变换	从一个坐标系统到另一个坐标系统的变换服务，两个坐标系统使用同一个大地基准，坐标变换中使用的参数值保持不变
坐标转换	从基于一种大地基准的一个坐标系到基于第二种大地基准的另一个坐标系的转换服务
覆盖/矢量转换	实现从覆盖模式的空间表达到矢量模式的空间表达的变换，或与之相反
影像坐标变换	为改变影像的坐标参照系而进行的坐标变换或坐标转换的服务
纠正	该服务将影像转换到正射，从而使其有一个固定的比例尺
正射纠正	用于消除影像倾斜和由于地面高程而引起的移位，其需要用到数字地理高程数据，通常是栅格形式的数据

续表

服务名称	服务说明
传感器几何模型校正	用于校正传感器几何模型，使该影像与其他影像，与地面控制点能符合得更好
影像几何模型变换	把影像几何模型变换到另一个等效模型的服务
空间子集	按照地理位置或方格坐标，从一个输入数据中抽取属于某连续空间区域中的数据
空间采样	按照地理位置或方格坐标，使用一致性采样模式从输入数据中抽取数据服务
分块变化	用于改变地理数据分块方法的服务
要素操作	将一个要素套合到另一要素、一个影像、一个数据或一组坐标上；纠正平移、旋转、缩放和投影引起的位移，根据要素集中的拓扑规则检查要素集中的所有要素的拓扑一致性，以及标识/改正所发现的任何不一致现象
尺寸测量	计算影像或其他地理数据中可见目标的尺寸大小的服务
要素匹配	从多种不同数据源中确定哪些要素和哪部分要素标识现实世界中的同一实体
路径确定	基于输入参数和要素集中所包含的特性确定两个点之间的最优路径
定位	由定位设备提供的服务，该服务利用、获取和明确地解释定位信息，并确定结果是否满足使用需要

7.3.2 专题处理

专题处理服务是针对特定要求进行处理的服务，是地球空间信息处理服务中数量最大、类型最多的服务，表7-2列出了其中一部分。

表7-2　　　　　　　　　　专题处理服务

服务名称	服务说明
地理参数计算服务	提供面向应用的数量结果，该结果是原始数据本身所不能提供的
专题分类	基于专题属性对地理数据各区域进行分类的服务
要素简化	在一个要素集中，根据一定的规则，通过合并要素类型以提高通信效率，并尽量减小由于数据减少而引起的负面效果
专题子集	基于参数值从输入数据中提取数据的服务
空间统计	在一个指定的区域中对给定类型的地理要素的个数进行统计服务
变化探测	在表示同一地理区域的不同时间的两个数据集间寻找差异的服务
地理信息提取	支持从遥感影像和扫描影像中提取要素和地形信息的服务

续表

服务名称	服务说明
影像处理	通过使用数学函数改变影像的专题属性值的服务
低分辨率产生	降低影像分辨率服务
影像操纵	对影像中的数据值进行操纵的服务
影像理解	提供影像变化自动检测、套合影像的差异检测、差异显著性分析和显示、基于面和基于模型的差异检测
影像综合	通过使用国内基于计算机的空间模型、透视变换和影像特征操纵等方法建立或转换影像，从而改进视觉效果，提高分辨率或减少云层或空气中雾气的影响
多波段影像操纵	使用多波段影像改变或改进某一影像的服务
对象检测	在影像中检测现实世界对象的服务
地理解析	对文本文档进行检索，寻找其中与定位有关的条目，为地理编码服务做准备
地理编码	为与定位有关的文本条目添加地理坐标（或其他空间参照信息）
要素符号	为地理数据在客户端的显示来提供诸多符号，可将符号数据添加到数据中以便客户端显示

7.3.3 时间处理

时间处理服务是以时间为处理要素或以时间为参考值来对地理信息进行处理，表 7-3 列出了其部分服务。

表 7-3　　　　　　　　　　时间处理服务

服务名称	服务说明
时间参照系转换	把时间实例值从一种时间参照系向另一种时间参照系变换的服务
时间子集	按照时间位置值，从输入数据中抽取属于某个连续时间段的数据的服务
时间采样	按照时间位置值，采用一致性采样模式，从输入的数据中提取数据的服务
时间近邻分析	给定一个时间间隔或事件，在距该时间间隔或事件的某一指定时间间隔内，找出具有某组给定属性的所有对象

7.3.4 元数据处理

元数据处理服务是对元数据进行相应操作的服务，表 7-4 列出了其部分服务。

表 7-4	元数据处理服务
服务名称	服务说明
统计计算服务	计算一个数据集的统计信息服务,例如均值、中值、模、标准差;柱状图与计算;影像的最大、最小值;多波段互相关矩阵;光谱统计、空间统计及其他统计计算等
地理注记服务	在要素集中的某要素中或在影像中增加辅助信息(如标签、超链接、在数据库中的要素的属性条目等),以增加或提供更完整的描述信息的服务

7.4 基于云计算的网络处理服务

传感网服务是基于网络的服务,服务可能是分布的,数据是海量、动态和实时的,因此分布式计算和高性能计算是非常重要的。本节以 WPS 服务为例,基于 Apache Hadoop 云计算环境,探讨如何将传感网服务部署到云环境。

7.4.1 Apache Hadoop 简介

Apache Hadoop 是一个开源的可靠的、多尺度的、分布式的计算软件。它通过计算机集簇分布地处理大量数据,并且用户只要知道简单的编程模型就可以实现在 Hadoop 上的计算。Hadoop 有三个主要部分:Hadoop Common、Hadoop 分布文件系统(HDFS)和 MapReduce 编程模型。

Hadoop Common 是一系列支持其子工程的应用 API,例如文件系统、远程调用等等。

HDFS 是一个分布的文件系统,它有大量的廉价节点服务器支持。HDFS 有两类节点 NameNode 和 DataNode。NameNode 负责管理目录命名空间和各种节点状态信息表。一般来说,HDFS 中只有一个 NameNode 节点和一个备份的 NameNode 节点。DataNode 是存储数据块的节点。在一个 HDFS 中,往往有成千上万的 DataNode。NameNode 和 DataNode 是一个 master/slave 的结构。工作时,客户端使用 ClientProtocol 与 NameNode 交互。NameNode 执行 DatanodeProtocol,并通过 DatanodeProtocol 与 DataNode 进行交互。DataNode 无终止的循环报告它们的状态和要求 NameNode 给他们分配任务,这个过程成为"心跳"。心跳方法练习了 NameNode 和 DataNode,同时让它们协作完成各种任务。

MapReduce 是一个编程模型,它最早由 Dean 和 Ghemawat(Dean 和 Ghemawat,2004)提出。使用 MapReduce 模型时,一个任务被分成两大过程:Map 过程和 Reduce 过程。Map 过程是将键/值对分成一系列的中间结果键/值对。Reduce 过程是将所有的中间结果键/值对根据相同的键进行处理,生成结果。Map 过程是将一个任务分成平行的若干个小任务处理,Reduce 过程就是归一化所有中间结果。在 Hadoop 中,MapReduce 运行在 HDFS 环境中。两个重要的 Tracker:JobTracker 和 TaskTracker 协作处理和管理一个任务。

JobTracker 负责启动、跟踪和调用客户端提交的任务。TaskTracker 负责管理本地数据、处理数据、收集结果、报告状态和分配任务给 JobTracker。TaskTracker 部署在 DataNode 上，而 JobTracker 部署在 NameNode 或不同服务器上。通常只有一个 JobTracker 和多个 TaskTracker。图 7-2 表示了 MapReduce 过程如何处理一个作业。

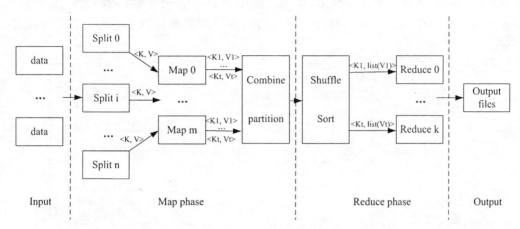

图 7-2　MapReduce 处理作业过程

如图 7-2 所示，当 JobTracker 收到一个任务，它将此任务分配到若干个 TaskTracker 中。TaskTracker 根据任务将数据分成许多小块。Map 函数收到键/值对产生中间结果键/值对。中间结果键/值对根据相同键值和需要 Reduce 任务的数量进行合并和分割。混洗 Map 的输出作为 Reduce 的输入，并根据键值排序。经过混洗和排序，所有的键/值对都有不同的键值，准备最后的 Reduce。

Hadoop MapReduce 是一个复杂的编程模型框架，但是用户编程接口和实现非常简单，其步骤如下：

步骤 1：配置参数；
步骤 2：创建作业和作业名；
步骤 3：设置用户开发程序 JAR 包类名，为了复制程序作业代码和将它们分派到 TaskTracker 中去；
步骤 4：编写 map、combine、partition 和 reduce 类；
步骤 5：编写 map 和 reduce 函数的输入/输出键/值对；
步骤 6：设置作业的输入和输出路径；
步骤 7：等待作业完成。

在应用中，用户只需要编写步骤 3~6 的类。

7.4.2　云计算环境下 WPS 的设计和实现

图 7-3 表示了云计算环境下 WPS 系统的设计和实现。此系统包括两大部分：客户端和服务端。服务端又分 WPS 服务和服务运行的环境。WPS 服务部署在一个服务器上或集群服务器上。WPS 服务负责接受标准 WPS 和标准响应，同时它将标准的服务处理提交给

云计算环境。它只是负责接受和相应任务请求，具体的任务提交到云环境中计算。云计算环境可以是一个也可以是多个。WPS 和云计算环境是多对多的关系。一个 WPS 服务可以对多个云计算环境，也可以多个 WPS 服务对一个云计算环境。云计算环境可以是任何云环境，如亚马逊的 EC2 云，谷歌的谷歌云等等。在本书中，使用 Hadoop 构建云计算，原因在于：①Hadoop 是一个开源框架，是免费的；②Hadoop 已经被许多大公司成功应用，说明是可行的；③Hadoop 对硬件要求低，可以在廉价的普通机子上运行；④计算性能高效。

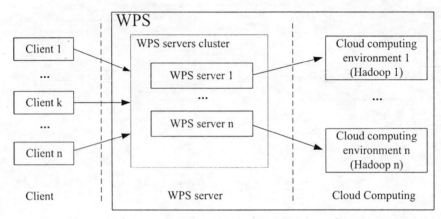

图 7-3　云计算环境下 WPS 的设计和实现

此框架的关键是客户端和 WPS 服务的交互以及 WPS 服务和 Hadoop（云环境）的交互。具体的执行如图 7-4 所示。

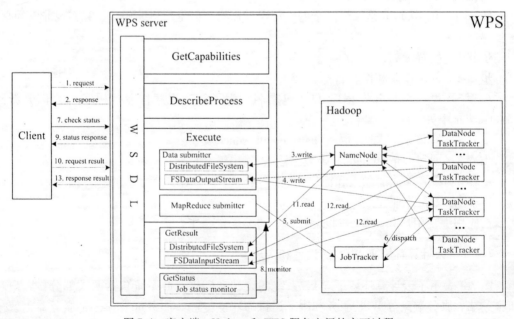

图 7-4　客户端、Hadoop 和 WPS 服务之间的交互过程

WPS 服务执行 WPS 的 3 个标准操作接口 GetCapabilities、DescribeProcess，和 Execute。同时提供 GetResult 和 GetStatus 操作获取任务的结果和状态。所有的这些操作由统一的 WSDL 暴露出来。下面根据 WPS 运行一个任务的步骤来说明此架构。

步骤 1 和 2 是请求和响应。用户请求 GetCapabilities 得到 WPS 的服务能力元数据信息，如处理的 ID。根据处理 ID 发送 DescribeProcess 请求得到 Execute 操作的输入和输出参数。最后，客户端就可以提交一个任务。在这些操作中统一的 WSDL 暴露给客户端。

步骤 3、4 和 5 执行一个作业。Execute 操作有两个任务，一是提交数据到 Hadoop 中，二是提交 MapReduce 任务。前者由数据提交器完成，后者由 MapReduce 提交器完成。第一步确定作业的需要的数据是否在 HDFS 中，如果不存在则要将需要的数据拷贝到 HDFS 中。这是因为 Hadoop 运行时只访问它系统自身的 HDFS。数据提交器就像 HDFS 的客户端，通过 Hadoop 文件系统操作 API 实现与 HDFS 的交互。当数据要写入 HDFS 时，通过 DistributedFileSystem 类告诉 NameNode，同时返回 DFSOutputStream 类。数据提交器通过这个返回类向 HDFS 写数据。如果数据已经存在 HDFS 中，则不需要调用数据提交器。当所有的数据准备好后，MapReduce 提交器提交一个作业到 JobTracker。

为了方便开发 WPS 处理，本书提出了一个重写的方法开发 WPS 处理。图 7-5 表示了扩展了 WPS 重写方法。

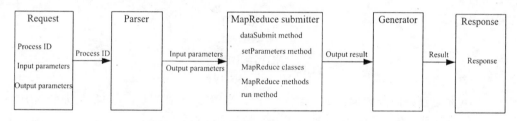

图 7-5　扩展 WPS 重写方法

如图 7-5 所示，Execute 操作请求包括处理 ID，输入和输出。对于一个特定的处理 ID，一个特定的解析器与之对应。解析器解析请求参数。然后，MapReduce 提交器执行一个任务。最后，产生器封装响应。处理 ID 与任务，解析器和产生器相关。它们的关系可以通过配置文件来配置。解析器和产生器根据相应的任务来重写。MapReduce 提交器是重写方法和向 Hadoop 提交任务类的概念集合。方法包括 dataSubmit、setParameters、MapReduce 和 run。最主要的类是 MapReduce 类。这些方法和类的作用如下：

（1）当数据需要拷贝到 HDFS 时，dataSubmit 方法需要重写，被数据提交器执行。

（2）当需要设置 Hadoop 配置文件的输入、输出参数或者是别的参数，setParameters 需要重写。setParameters 方法有固定的输入参数，它们是 Hadoop 配置接口和客户端请求的输入输出参数。

（3）MapReduce 类执行一个 MapReduce 程序，它的一些参数在 setParameters 中设置。

（4）MapReduce 方法包括 map 方法和 reduce 方法。它们方法的重写是强制的。它们是 MapReduce 处理的核心，继承 MapReduceBase 类并分别执行 Mapper 和 Reducer 接口。

（5）run 方法用于运行 MapReduce 处理。它的输入和输出是客户端请求参数的输入和输出。此方法顺序调用 setParameters 方法，和 dataSubmit 方法。

步骤 6 是 JobTracker 分配任务到 TaskTrackers 中运行。

步骤 7、8、9 得到一个任务的状态。因为 WPS 处理一个任务往往很复杂，需要很多时间，异步机制非常适合 WPS。WPS 中有两种异步机制：拉和推。拉的机制就是客户端发送一个请求，并周期地检测任务是否完成。推的机制是当结果完成时通知客户端，推的机制暴露结果位置。WPS 同时使用拉和推两种机制。当 WPS 执行一个任务时，结果都被放到一个地方，客户端去取。当用户提交一个任务时，得到一个即时相应结果。客户端通过 GetStatus 和任务的 ID 检查操作状态。

步骤 10~13 是得到结果。当结果完成时，调用 GetResult 得到结果。客户端通过 FS-DataInputStream 的 read 方法可以得到结果。

7.5 基于网络处理服务的 NDVI 计算

实验以监测作物生长状况系统为例，被状况监测系统使用植被状况指数判断，指数如 Normalized Difference Vegetation Index（NDVI）和 Vegetation Condition Index（VCI）。它们定义如下：

$$NDVI = \frac{NIR-IR}{NIR+IR}$$

$$VCI = \frac{NDVI-NDVI_{min}}{NDVI_{max}-NDVI_{min}}$$

式中，NIR 是近红外波段数据；IR 是红外波段；$NDVI_{max}$ 和 $NDVI_{min}$ 分别是最大的 NDVI 值和最小的 NDVI 值。本实验的数据来自 NASA 的 moderate-resolution imaging spectroradiometer（MODIS）数据，数据集为 "MODIS/Terra Surface Reflectance Daily L2G Global 250m SIN Grid v005"。美国本土 48 州，每天的 MODIS HDF 数据为 25 个文件大约 2Gigabytes 数据。系统从 2000 年开始，直到现在，总共的数据超过 10 万个文件，数据大小超过 8Terabytes，随着时间的推移数据还在增加。考虑到这么大的数据量，使用云计算将是个很好的尝试。

开发了 WPS 实例耦合 Apache Hadoop、Hadoop 的多节点用 java 线程模拟。本实验计算日 NDVI 时间为 2010-05-04 到 2010-05-10，最后将 NDVI 数据进行投影变换。

客户端与 WPS 的交互。客户端按 WPS 的 Execute 请求操作。

WPS Server 与 Hadoop 交互。调用 Execute 操作，将提交 MapReduce 作业。运行作业前先判断需要的数据是否在服务器上，如果是，则继续运行；如果不是，则需要先拷贝/下载数据到 HDFS。

如图 7-6 所示，日 NDVI 计算输入的是日文件路径，输出的是输出路径。所有文件分割成<key, value>对，key 是日期的名字，value 是 HDF 文件路径。Map 过程计算每个文件的 NDVI，Reduce 过程是计算日 NDVI。

第 7 章 传感网数据处理服务

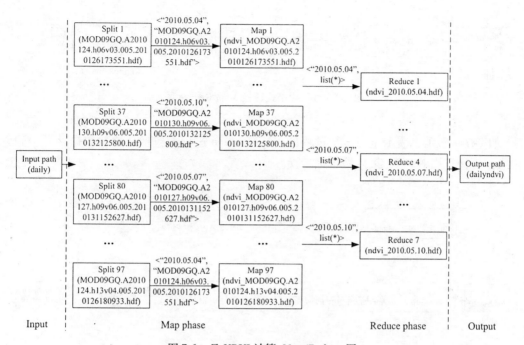

图 7-6 日 NDVI 计算 Map/Reduce 图

如图 7-7 所示，周 NDVI 计算输入的是每天的 NDVI，输出的是一周的 NDVI。周 NDVI 的每个像素值是该像素在本周中某天的最大值。

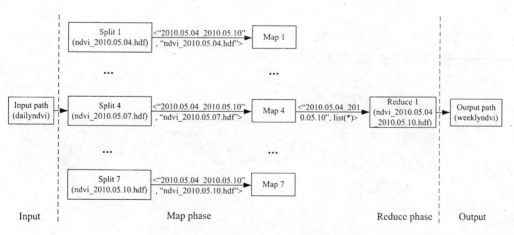

图 7-7 周 NDVI 计算 Map/Reduce 图

如图 7-8 所示，日和周数据格式转换的 Map/Reduce 过程，输入的是 HDF 格式，输出的是 GeoTIFF 格式。

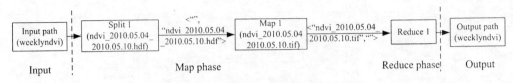

图 7-8　日、周格式转换 Map/Reduce 图

如图 7-9 所示，表示全部运行过程的 Map/Reduce 过程，包括从原始数据计算得到日 NDVI，再计算周 NDVI，最后做坐标转换。

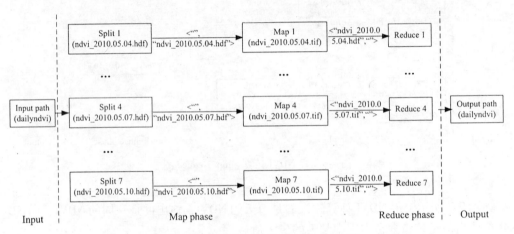

图 7-9　全部运行过程的 Map/Reduce 图

如图 7-10 所示，计算出来的是 NDVI 合成产品，通过 WMS 服务发布到网上，如图 7-11 所示，用户就可以查看和下载。

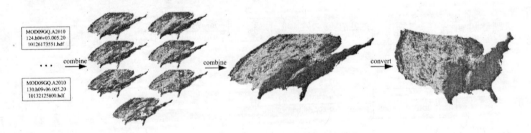

图 7-10　合成后的 NDVI 产品

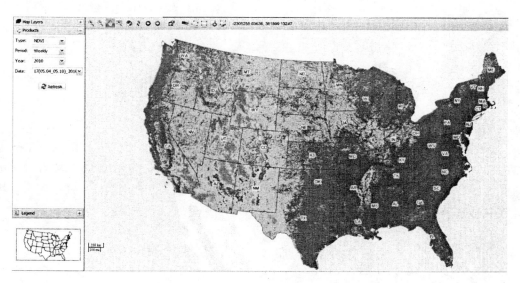

图 7-11　NDVI 产品发布客户端

第8章　协同和事件通知服务

本章主要阐述如何利用事件通知机制，实现传感网服务的协同。首先介绍了异步 Web 服务的调用模式以及目前常见的传输协议，在此基础上介绍了实现异步 Web 服务的通用方法；针对目前 OGC Web 服务的通信机制，基于 OGC SWE 中的异步通信服务，提出了一种基于异步消息通知扩展的 OGC 服务协同方法。

8.1　Web 服务异步传输机制

不是所有的 Web 服务都同步工作。由于服务实现中的各种原因，有些 Web 服务实现需要花费相当长的时间才能响应请求，而长时间的响应延时有时甚至导致某些传输机制超时。纯粹的同步调用日益成为客户端与 Web 服务交互的瓶颈。因而，异步 Web 服务的实现和调用对于应用程序开发非常重要。虽然异步 Web 服务目前还没有一个明确定义，但人们大多认为它是指通过异步消息传输机制，将消息传递同 SOAP 结合起来，从而实现服务请求和服务响应过程的分离。将基于消息的异步交互应用到 Web 服务中，可以使数据传输和处理更灵活。通过异步消息机制将服务请求和服务响应过程分离，用不同线程执行这两个操作，客户端应用程序不用因等待服务响应而长时间处于阻塞状态。利用消息系统可以提供持续性存储服务请求，提高了系统的可靠性。消息恢复机制保证了整个系统环境的健全。消息和线程技术结合可以提供系统并行性和可扩展性。现有的 Web 服务规范和标准并不显式支持异步 Web 服务，但却包含可以作为异步操作基础的基础构架和机制。从 Web 服务栈结构看，Web 服务的异步机制主要可通过传输层和应用层两方面来体现。

8.1.1　Web 服务异步传输协议

各种 Web 服务体系支持的通信传输协议对于异步操作的支持能力有所不同。因此可以将用于交换 Web 服务消息的传输分为两类（Adams，2002）：①异步传输，传输协议本身支持响应消息和请求消息的关联性以便应用程序使用，并支持"推"（push）和"拉"（pull）类型消息交换的传输通常被称为异步传输。主要包括 HTTPR、JMS、IBM MQSeries 消息传递（IBM MQSeries Messaging）、MS 消息传递（MS Messaging）。②同步传输，主要用于提供同步服务。该类传输协议不能提供异步传输协议所能提供的功能，无法确定请求和响应之间的相关性，当用于异步操作时，它们只能依靠应用程序（客户端和服务提供端）来进行交互消息相关性的管理。其使用方法需要定义如何在每条消息内传递相关标识符，还要将响应和请求进行匹配。这类传输协议主要包括 HTTP、HTTPS、RMI/IIOP、SMTP 等。

虽然诸如 JMS、HTTPR 等异步传输协议可以提供传输协议层的异步性机制。但是在异构系统里，Web 服务不能仅仅依赖于某一特定的协议，而应对所有支持异步传输协议提供需要的功能，来支持多个 Web 服务实现和协议。基于 JMS 的异步 Web 服务必须运行在 J2EE 环境中，而且不同 JMS 产品之间也存在互操作和兼容性等问题，需要客户端的 JMS 和服务器端的 JMS 实体必须一致。FTP、SMTP、HTTPR 等其他异步传输协议虽然对客户端平台没有较多限制，但由于其系统整体结构以及服务调用过程都比较复杂，整体性能较差，在实际环境中的使用也远远不如同步通信协议 HTTP 普遍。因而，各种基于异步传输协议在应用中存在互操作问题。

同步传输协议中 HTTP 由于其实际使用中的普遍性以及可以穿越防火墙等特点，使得基于 HTTP 的 Web 服务是目前最广泛使用的一种实现框架。因而有许多异步调用方案是利用基于 HTTP Web 服务的请求/应答模型，以及隐式的后台多线程来实现的。这种方法客户端实现不受如 J2EE 等特点环境的制约，总体结构较简单，但可能存在客户端系统线程负载重、占用网络资源多、资源利用效率低等问题。

8.1.2 异步调用模式

应用层的异步是通过 Web 服务的异步调用实现的。异步调用是相对于 Web 服务以 SOAP 为典型的同步调用方式而言的。同步调用是指 Web 服务客户端向服务提供端发送服务请求后，其进程将挂起直到接收到服务提供方返回的请求结果，该返回结果包括函数结果返回、时间超时（timeout）或者其他中断等。异步调用是指在服务请求端发送服务请求后，无需堵塞进程等待服务器端返回结果，继续执行其他操作，等服务提供端返回结果后再行处理。异步交互可以避免与服务通信时的会话管理，但是必须维护调用状态信息。异步交互机制对于许多分布式异构执行环境里的应用非常有用：①将计算与通信叠加以包容分布式系统里的长延时性；②预测不能完全依靠调用结果的活动协调和执行；③易于支持长时间运行事务的交互；④考虑人机交互以便在控制层进行处理（Giancarlo Tretola 和 Eugenio Zimeo，2007）。

根据不同的标准，Web 服务的异步交互模式可包括不同类型。例如，根据 WSDL 定义的 Web 服务操作端点可以支持的四种基本传输类型（单向、请求/响应、征求/响应、通知）可以将 Web 服务异步模式分为单向和通知操作（one-way and notification）、请求/答复操作（request/response）、使用轮询的请求/答复操作、使用公布的请求/答复操作等 4 种模式（Adams，2002）。Brambilla（2004）讨论了 W3C 用例中的一些异步模式，并进一步对商业应用中经常用到的几种异步通信模式进行了研究，分析了 3 种消息确认模式与 6 种异步交互模型结合时可能出现的异步交互（Brambilla 等，2005）。

Web 服务的异步性可以由客户端或服务器端进行处理（Chinthaka，2008）。客户端异步需要在两个不同的线程中处理请求和响应消息。服务器端异步是为了避免处理请求长时间持续占用服务器资源。服务器端异步的理想选择通常是通知客户端服务器收到了消息，并在稍后通过一个不同的传输通道给响应的客户端发送请求响应。目前，许多文献都对客户端异步调用进行了研究。其中，一些学者研究了通过面向对象的 RPC 中间件实现远程异步调用的客户端模式（Markus 等，2008；Zdun 等，2004），而另一些学者则从消息中间件角度研究了消息队列、发布/订阅以及面向事件的技术等实现 Web 服务异步的中间件方法（Doug 等，2006）。综合以上分类法，根据交互流程的复杂程度可以将客户端异步调用模型分为基本异步调用模式和带确认的异步调用模式。

其中，客户端基本异步调用模式主要包括以下 4 种：

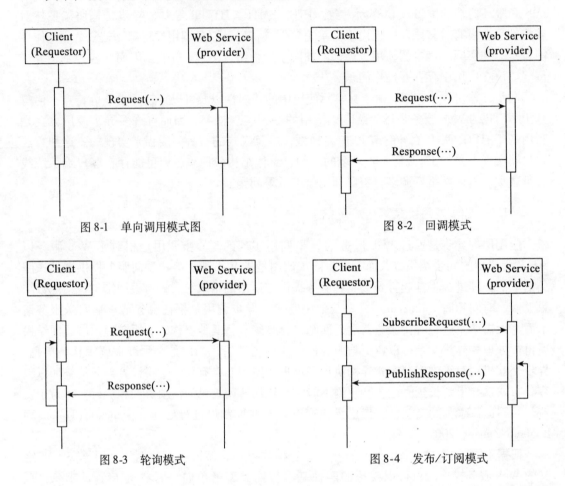

图 8-1　单向调用模式图　　　　　　　图 8-2　回调模式

图 8-3　轮询模式　　　　　　　　　　图 8-4　发布/订阅模式

（1）单向（One-way）调用模式，也称 Fire-and-Forget 模式（见图 8-1）。这种模式下，客户端向服务器端发出服务请求后继续执行，而不管服务器是否成功收到和处理该次请求，并且也不需要将服务器端的处理结果返回给客户端。单向调用模式的逻辑和实现虽然都十分简单，但是可靠性差，无法获得传输错误或远程服务器处理错误，无法确保请求消息是否送达服务器端或请求是否被成功处理。这种模式不适合应用在单个请求可靠性要求高的场景中。

（2）回调模式（Callback），与单向调用模式不同，在回调模式下，服务器端需要向客户端返回结果消息。客户端向服务器发出请求后，继续与服务器并行计算。服务器端在完成客户端所请求的任务后，主动向客户端发送相关的结果消息，客户端在收到对应的响应消息后，对返回的结果进行相应的处理，当服务器完成客户所请求的任务后，主动向客户发送结果消息，客户在收到该响应结果消息后，再对返回结果进行相应的处理，如图

8-2 所示。其特点是：由于响应结果消息的存在，若客户端收到响应结果，则可以确认该次服务请求被成功处理，从而使得回调模式比单向调用模式的可靠性要好；同时，该模式下的客户端和服务器端之间可以并行计算，极大地提高了系统的处理能力和利用率。

（3）轮询模式（Polling），轮询模式中，客户端主动查询某次服务请求的处理状态。如图 8-3 所示客户端向服务器发出请求后，与服务器并行计算，每隔一定时间，客户端主动向服务器查询该次请求的处理状态。若处理没有完成，则客户端立即返回去并发执行后续任务；若请求已经处理完成，则取得其处理结果进行相应处理。该模式不但具有异步回调模式中的客户端和服务器端并行计算能力，同时，客户端还可以得知服务请求处理的状态（是否完成）。由于客户端需要不断向服务器询问请求完成情况，因此该模式的效率方面不如回调模式好。

（4）发布/订阅模式（Publish/Subscribe），本质上属于一种异步回调模式，但与普通异步回调模式最大的不同在于：回调模式是一种点对点的消息模式，而发布订阅模式是一种多对多模式。在该模式中，接收服务器结果消息的客户端不一定只包括初始发出请求的客户端，而且这样的客户端可以同时有多个，如图 8-4 所示。该模式实际上属于一种组合调用模式，但由于其实际应用中使用普遍，因此也与前面几种调用模式一起讨论。其典型应用场景如：在一个火灾预警系统中，用户可以向服务器发出一个报警事件的订阅申请，该申请中指明一旦该系统的火灾预警事件发生，则将给指定的所有用户发布该预警事件信息；系统中各订阅用户收到该报预警事件信息后，可做相应的应急处理。

以上的 4 种简单的客户端异步调用模式均可以避免客户端的进程阻塞。但在实际使用中由于应用环境的复杂性，客户端必须面对网络环境的不可靠性。因此，对于客户端而言，可靠性是实现异步调用时的经常性需求。首先，请求消息必须确保能从 Web 服务客户端被提交到 Web 服务提供端并且能被处理；其次，提交到 Web 服务的消息必须确保按发送时的次序在服务器端处理；此外，客户端和 Web 服务还应该具有一定的容错性，能发现错误并能从错误中恢复。因此，在实际应用中，常常将确认机制引入到简单异步调用模式中，形成带确认的异步调用模式，该模式主要包括以下几种。

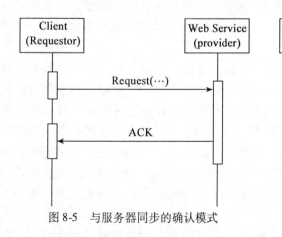

图 8-5　与服务器同步的确认模式

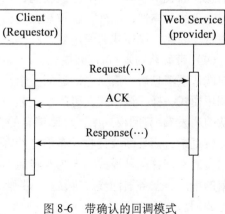

图 8-6　带确认的回调模式

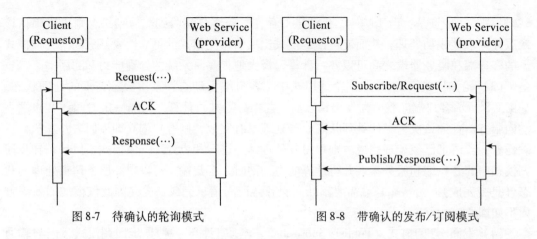

图 8-7 待确认的轮询模式　　　　图 8-8 带确认的发布/订阅模式

（1）服务器同步的确认模式（Sync with Server）。该模式是单向异步模式与同步调用模式之间的中间模式。一方面，它与单向异步模式类似，都不要求服务器端返回请求处理结果，另一方面，它与同步调用模式也有类似之处，要求服务器接收到客户端请求后立即发送一个接收确认消息给客户端，如图 8-5 所示。该模式确保了请求消息的成功发送，具有较好的可靠性，且同时具有单向异步调用的简单性。

（2）带确认的回调模式（Callback with ACK）。与回调模式类似，其不同之处在于：服务器收到客户端请求后，立即返回一个确认消息给客户端，该消息仅表明服务器收到客户端发出的请求，但服务器还未真正执行其请求任务，如图 8-6 所示。其特点是：相对于普通异步回调模式，由于该模式中客户端发出的每个请求，客户端都会收到一个确认消息，因此具有良好的可靠性。这种可靠性要求在某些应用场景中是必须达到的，如动态电子商务环境下，合作伙伴之间的重要的电子订单，在业务上就强制要求必须确认对方已经收到发出的某个订单申请。

（3）带确认的轮询模式。与带确认的回调模式和回调模式之间的区别一样，带确认的轮询模式和轮询模式的不同之处在于：服务器在收到客户端请求后，也立即返回一个确认消息，以表示该服务请求已经收到，如图 8-7 所示。相比较于普通轮询模式，该模式具有进一步的可靠性；此外，客户端在发出每一个请求后，都需要等待服务器端返回一个确认消息。因此，该模式的使用效率较差。

（4）带确认的发布/订阅模式。与发布/订阅模式类似，不同之处仅在于：服务器在客户端请求消息后，需要立即返回一个确认消息给客户端，如图 8-8 所示。与前面带确认的调用模式一样，该模式在可靠性上较好，但在效率方面却有一定的损失。由于在（带确认的）发布/订阅模式中，订阅消息的客户端、服务器和接收发布消息的客户端之间的交互较复杂，而且涉及接收发布消息的客户端的唯一地址标识、订阅消息的格式标准化等问题，通常把这两种模式归类为异步通信模式中较高层次的消息事件服务来实现；而把较简单的单向、服务器同步的确认、（带确认的）回调和（带确认的）轮询模式归类为异步消息调用队列模式。

以上模式中，回调模式是工业协议中受到最广泛支持的异步调用模式，因为它可以将客户端从客户端代理服务器与服务器端之间因使用轮询导致的繁重网络流量中解放出来。

工业界使用的回调模式的实现一般采用了两个 Web 协议：WS-Callback 以及 WS-Addressing。在 OGC 中，目前提供的各种 Web 数据和处理服务（WCS、WFS、WMS、WPS 等）并不支持回调机制，但其消息通信服务 WNS 的 two-way communication 方式中也可提供了一个可实现回调服务地址的 CallbackURL 元素来接收返回的响应消息（OGC，2007a）。

8.1.3 基于 SOAP 应用的异步服务的实现技术

在通用 Web 服务环境中，SOAP 作为一种最广泛使用的 XML 消息协议标准，对各种 Web 服务操作消息进行封装。SOAP 提供了在松散的分布式环境中交换结构化信息的简单轻量级机制，虽然 SOAP 多用于同步请求/响应模式中，但 SOAP 也是最广泛使用的异步消息交换基础。例如，SOAP 可以和各种底层传输协议进行绑定，各种异步消息传递协议如 WS-Addressin（W3C，2008）、WS-Callback 等也是基于 SOAP 结构的消息。SOAP 消息可以实现长期的业务流程、服务提供者和服务消费者的松散耦合（从服务可用性和组件边界点的分离的角度看）、增强的服务可伸缩性使异步模型执行路径的长度缩短等。因而 SOAP 受到多方面重视。有多种设计方法可以为基于异步传输的 SOAP 应用模式提供解决方案（Narayanan 和 Srivathsa 2003）。

第一种方法是使用 WSDL 的可扩展性。即把 WSDL 与本地传输协议进行绑定，使之成为 WSDL 默认的传输协议。例如，绑定 Web Sphere MQ 或 JMS 等。虽然目前没有工业标准方式来扩展 WSDL 绑定，但不同的厂商正在通过把本地传输协议绑定到传输协议中来实现 WSDL 扩展。

第二种方法是使用异步框架，它可以将传输处理器插入服务消费者和服务生产者的路径。例如 Apache 的 Axis 框架（Chinthaka，2007），它允许在客户端和服务器端连接处理器。Axis 框架是最新 SOAP 规范（SOAP1.2）基于 Java 的开放源代码实现，而带有附加规范的 SOAP 来自 Apache 社团。

第三种方法是使用自定义适配器，它可以将 SOAP 消息在两个不同类型的传输协议之间进行转换。目前最常用的转换是在同步的 HTTP 协议和异步的 JMS 传输协议之间进行的转换。这种方法具有极大的灵活性和设计自由度，能任意在不同协议之间转换，但方法实现难度较大，维护难度大。

8.2　OGC 异步服务传输机制

8.2.1 OGC OWS 服务的消息通信机制

OGC OWS 提供了各种访问、处理数据的服务。在 OWS 中，客户端与服务器端以及服务之间的通信都是使用开放的网络协议。OWS 架构将因特网作为 OGC 服务的分布式计算平台（Distributed Computing Platform，DCP）。组件之间的通信使用标准的 Web 协议，包括 HTTP GET，HTTP POST 以及 SOAP 等方法（OGC，2005a）。虽然通常认为 SOAP 是 Web 服务的重要标志，促进了 Web 服务的发展，给 Web 服务带来了革命性变化，但 Web 服务的概念并非始于 SOAP。在 SOAP 协议制定之前，OGC 就已经开始了通过文本或 XML

封装消息并基于 HTTP 提供服务的研究，即目前已被广泛使用的 OGC Web 服务。因而，OGC OWS 服务的传输机制有别于工业界广泛使用的基于 SOAP 绑定的传输机制，HTTP GET 和 HTTP POST 绑定一直是 OGC 服务通信的最主要方法。OGC 的服务基于通用的网络协议 HTTP 可以实现跨平台性，并具备穿透防火墙的能力。

对于 HTTP 支持的 GET 和 POST 两种请求方式，特定的 OGC Web 服务中可以实现这两种请求方式中的一种或者两种，并可根据不同的情况通过不同的 URL 将服务实例提供给客户端调用。通常，一个服务的操作请求通过 HTTP GET 消息进行发送，GET 消息被发送到一个指向服务器端特定服务的 URL。HTTP GET 请求的 URL 实际上是由构建可用的操作请求的参数构成的 URL 前缀组成。该 URL 前缀除了定义了消息发送的网络地址并标识了服务器端的配置之外，还需要一些附加的特定服务参数来构成一个有效的操作请求。每个必需的附加参数都有一个定义的名称以及多个可能的值来一起形成键值对编码。HTTP POST 则用于将服务请求转化为 HTTP POST 消息，即 HTTP POST 请求的 URL 是客户端以 POST 文档传输编码后请求的一个完整可用的 URL。服务请求的参数包含在 HTTP POST 消息体中。使用 HTTP POST 时，请求消息通常以 XML 文档格式进行编码。

HTTP 是因特网上使用最广泛的传输协议，它为 Web 服务在因特网中的访问提供了基础。然而，目前，随着 OWS 中 Web 服务算法的复杂性和访问数据量的增加，我们正面临着使用 HTTP 产生的通信问题。这些 HTTP 通信机制不足表现在以下几方面：

（1）HTTP 工作是基于同步的请求/应答模式，通信双方紧密耦合。同步导致网络资源的浪费，因而在客户端得到响应之前需要一直保持连接是开的；同步还会导致长时间延时，客户在得到返回结果之前必须一直等待。

（2）HTTP 是无状态的。无状态性使得 HTTP 无法为 Web 服务提供事务支持，在有错误发生时无法将应用返回到错误发生前一状态。

（3）HTTP 协议具有不可靠性。无法保障消息的传送成功也不能保障消息是否按序到达目的地。消息一旦丢失也不具备可恢复性，这对于需要传输一些重要数据的应用来说是不能容忍的。另一方面，Web 服务侧重于通过一个简单接口把应用表示为服务，而将服务实施中的任何复杂性都隐藏在接口后。多数情况下，尽管服务暴露给用户的仅仅是一个简单的接口方法以供调用，但事实上却需要服务内部相当复杂的机制来处理。甚至复杂的业务流程还会涉及工作流和其他 Web 服务的相互协作。这种情况下，让客户端同步等待调用返回结果是不实际的。另外，对客户而言，消息传输的不可靠性使得客户无法确定 Web 服务的远程状态。如果客户发出一个请求而没有得到响应，则它无法确定该请求是否顺利到达或者响应是否丢失。后一种情况下，远程方法已经被调用，Web 服务状态可能已经改变，从而导致错误。

总之，HTTP 绑定虽然是目前 OGC 最通用的 Web 服务绑定方式，但很多情况下，它并不是最理想的方法。尤其是进行中长期处理或需要保障通信的服务质量时，HTTP 绑定无法满足客户需求。

由于目前主流的 IT 界主要支持 SOAP 作为 Web 服务交互协议，许多 Web 服务的标准和协议都是基于 SOAP 绑定的，许多异步实现技术也都是基于 SOAP 的。为了更好地与通用 Web 服务环境融合，使用成熟的 Web 技术，OGC 目前也开始支持 SOAP 绑定，但这种变化多半是应用于一些 OGC 新制定的服务标准和规范，而且为了保持兼容性，HTTP-GET 和 HTTP-POST 绑定也仍在这些标准和规范中进行了定义。所以 HTTP-GET/POST 绑定在很长时间内仍将对 OGC Web 服务产生深远影响（Open GIS Consortium Inc，2008）。在这种情况下，采用通用 Web 服务中基于 SOAP 的回调异步方法对于实现 OGC 异步服务并不是当前的最优方法。

目前 OWS 为了实现向后兼容，有方法试图将 OGC 的基于 HTTP 请求响应和使用 capabilities 文件进行描述的 Web 服务转化为使用基于 SOAP 请求响应和采用 WSDL 描述的通用 Web 服务。但该方法目前仍存在一些技术上的挑战（Open GIS Consortium Inc，2005b）。

8.2.2 OGC OWS 异步服务调用模式

在 HTTP 之上使用 SOAP 绑定，可以使用 WS-Addressing 协议来提供 Web 服务的异步通信机制。缺省传输协议是 HTTP，但是客户端也可以使用其他协议。

OGC Web 服务目前虽然没有明确提供各种处理的异步服务，但是在最新的一些服务规范中包括了支持异步潜能的机制。即：使用缓存（store）和状态更新（status）机制。例如，WPS 中提供了 Store 元素用于判断执行的响应文档是否被缓存于服务器端。Status 则标识了是否缓存的执行响应文档应该被更新以提供执行状态的最新报告（OGC，2007b）。WCS1.1 也使用了 Store 元素来对 Coverage 数据访问响应结果进行缓存。

根据 OWS 提供的缓存和状态更新机制，目前用于 OWS 的异步调用一般采用了"拉"（Pull）的消息访问形式，即客户端多采用轮询操作，不断访问服务器端所提供的缓存地址获取处理操作的最新状态。这种方法虽然避免了客户端长时间阻塞进程以等待服务器端返回处理结果，提高了客户端的处理能力。但是这种不断轮询的方法容易增加网络的通信负荷，尤其是轮询频率过繁的时候；另外，轮询频率低时，又可能导致客户端系统不能及时获取响应，使得客户端后续处理长时间延迟，尤其是在一些应急情况下，这种限制可能导致巨大损失。例如，在面对地震海啸之类的自然灾害时，应急措施建立在海量实时数据处理的基础上，数据处理的复杂度以及数据量的繁多使得处理难以短时间内完成。此时，客户端迫切需要一种能自动获取响应结果通知的机制，使得客户端能在保持其自身计算能力、网络通信高性能的同时及时获取服务器端响应的处理结果，即需要客户端能提供一个回调地址，以便在服务器端实现一种"推"（push）机制，使服务器端的处理结果能及时发送到客户端。

8.2.3 OGC 消息通知服务

OGC 从 OWS1.2 的用例研究中就发现了 OGC Web 服务中存在一些通信问题。为此，OGC 定义了 Web 服务之间的消息通信框架（OGC，2003）。这种消息通信框架独立于传输协议和消息编码。该框架的目的在于简化 OGC Web 服务和服务链的实施。随着服务模型复杂性的增加，服务处理数据量的膨胀，尤其是传感网出现后实时性处理的需要，使得异步性这一问题再度引起 OGC 的重视。为此，OGC 在 SWE 框架中对消息服务进行了研究。提出了一个基于事件的消息通知标准——传感器警告服务（Sensor Alert Service，SAS）（OGC，2003）以及一个消息服务最佳实践——网络通知服务（Web Notification

Service，WNS）（OGC，2007a）。二者都是基于消息中间件机制，前者是基于发布/订阅消息机制，而后者是基于消息队列机制。

1. 传感器警告服务（SAS）

SAS 定义的接口允许传感器节点发布和公布观测数据或其描述元数据。但是与其说 SAS 是一个注册器不如说它更像一个事件通知系统，SAS 框架如图 8-9 所示。

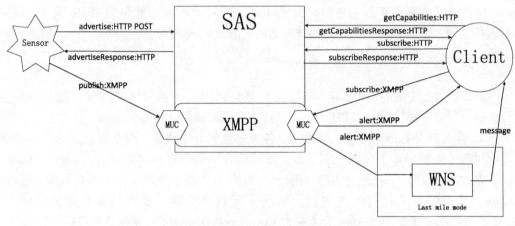

图 8-9　SAS 框架（OGC，2008）

传感器或其他数据产生源在 SAS 上用 HTTP POST 请求公布其数据类型。如果这些数据类型以前没有传感器发布过，SAS 将指导消息服务器建立一个新的多用户组（Multiple User Chat，MUC），否则，SAS 提供一个已经存在的 MUC。SAS 内含有存储了现有 MUC 信息的查询表。理论上，一个 SAS 实例可以使用一个 MUC 来服务各种传感器。SAS 接收到传感器的广告后，返回使用 HTTP 的 MUC。传感器用 MUC 进行注册来发布数据。这种注册实际上就是订阅 MUC，并使用了 XMPP 协议。

SAS 的客户端可能是人类用户或机器，甚至可以是另一个 SAS。客户端通过 HTTP 发送 GetCapabilities 请求来了解 SAS 的能力。基于 HTTP 的 GetCapabilitiesResponse 主要包括传感器发布的所有信息以及一个 SAS 控制的 SubscriptionOfferingID。这个 ID 用于标识一个唯一的 MUC。

要订阅一个特定的 SubscriptionOfferingID，客户需要发送两次订阅请求。第一次是基于 HTTP 并返回 MUC，这只是一次查询而非真正的订阅。真正的订阅发生在基于 XMPP 的订阅过程执行后。有一个例外存在：如果用户希望通过 WNS 进行通知。只有在这种情况下，订阅处理在第一次请求后结束，SAS 返回一个状态消息，表明订阅已经被成功处理。

2. 网络通知服务（WNS）

WNS 是客户可以与服务进行异步消息交换的服务，请求处理有显著延时的时候可以采用该服务。HTTP 等同步传输协议为服务提供了发送请求以及接收请求响应的基本功能。HTTP 是一种可靠的传输协议，通过每次传输到达或失败的确认，HTTP 可以确保每个请求包的传递。例如，在简单的 WMS 里，用户在发送请求后会接收到可视化图形信息或错误消息。但是当服务复杂时，基本的请求/响应机制需要增加延时/失败信息。例如，中期或长期的操作要求支持用户和相应服务以及两个服务之间的异步通信机制。WNS 满足这种需要，它将基于 HTTP 的请求信息转发给使用任意通信协议的请求接收端。例如，使用 Email，短消息服务（Short Message Service，SMS），即时消息（Instant Messaging，IM），自动电话留言或传真等。WNS 可以作为一个传输转化器：它可以在输入和输出消息协议之间进行转化。与 SAS 不同，WNS 并不是一个主动预警服务。在 SAS 的接收者需要使用其他协议进行消息接收时可以使用 WNS。

SWE 中至少两个服务可以使用 WNS。SPS 允许用户定制传感器任务或获取某种传感器数据集请求的可行性。由于任务定制和可行性研究都是长期过程，SPS 可以使用 WNS 将原始查询结果转发给用户。当 SAS 的客户端不能访问网络时，SAS 使用 WNS 来进行消息的传递。

WNS 可看做是一个消息传输服务。WNS 并不关心消息的具体内容，被传递的消息对它而言就是一个"黑盒子"。

WNS 模型包括两种不同的通信模式。即：单向通信（one-way-communication）和双向通信（two-way-communication）。前者将消息发送给客户端而不需要任何响应。后者在向客户端传递消息的同时需要接收异步响应。

WNS 通知的客户可以是一个用户或者是一个 OGC 服务。无论哪种情况，客户都需要先在 WNS 上进行注册。注册完之后，WNS 会向客户返回一个 registrationID。这个 ID 是每个 WNS 实例唯一标识符，用于 WNS 标识消息的接收方。

WNS 接口包括 7 个操作：

（1）GetCapabilities：允许客户端请求和接收描述特定服务的元数据文档。该操作还支持服务的版本请求。

（2）Register：该操作允许客户使用其通信终端进行注册。

（3）Unregister：允许客户取消注册。

（4）DoNotification：允许客户发送消息到 WNS。

（5）GetMessage：如果收到所选择的传输协议的限制时，允许客户检索没有使用 WNS 传输的消息。

（6）可选操作：GetWSDL，该操作允许客户请求和接收服务器接口的 WSDL 定义。UpdateSingleUserRegistration 和 UpdateMulltiUserRegistration 操作允许客户使用新的通信终端更新注册。

提供一种不使用 SOAP 时支持异步通信的机制：WNS 中规定了如何指出服务支持的通信协议，服务支持的消息格式、服务从客户端请求通信终端信息的方式以及封装消息、增加自动处理消息内容需要的元数据的方式。

WNS 使用了两种消息容器（container）来交换消息。NotificationMessage 用于 One-way 通信，而 CommunicationMessage 用于 Two-way 通信。但需要回复消息时，消息的发送者可以使用 CommunicationMessage。接收端应该知道需要哪种回复消息，建立相应的 ReplyMessage 并将其送回给给定的 CallbackURL。

One-way 通信不支持返回值和 out 类型参数，但能解决一些传统同步阻塞调用模型所难以解决的浪费服务器端资源,降低系统吞吐量,容易因服务器之间调用形成回路而导致的死锁等问题。Two-way 方法指客户端和服务器端分别向对方发出 One-way 调用。客户端发送调用后不必阻塞等待应答而继续执行其他操作。服务器端完成服务后,通过向客户端发送一个对应的 One-way 调用返回结果。这种方法不利用多线程而又能提高系统吞吐率,但该方法要求把应用和逻辑分割开来,也增加了服务器设计的复杂性。

8.3 基于消息通知的 OGC 网络服务异步操作

将消息中间件作为 Web 服务的底层框架来为其提供异步的可靠消息传递的支持是目前一种实际可行的解决方案。事实上,目前有些 SOAP 工具软件已经开始增加对消息中间件的支持,支持通过消息中间件来传输 SOAP 消息。如 Apache 项目 Apache Axis、CapeClear Software 的 CapeConnect 等。消息中间件的核心本质就是异步通信机制。消息中间件能保证消息的传递可靠、安全、有效。消息中间件的这些特点对于分布式系统来说非常重要。

因此,通过增加基于 WNS 的异步通知服务的消息中间件来解决 OGC Web 服务中的异步性问题。该方法通过结合使用回调通知和轮询方式来提高 OGC Web 服务状态更新的频率并及时将响应结果返回给客户端。其实质就是要开发一个异步消息中间件对现有的 OGC Web 服务进行接口封装。对于客户端而言,这个异步中间件采用了 WNS 的 Two-way(双向)通信机制,可以作为代理服务器接收客户端服务请求,并随后将请求响应返回到回调 URL;而对于 OWS 服务器而言,这个异步中间件则可看作与 OWS 服务提供端直接进行交互的客户端,它通过轮询模式周期性检查服务器端请求响应的状态是否发生变化(见图 8-10)。

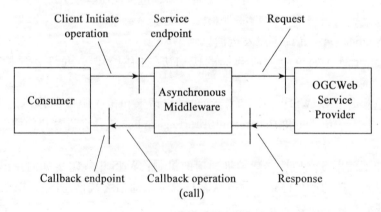

图 8-10 异步中间件的实体关系图

这个异步通知服务的消息中间件是由图 8-11 中的 4 个功能模块组成的。这 4 大功能模块为:注册模块,调用模块,解析模块以及回调模块。

(1) 注册模块(Register):该模块主要负责注册客户端的请求以及与请求关联的标

识符（ID）。服务请求的关联标识符必须具有一个唯一的值。关联标识符用于响应返回时标识出与响应对应的服务请求。

（2）调用模块（Invoker）：调用器引发 OGC Web 服务，它向服务提供者发送服务请求。该模块发送的请求包括初始化请求和轮询请求。初始化请求包括从注册器模块中获取的请求服务器 URL 地址以及客户请求服务。调用器也可以在服务进程中由解析器模块引发进行轮询调用。

（3）解析模块（Parser）：解析器模块读取和解译 OGC Web 服务提供端返回的基于 XML 形式的响应结果。若解析结果不满足客户端需求，则再次引发调用器模块进行服务的轮询查找；否则，解析器就将解析结果发送到回调模块进行处理。

（4）回调模块（Callback Component）：回调模块从客户端的服务请求中获取回调的 URL 地址，当解析器解析出客户需求返回结果条件为真时，回调模块将响应返回到使用了唯一任务关联标识符标识的回调 URL，进行响应通知。

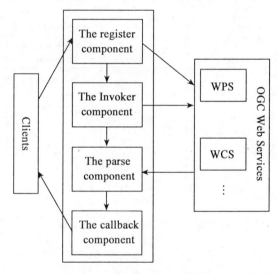

图 8-11　异步中间件的内部构成

具体的异步 Web 服务调用流程如图 8-12 所示。

客户端发送一个 OGC Web 服务请求到异步中间件。注册器从客户端请求中获取客户端请求的服务器地址以及服务操作后，使用调用器模块将用户的请求操作发送到目的地的 Web 服务器地址。同时，注册器模块将使用一个唯一标识符来注册客户的本次请求并对其进行管理。OGC Web 服务器端对服务请求进行处理后，立即返回一个处理状态给异步中间件的解析器。解析器对服务器端返回的响应后进行获取解析，如果解析结果中处理状态为真，即请求服务处理已经完成并且服务器已指出了处理结果的缓存地址，解析器将解析结果中的处理结果返回给通知模块；否则，解析器将根据解析结果重建服务状态请求进行轮询查询直到服务器端响应为真。通知模块将处理结果通知给注册的客户端回调地址（该地址可以为一个邮件服务地址或一个服务操作 URL 等）以便进行客户端下一步操作执行。

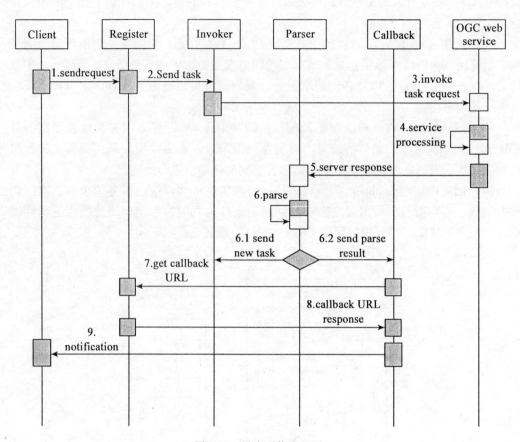

图 8-12 异步通信流程图

第9章 传感网服务组合

9.1 工作流

工作流是业务集成的核心技术,在企业资源管理(ERP)和客户关系管理(CRM)中应用广泛。地学处理工作流是构建地球空间信息服务链的关键,由于它的复杂度、不确定性和智能化的需求,是空间数据共享与互操作的研究热点和难点之一。OGC 第七次测试(OWS-5)把地学处理工作流(GPW)作为 2007—2008 年度的主要工作计划;NASA 从 2006—2009 年,开展 Sensor Web 和地球空间处理工作流的应用前沿技术研究,在 2007 年南加州森林火灾、非洲洪水、美国中东部龙卷风等重大自然灾害的监测与预警得到了应用;美国军方开展的 EC2008,更是把 Sensor Web 和地学处理工作流作为多国网络协同作战信息共享的核心技术。目前地学传感器工作流协同服务研究尚处于起步阶段,其核心思想是采用 REST 服务体系、Web 2.0 和流程引擎实现跨学科的传感器的资源、数据和服务的协同,提高传感器数据获取和处理的效率。

工作流目前普遍接受的定义为:工作流(Workflow)就是工作流程的计算模型,即将工作流程中的工作如何前后组织在一起的逻辑和规则在计算机中以恰当的模型进行表示并对其实施计算。工作流要解决的主要问题是:为实现某个业务目标,在多个参与者之间,利用计算机,按某种预定规则自动传递文档、信息或者任务。工作流管理系统(Workflow Management System,WfMS)的主要功能是通过计算机技术的支持去定义、执行和管理工作流,协调工作流执行过程中工作之间以及群体成员之间的信息交互。工作流需要依靠工作流管理系统来实现,工作流属于计算机支持协同工作(Computer Supported Cooperative Work,CSCW)的一部分。后者是普遍研究一个群体如何在计算机的帮助下实现协同工作的。

工作流技术发端于 20 世纪 70 年代中期办公自动化领域的研究工作,但工作流思想的出现还应该更早,1968 年 Fritz Nordsieck 就已经清楚地表达了利用信息技术实现工作流程自动化的想法。20 世纪 70 年代与工作流有关的研究工作包括:宾夕法尼亚大学沃顿学院的 Michael D. Zisman 开发的原型系统 SCOOP、施乐帕洛阿尔托研究中心的 Clarence A. Ellis 和 Gary J. Nutt 等人开发的 OfficeTalk 系列试验系统,还有 Anatol Holt 和 Paul Cashman 开发的 ARPANET 上的"监控软件故障报告"程序。SCOOP、Officetalk 和 Anatol Holt 开发的系统都采用 Petri 网的某种变体进行流程建模。其中 SCOOP 和 Officetalk 系统,不但标志着工作流技术的开始,而且也是最早的办公自动化系统。

20 世纪 70 年代人们对工作流技术充满着强烈乐观情绪,研究者普遍相信新技术可以带来办公效率的巨大改善,然而这种期望最终还是落空了。人们观察到这样一种现象,一个成功的组织往往会在适当的时候创造性的打破标准的办公流程;而工作流技术的引入使得人们只能死板的遵守固定的流程,最终导致办公效率低和人们对技术的反感。20 世纪 70 年代工作流技术失败的技术原因则包括:在办公室使用个人计算机尚未被社会接受,网络技术还不普遍,开发者还不了解群件技术的需求与缺陷。

含有工作流特征的商用系统的开发始于 1983—1985 年间,早期的商用系统主要来自于图像处理领域和电子邮件领域。图像处理许多时候需要流转和跟踪图像,工作流恰好迎合这种需求;增强的电子邮件系统也采用了工作流的思想,把原来点对点的邮件流转改进为依照某种流程来流转。在这些早期的工作流系统中只有少数获得了成功。

进入 1990 年代以后,相关的技术条件逐渐成熟,工作流系统的开发与研究进入了一个新的热潮。据调查,截至 1995 年共有 200 多种软件声称支持工作流管理或者拥有工作流特征。工作流技术被应用于电讯业、软件工程、制造业、金融业、银行业、科学试验、卫生保健领域、航运业和办公自动化领域。

1993 年 8 月,工作流技术标准化的工业组织——工作流管理联盟(WfMC)成立。1994 年,工作流管理联盟发布了用于工作流管理系统之间互操作的工作流参考模型,并相继制定了一系列工业标准。

关于工作流技术的学术研究也十分活跃,许多原型系统在实验室里开发出来,人们从工作流模型、体系结构、事务、适应性、异常、安全、语言、形式化、正确性验证、资源管理、开发过程等各方面对工作流技术进行了广泛探讨。

2004 年是工作流技术复苏的一年,各种工作流系统涌现出来,有开源的、嵌入式的工作流系统,也有基于 B/S 结构的商业工作流系统。

网络环境下地学传感器工作流需要实现异地传感器资源、处理模型、数据服务、处理服务和表现服务节点的流程设计、执行、管理和重用,且以服务的模式暴露给用户。目前主要有两种服务体系架构,即基于 SOAPFul 的 SOA 模式和 RESTFul 的 ROA 模式。

ROA 模式目前主要是基于 REST 框架,把工作流看做一种资源,通过其定义、发布、搜索和调用机制,实现工作流资源的定义、创建、修改、删除、执行和结果的管理。

REST 框架:REST 是由 Roy Fielding 于 2003 年在论文《Architectural Styles and the Design of Network-based Software Architectures》中提出的一个术语。REST 是英文 Representational State Transfer 的缩写,可翻译为"具象状态传输"(参考:《SIP/IMS 网络中的 Representational State Transfer(REST)和数据分布》)。REST 首先只是一种架构样式,不是一种标准。在 REST 的定义中,一个 Web 应用总是使用固定的 URI 向外部世界呈现(或者说暴露)一个资源。URI 是英文 Uniform Resource Identifier 的缩写,可翻译为"通用资源标志符",是指唯一标识一个资源(xhtml 文件、图片、css 样式表)的字符串。基于 REST 的 Web 服务模式,我们把它称之为面向资源的服务模式(ROA)。

目前在 Web 应用中处理来自客户端的请求时,通常只考虑 GET 和 POST 这两种 HTTP 请求方法。实际上,HTTP 还有 HEAD、PUT、DELETE 等请求方法。而在 REST 架构中,用不同的 HTTP 请求方法来处理对资源的 CRUD(创建、读取、更新和删除)操作,Head:获取元信息,POST:创建,GET:读取,PUT:更新和 DELETE:删除。

面向资源的服务体系架构包含了一系列标准协议，主要包含资源定义模式（原子内容提供模式：Atom Sync Format （ASF））、资源发布协议（原子发布协议：Atom Publish Protocol，APP）和资源发现机制（Web 应用描述语言：Web Application Description Language，WADL）。原子内容提供模式主要用于规范资源的描述的 XML 语言；原子发布协议是一系列基于 HTTP 的 Web 资源创建和更新的协议。

目前支持 REST 框架的 Java 实现主要有：Restlet、Cetia4、Apache Axis2、sqlREST 和 REST-art。Restlet 最新版本为 1.0.1，完全抛弃了 Servlet API，自己实现了一套 API，能够支持复杂的 REST 架构设计；Cetia4 最新版本为 1.0，基于 Servlet API 开发，可以运行于所有的 Web 容器中；Axis2 最新版本为 1.2，同时支持 SOAP 和 REST 风格的 Web 服务；sqlREST 最新版本为 0.3.1，基于 Servlet API 开发，为任何可以通过 JDBC 访问的数据库提供 Web 服务访问接口，自动将 REST 风格的 HTTP 请求转换为相应的数据库 SQL 语句，并将数据库中的记录编码为 XML 格式传给客户端，是 REST 风格的 HTTP 请求到数据库中的数据的直接映射；REST-art 最新版本为 0.2，旨在替换复杂的 SOAP 框架的 REST 框架，用来作为替代 SOAP 方便地发布 Web 服务的工具。

表 9-1　　　　　　　　　SOAPFul 和 RESTFul 技术比较

	RESTFul	SOAPFul
基本概念	一切都是 URL，暴露资源及其属性	一切都是服务，暴露功能及其输入输出
发现协议	Web 应用描述语言（WADL）	Web 服务描述语言（WSDL）
内容格式	GeoRSS/Atom、KML	GML
发布协议	原子发布协议（APP）	统一描述、发现和集成（UDDI）
搜索机制	基于 Web 资源的搜索，例如 OpenSearch	基于 Web 服务的搜索
实现语言	Html、Javascript、Ruby、Java、.net	Java、C++、.NET
实现框架	Ruby on-Rails	EJB
安全性	OpenID/PKI、OpenAuth...	WS-Security（Geo-DRM）
用户	一般用户	专业用户
成本	低	高

如表 9-1 所示，目前 SOAPFul 网络服务的主要缺点是开发起点较高、安全性较低、服务无状态、结果无法管理；RESTFul 网络服务的主要特点是资源可以自主创建、删除和更新。目前 SOAPFul 网络服务的应用范围较为广泛。因此，结合两者的优点，即面向资源的服务工作流体系将成为工作流的发展趋势之一。

使用 WPS 接口的服务既可以是一个简单服务，也可以是一个复合服务，原则上对使用了 WPS 接口的实施操作没有任何限制，因而留有充分的发挥空间，提供了服务编制的可能性。因此，可以使用 WPS 来进行 OWS 整合，这种方式定义的接口可以隐藏各种处理。

方法一是定义一个复合 WPS 作为激活其他服务的编制服务。复合 WPS 激活应用中所有需要涉及的 OWS 服务。复合 WPS 可以被看做是一个独立服务。这种方法需要在不同的 OWS 服务之间传输大量数据。这可以通过直接从其他服务中调用特定服务来避免。这种可能性可以通过 HTTP GET 方法传输的使用 KVP 编码的 Execute 请求的 WPS 接口而明确实现。根据 WPS 规范，KVP 编码的 Excute 请求是可选的，但不幸的是，目前还没有对此进行实现的成熟范例。

使用"嵌套式"WPS 编码的 Execute 请求就是基于 WPS 进行服务编制的第二种方法，即各种 OWS 服务通过使用 WPS 接口来进行嵌套，执行时依次调用各种服务。WPS 接口是少数支持嵌套链的规范，可以通过 KVP 编码的 Excute 请求和在一个被调用服务中调用其他服务的方法来进行描述。

这两种方法体现两种不同的服务链概念，集中式服务链和嵌套式服务链。集中式服务链意味着一个中央 WPS 服务顺序调用所有其他服务并控制整个工作流。是通用技术目前最广泛支持的方法。嵌套式 WPS 服务链的请求可能会非常复杂，但其优势也是显而易见的。嵌套方法因为单个服务之间相互通信，因此服务间可以直接交换数据。数据可以直接从处理数据的地方请求而无需进行传输，尤其是有当大量 GML 编码数据进行传输时，可以增加性能，这样减少了集中式 WPS 服务链中的数据传输问题。但另一方面，这种嵌套式方法难以跟踪各种被调用服务的输出，当错误发生时，跟踪难以进行。

第三种方法就是把多个 WPS 功能合并为一个只调用类和每个类各自方法的实现来运行完成的工作流。整体功能暴露为一个独立的 WPS 处理，但同时，一个单独的构造模块仍然可以作为独立处理从外部获取。该方法的优势在于性能的提高，因为单个服务之间的数据交换不超过一次。其缺点在于不能用其他提供相同功能的实例来替换 WPS 处理实例，这对于分布式系统而言意义不大。因此，建设只有一个 WPS 实例用于提供整个场景功能，即时另一个服务提供者可能也开发了不同的 WPS 实例。在该方法中，不能突出 WPS 处理。然而现实中 WPS 处理都基于不同组织的分布式 WPS 处理。因此，前两种方法更容易替换 WPS 实例，体现分布式结构的优势，更具有现实意义。

但是，这三种方法都提供了通过 WPS 接口提供独立 OGC 服务的可能性。这种整合服务可以称为虚拟服务。它表现了终端用户并不关心 OGC 服务链的技术实现，而关注管理应用的任务执行。而且，为了与 W3C 相结合，可以使用 WSDL 文档来描述领域相关的服务。描述操作文档方法的选择与服务的开发者有关。领域专家偏向于配置文件，而 IT 用户更偏向于 WSDL 标准。

9.2 地理信息服务链

地理信息服务是可以通过 Web 访问的一组与地理空间信息相关的软件功能实体，通过接口暴露其封装功能。现有的地理信息服务多数只能完成单一任务，如地址查询、影像数据服务、地理要素服务等，而地理科学客户所需解决的问题往往是非常复杂的，往往需要通过多个地理信息 web 服务协调合作才能实现其目标。因此，在地理空间信息服务领域，把单个地理空间 web 服务组合到一个服务链里，来表现更复杂的地理空间模型和处理流对于复杂的地理空间应用和知识发现十分重要（Yu 等，2004）。这样一个各种地理空间信息 Web 服务组合的过程被称为地理空间 web 服务编制。服务编制引入了一种应用开发的新方法并对于减少新应用的开发时间和精力具有重要意义。

地理空间 Web 服务编制可以通过地理信息服务链的方式来完成。OGC 与 ISO/TC211 联合推出的 ISO19119—服务体系结构规范中对服务链的定义为：服务链就是指服务的序列，在该序列的每个相连服务对中，第一个服务的行为是产生第二个服务行为的必要条件。一个服务链系统应该具有服务的发现、组合、执行能力。地理信息服务提供商提供并发展维护地理信息数据和功能，保证数据的一致性和时效性。用户通过网络环境来进行查找、发现和组合所需的服务，完成特定功能。GIS 服务通过注册中心注册，服务链用户在服务链系统的帮助下查找注册中心，发现符合条件的服务并进行组合，GIS 服务链负责执行服务流程，并返回结果给用户。

一般根据用户对服务链的控制能力，可以将地理信息服务链划分为 3 种类型：透明链、半透明连和不透明链（Yu 等，2004；Alameh，2003）。

在透明服务编制里，用户在地理空间 Web 服务和数据发现中起主导作用。一旦用户获取所有参与处理的服务和数据的信息，可以通过以下两种方式将这些服务和数据编制成一个复合的处理流程：或者用户通过用户控制的顺序依次调用服务；或者，用户通过工作流语言，如 BPEL，预先建立一个复合流程。对于前者，用户管理服务请求的顺序以及服务之间信息的传递（见图 9-1）。在第二种方法中，用户对流程顺序进行预先处理，服务信息或消息直接在地理空间 Web 服务之间进行中转（见图 9-2）。

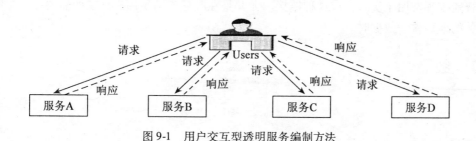

图 9-1　用户交互型透明服务编制方法

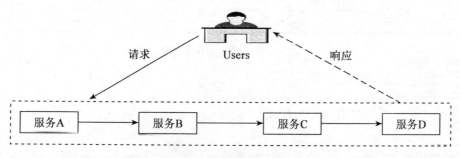

图 9-2　用户组合型透明服务编制方法

在半透明地理空间 Web 服务编制的服务链方法（见图 9-3），通常使用一个工作流管理服务或一个复合服务来协调各种组成 Web 服务的调用和协调。用户或专家只需要准备抽象复合服务并将其存储在复合服务库中。用户随后可以使用复合服务编辑器或浏览器来浏览或调整组成 Web 服务。

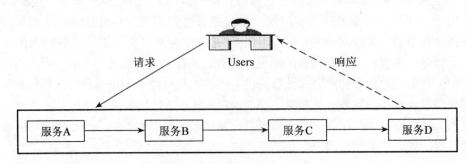

图 9-3　半透明服务编制方法

不透明服务编制（见图 9-4）对于用户而言，就是一个简单的 Web 服务。用户只需要设置所有必需的参数，然后提交服务请求，就可以获得服务响应。用户完全不需要对服务的组成有任何了解。从系统角度看，不透明 Web 服务链可以是一个预先已经定义的复合 Web 服务或者是动态链接的 Web 服务。对于前一种情况，Web 服务的组件在服务链中是固定的，用户对其一无所知。在后一种情况里，组成工作流的任务组件在运行时才确定下来，能够支持比较灵活的业务逻辑的实现，在较短的时间内，建立适应具体业务变化。一些智能推理常用于实时完成这种链接。尤其是在服务为满足用户需求而需要一些中间处理服务的地理科学数据时。

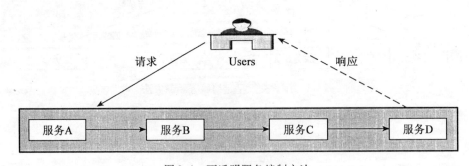

图 9-4　不透明服务编制方法

9.3　传感网空间信息服务链

当前网络服务环境下工作流描述语言遵循两种不同的标准：IBM 的网络服务流语言（WSFL）和微软的 XML LANguage（XLANG）。业务流程执行语言（BPEL）以及它对网络服务的扩展（BPEL4WS）是遵循上述两种不同标准的一种新语言，并且是基于网络服务描述语言（WSDL），XML Schema 和 XPath 等这些技术的。WSDL 对 BPEL 影响最大，因为 BPEL 的处理模型是建立在 WSDL 规范之上的。BPEL 本身定义了基于 XML 编程语言的语法业务流程执行语言（Curbera 等，2006；Juric 等，2004）。尽管有一些局限性，BPEL 仍然是一门优秀的编程语言，因为它有像循环，算法分支和变量类型（如 Integer，Float 等）的明确定义这样的属性。流程完整定义的结果是一个 BPEL 脚本，并且该脚本能被 Oracle BPEL 流程管理器或有效 BPEL（有效终端）这样的编排引擎解译。该引擎可以看做是解译 BPEL 脚本的运行时环境。

2004 年，开放地理空间网络服务（OWS）-2 提供了一些关于 GPW 构建的建议。与早期的 XML-RPC 相比，从那时起就有了一些提供"真正的"基于简单对象访问协议的 OWS 网络服务技术的尝试。例如，在网络要素服务（WFS）的官方 OGC Schema 网址中就可以找到一些 WSDL 文件（Vretanos，2005）。在 WSDL 与 Oracle BPEL 设计器进行测试时，该引擎的内部 XML 处理器可以获取 WSDL 文件，但却无法显示 WSDL 结构因而 OWS-2 中的 WSDL 文件也没办法在该编排引擎中使用。

OWS-4 工作流互操作性项目报告（IPR）（Keens，2007）包含了一些和 OGC 地理处理工作流相关的 BPEL 用例。这个在 OWS-4 中定义的服务链不仅使用了 WFS 和网络处理服务，而且使用了美国国家航空航天局（NASA）使用的 BPEL 工作流和欧空局（ESA）使用的复杂传感器数据服务。NASA 的用例使用了由网络覆盖服务（WCS）触发的 WPS 的网格操作。在 ESA 服务支持环境（SSE）用例中，来自 OGC 传感网使能（SWE）的传感器规划服务（SPS），网络坐标转换服务（WCTS）和 WCS 被整合进一个服务链中。SPS 使用 WCTS 转换原始 1a 级 SPOT 卫星影像（非地理编码）为正射影像进行地理编码。BPEL 流将正射影像的 URL 传回给请求用户。

OGC 的 OWS-5 开发了 SOAP 和 WSDL 接口以使得四种基本服务——网络地图服务（WMS），事务处理网络要素服务（WFS_T），事务处理网络覆盖服务（WCS_T）以及网络要素服务（WPS）能够被整合进入工业标准的服务链工具中。

OWS-6 GPW 将使用机场应急方案来展示其能力。它将专注于工作流的结构，GPW 的安全性，WPS 的网格处理以及 GML 应用 Schema 的开发。

在传感网环境下，地理处理工作流在遥感观测的实时或近实时发现和检索方面起着重要作用。但是，整合 SWE 和 GPW 存在如下问题：

（1）为处理来自传感网环境的数据流，应用程序如何将一系列服务绑定起来？
（2）映射应用数据需求于个体服务的模型是什么？
（3）如何实例化和管理服务？

9.3.1 抽象工作流

a. 考虑方面

（1）互操作性。

IEEE 标准计算机字典（IEEE，1990）对互操作性的定义，互操作性，被 ISO/IEC 2382-01 采纳，信息技术词汇，基本术语，解释如下：在用户有很少或者没有关于功能单位特定知识的情况下，具有在不同的功能单位之间通信、执行程序、或传输数据的能力。

就一般的地理空间传感网数据服务框架而言，互操作性术语被用于描述不同服务间使用一套相同的标准协议，通过一系列公用的标准信息模型来交换数据的能力。

（2）灵活性。

灵活性是指设计能适应外部变化。在地理空间传感器 GPW 系统的设计背景下，可以将灵活性定义为系统对影响其值传递的潜在数据节点变化做出响应的一种能力。

（3）可重用性。

可重用性指的是服务组件中的一部分不经过修改或者经过很少的修改，就能再次被用于建立一个新的基于服务的系统的可能性。可重用组件减少了实现时间，提高了当实现必须被改变时，经过先前的测试和使用已经消除了错误并本地化代码修改的可能性。

b. GPW 模型

如图 9-5 所示，传感网地理空间过程建模的生命周期包含三个阶段：知识、信息和数据阶段。

（1）知识阶段——通过组成复合的地理空间过程建立一个地理空间处理模型。有三种模型构建的方法：透明、半透明和不透明。

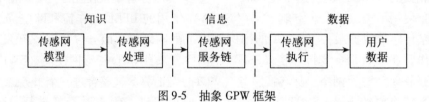

图 9-5　抽象 GPW 框架

用户定义的（透明的）：用户通过不同地理空间服务类型的特定细节查询目录服务以定义和管理模型。

工作流管理的（半透明的）：用户通过查询目录服务找到给定问题，然后知识库帮助用户选择和配置模型建立过程中最适合的地理空间服务类型。

聚合的（不透明的）：用户提出一个问题，然后知识库在用户无参与的情况下，用最好的地理空间服务类型，使用目录服务创建一个地理空间模型。

"透明"和"半透明"方法已经在 GeoBrain 模型设计器中实现。"不透明"方法的开发还在进行中。模型设计器提供了一个用户图形界面，允许用户通过下拉操作选择数据类型和服务类型来建模。模型一旦创建就可以作为一种服务类型注册进目录服务以备后用。和其他服务类型相同，它也具有自己的输入、输出和时空范围。本体和语义网（Zhao 等，2009）在模型建立过程中起着十分重要的作用。它们通过语义匹配建议用什么、做什么，例如，为某一特定主题确定数据类型，然后为需要的数据类型寻找服务类型，一种特定的方法或一项特殊的地理空间科学任务。

（2）信息阶段——实例化地理空间过程到地理空间服务链。

在这个阶段中，注册服务的实例信息被用于将地理空间模型实例化到地理空间网络服务链。这个服务链传递的是如何获得精确数据产品的信息。该阶段的实现需要完成一个虚拟的数据服务。

服务发现：由于每一个注册进目录服务的服务实例都与一种服务类型相关联，所以在地理空间模型中就很容易为每一种服务类型找到一个服务实例。如果可用的服务实例不止一个，那么服务质量就被作为一个选择标准。当然，服务和数据匹配的级别应该按照下列相关顺序被考虑在第一位：准确>插入>归类。其他功能性的参数和条件，如精度、时间、数据格式和数据映射也应该被考虑在内。如果没有发现服务实例，该阶段就被认为失败了，处理也在这里停止。

数据发现和融合：在地理空间模型中，没有关于什么为服务提供输入的提示。在目录服务的帮助下，虚拟的数据服务自动添加一个相关的数据服务实例，并且该实例在服务链的起点处提供这样的输入数据。如果相邻服务的输入输出在数据格式和数据映射上不同，数据融合服务就会自动处理这些差异。网络坐标转换服务和数据格式转换服务都是这样的数据融合的实例。

服务链的描述：服务链的描述对它的实体化和重利用很关键。我们已经开发了一些工业的方案以满足服务排序和执行的协同要求，采用了广泛使用的网络服务业务流程执行语言，业务流程和业务交互协议的形式说明语言，来描述服务链。尽管我们已经有了用于业务流的 BPEL4WS，本书设计的系统表明它能够满足科学过程的要求。

（3）数据阶段——执行地理空间服务链，产生地理空间数据。

在本阶段，我们执行地理空间服务链以获得所需的数据产品。为了达到这个目标，我们使用了 BPELPower，一个基于像 BPEL，WSDL，SOAP 这样的主流标准的服务链引擎，并且开发了 J2EE。它能够在 Tomcat、JBoss、Weblogic 和 Websphere 等流行应用服务器上运行。

9.3.2 具体工作流

从企业的角度来看，一般框架就是在对 GPW 中形成一个动态获取和利用实时传感数据的机制。图9-6 显示了地理空间传感器网络数据的服务框架由一个数据服务节点、一个处理服务节点、一个显示服务节点和一个工作流引擎组成。数据服务节点负责为 WPS 搜寻实时传感数据和利用地理空间产品。它可以从单一的 WCS 服务器变化到一个包含传感观测服务的复杂交互式 WCS。数据服务节点可以被部署成一个传感器规划服务、一个传感器观测服务、一个交互式网络覆盖服务或一个交互式网络要素服务。处理服务节点是组成网络处理服务的一系列自动传感器数据过程。显示服务节点是一个网络地图服务器（WMS）。

从图9-6 同样可以看出，从信息角度来看，实时传感器数据能够分成四种不同的等级：原始传感器数据、范围或特征数据、地理空间产品和传感器地图。对于传感器数据，SOS 和 SPS 工作流的结合提供实时传感器原始数据服务。原始观测数据通过"GetObservation"操作转化成 O&M 编码格式。传感器模型数据通过 SOS 应用中的"DescribeSensor"操作被定义成 SensorML 编码格式。观测属性可以是任何和感兴趣要素类型相关的属性。对于范围和特征数据，一种包括 SPS+SOS+WCS_T/WFS_T 的合成工作流提供需要的实时传感器数据服务。数据被处理成符合 OGC 标准的格式和服务。这样使得对数据集（包括空间子集，时间子集和重投影）的操作更灵活。对于地理空间产品，一种 SPS+SOS+WCS

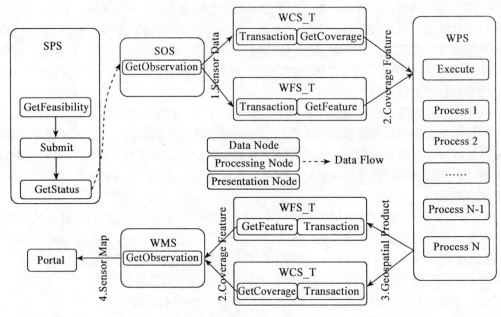

图 9-6 传感网环境下的具体 GPW

_T/WFS_T+WPS+WCS_T/WFS_T 的合成工作流,根据需要提供实时传感器产品服务。对这样的数据流进行特定的操作产生一种在地理空间有意义的产品。对于传感地图,一种包括 SPS+SOS+WCS_T/WFS_T+WPS+WCS_T/WFS_T+WMS 的工作流用于提供所需的实时传感器地图服务。最终结果是利用可视化地图把地理空间成果进一步呈现给用户。

  SPS 和 SOS 构成数据和规划服务框架,提供原始的观测数据。观测数据通过 Transaction 操作发布到覆盖服务和要素服务,从而得到覆盖数据和特征(要素)数据。WPS 根据需要将输入数据按具体的处理得到处理结果。处理可能是多个处理的整合。处理结果数据像观测数据一样,通过 Transaction 插入到相应服务。观测数据、覆盖数据和特征数据都可以作为地图服务的数据源。最终,WCS 的覆盖数据、WFS 的特征数据和 WMS 的地图数据都可以在整合客户端可视化。所有这些服务间的组合都可以用 BPEL 表示,再通过 BPEL 执行引擎发布和调用。传感网服务、BPEL 文档、统一服务和 BPEL 引擎的关系如图。多种传感网服务根据任务整合得到统一服务,用 BPEL 文档联系。传感网服务和统一服务间要建立合作伙伴和合作伙伴关系,定义各种保持数据状态的变量,与调用基本和结构活动。此 BPEL 文档通过 BPEL 引擎发布服务。对于外界而言,只需要调用统一的服务,统一的服务就会分别调用 BPEL 定义的服务,得到最终结果。

9.3.3 实现

实现分为 4 个步骤:
a. 为 SOS、SPS 和 WPS 定义 WSDL
WSDL 提供了一种模型和 XML 格式来描述网络服务。WSDL 能使我们把一个服务器提供的抽象的功能性描述和一个服务描述的具体细节分离出来，如提供如"怎样"和"哪里"之类的功能性描述。

在 SOS 的 WSDL 中有两种传输协议（HTTP GET 和 POST）和三个强制性操作（GetCapabilities、DescribeSensor and GetObservation）。

在 SPS 的 WSDL 中有 2 种传输协议（HTTP GET and POST）和 9 种操作方法（GetCapabilities、DescribeGetFeasibility、GetFeasibility、DescribeSubmit、Submit、GetStatus、DescribeResultAccess、Update and Cancel）。

在 WPS 的 WSDL 中有 2 种传输协议（HTTP GET and POST）和 3 种强制的操作（GetCapabilities、DescribeSensor 和 GetObservation）。

b. 抽象模型设计

抽象模型设计者能是各领域的专家能使用数据类型、服务类型和存在的抽象模型作为基本的部件通过点击和拖动就能建立新的抽象模型。这些模型体现了专家的领域知识。专家可以选择验证抽象模型和把模型注册进目录服务器，这样可以供后来的用户使用。抽象模型可以被实例来说明并转换成一个具体的可以在 BEPL 引擎中执行的 BEPL 程序（如BPELPower）。为了能够在特定领域的建模，实体习惯于支持语义匹配。数据用地理科学领域实体进行外部的描述和分类。实体内部遵循 ebRIM 分类，以树性组织。基本的实体由 GCMD 地球科学关键字。一旦模型被建立，它将作为一种服务类型注册进目录服务器为以后使用。和其他的服务种类一样，它有自己的输入端、输出端和时空范围。

c. 具体工作流的动态生成

在这个阶段，通过一个注册过的服务器实例信息来验证一个空间网络服务链中的一个地理空间模型。这样的服务链显示如何得到精确的数据产品的信息。一个虚拟的数据服务的实施满足这个阶段，它有以下几步：

（1）服务发现：因为在目录服务登记的每个服务事例都和一个服务类型相联系，在地理空间模型中很容易找到一个服务事例满足每个服务类型请求的要求。

（2）数据发现和融合：一个地理空间模型在模型页面中没有输入到服务器的来源的信息。在目录服务的帮助下，虚拟数据服务自动地增加一个相关的数据服务事例，在数据链的开始提供这样输入数据。

（3）服务链的表示：服务链的表示对它的具体化和重用至关重要。这里描述的系统，广泛使用的网服务的业务处理执行语言（BPEL4WS），该语言有一种业务流程的正式的规范和企业互操作协议，被用来表示服务链。

从上述三步，可以动态地生成具体 BPEL 工作流。包含进程的 BPEL 工作流，一个进程由伙伴链接、变量和一系列可视 WCS 组成。

d. 基于安全 BPELPower 的可视 WCS

在这个阶段，执行一个地理空间服务链来获得期望的数据产品。为此，我们开发了安全 BPELPower 并且包装了地理空间服务链作为虚拟 WCS。

9.4 基于传感网工作流的野火热点探测实验

9.4.1 GPW 原型

a. 实现

Web 服务和 Java 计数已经用于实现 SOS 注册服务中间件基于 OGC CSW 和 SOS 标准。这个实现的规范部署在 "GeoBrain" 服务。它可以进入 "http：//csiss.gmu.edu/sensor-web/demo.html"。它由以下两个组件组成：

（1）GPW 设计者：图 9-7 显示了模型设计者怎么来建立一个野火热像素检测模型。左列显示了在目录服务注册下的数据类型和服务类型，右列是模型图形代表。这个过程中

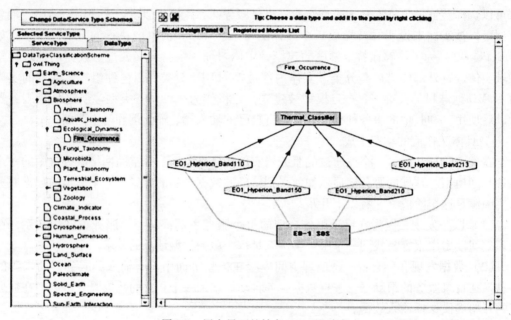

图 9-7　用户界面的抽象 GPW 设计者

由设计者自动执行，如下：选择 "Fire_Ocurrence" 数据类型；然后找到一个服务类型它的输出类型为 "Fire_Ocurrence"。只有服务类型能满足输出类型列表和选择，因此在服务类型和数据类型之间匹配错误是不可能的。设计者发现 "Thermal_Classfier" 服务类型产生了 "Fire_Ocurrence" 作为输出。它选择 "Thermal_Classfier" 服务类型。输入数据 "Thermal_Classfier" 是 "EO1_Hyperion_Band110" "EO1_Hyperion_Band150"、"EO1_Hyperion_Band210" 和 "EO1_Hyperion_Band213"。如果不止一个服务满足输出类型设计者允许用户查看他们的元数据来协助选择；最后一步就是找到那些 "EO-1 SOS" 服务类型的输出数据类型是 "EO1'_Hyperion_band110"、"EO1_Hyperion_Band150"、"EO1_Hyperion_Band210" 和 "EO1_Hyperion_Band213" 作为第二步。

(2) GPW engine_ BPELPower：图 9-8 显示了它的用户界面。WSDL-based 网络服务和 BPEL-based 网络服务链能在 BPELPower 部署和自动执行，并检查它的有效性。不同的调用（如 HTTP Post/Get 和 SOAP 文档/rpc）能被很好地支持。

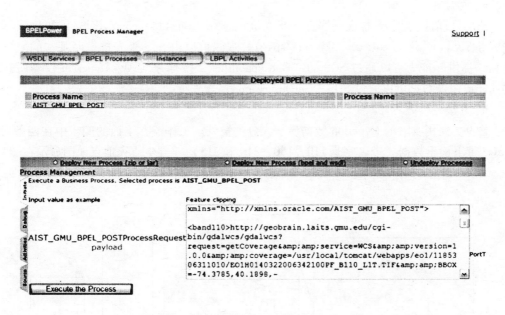

图 9-8　BPELPower 的用户界面

9.4.2　野火灾害应急响应系统的使用

提出的 GPW 框架可用于野火灾害应急响应系统。野火使用场景描述了使用不同的平台和传感器之间的实时协作。地质学家使用来自美国地质调查局 EO-1SOS 提出的 GPW 火灾程度数据。乔治梅森大学野生生物保护协会发起了该模型工作流的执行。执行等待第一个从 EO-1SOS 收到的数据。一旦数据时可用的 SOS，它通过一个注册表中间件操作被提取到 WCS。SOS 注册表中间件注册为 EO-1 Hyperion 观测作为一系列"WCSCoverage"对象。乔治梅森大学的业务流执行语言（BPEL）运行 BPELPower 将数据传递给美国宇航局 JPL WPS 中提取火灾信息。由此产生的结果数据由 WCS 中间件提取。数据或所需子集以特定的格式和投影已为最终用户准备好。

9.4.3　EO-1 实时 Hyperion 数据火点分类服务

这项研究是通过不同的平台和传感器之间的实时合作。CSISS 组织特别专注于异步模型的实现传感网络数据的收集。如果发展的地理空间的可视产品概念在 CSISS 中被应用，异步模型实现可以被解释作为工作流。最终用户可以和标准 CSW 交流着火程度数据。CSW 通过标准 WCS 服务寻找并且发现了一个可视并可细分的产品。WCS 首次执行模型流等待通过 EO-1 SOS 接收的数据。一旦数据是在 SOS 上可用，它通过 SOS 记录操作被提取并且被整合入一个个 WCS。BPEL 引擎传送数据给 JPL WPS 来提取着火信息。最终成果数据被整合入 WCS，并且数据或期望的子集以指定的格式和映射准备好最终用户。所有这些处理都是自动地完成。这样可以避免由于人为的传输数据和信息所产生的延迟所花费的时间。

a. 数据集

EO-1 目前提供传感器观测服务 SOS（http：//eo1.geobliki.com/ SOS/）和传感器规划服务 SPS（http：//eo1.geobliki.com/sps/）。观测可以由 SPS 来安排。而基本的服务信息和"提供"能力可以通过 SOS 的"GetCapabilities"操作来实现。Hyperion 仪器所获取的高光谱图像数据可以通过 SOS "GetObservation" 操作得到。

b. 方法

图 9-9 使用实时的 Hyperion 数据显示火分类情景。工作流在下面的四步中在四条 EO-1 SOS 带下检索数据（带名字是 110，150，210 和 213）并且生成火地点地图显示在图 9-9 中。

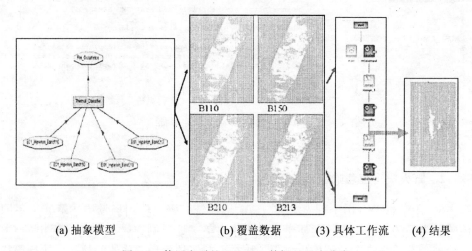

(a) 抽象模型　　(b) 覆盖数据　　(3) 具体工作流　　(4) 结果

图 9-9　使用实时的 Hyperion 数据显示火分类

（1）着火地点监测模型设计：专家使用抽象模型设计器在 ebRIM 编目服务器中设计一个抽象处理模型来火地点监测在 ebRIM 目录服务中记录模型。

（2）着火地点监测工作流实例：决策支持系统（DSS）使用"火探测"关键词寻找模型，用实例验证模型并且生成了具体地理信息处理工作流。工作流利用 EO-1 SOS，GMU WCS 和 JPL WPS 生成着火地点地图。

（3）着火地点监测工作流施行：工作流由 GeoBrain 服务器部署的安全 BPELPower（http：//geobrain.laits.gmu.edu：8099/bpelsec/）来执行。如表 9-2 所显示，接近实时的时间编码观测数据。

表9-2　　　　　　　　　　EO-1 实例服务节点

服务节点	服务提供者	操作	输入	输出
SOS	EO-1	GetObservation	Time-space	O&M
CSW	LAITS	Publish	O&M	Coverage
WCS	CSISS	GetCoverage	O&M	GeoTIFF
WPS	JPL	Execute	GeoTIFF	GeoTIFF
BPELPower	CSISS	Execute	BPEL	BPEL
WCS	CSISS	GetCoverage	BPEL	GeoTIFF

• 使用"GetObservation"操作从 EO-1 SOS 检索。数据遵循 O&M 规范。

• 数据通过"Publish"操作被记录为 WCS 覆盖使用 LAITS CSW（http：//laits.gmu.edu：8099/LAITSCSWVM2/discovery）服务器。

• 部署在 GeoBrain 服务器的 WCS（http：//geobrain.laits.gmu.edu/cgi-bin/gdalwcs/gdalwcs）和 JPL WPS（http：//aiweb.jpl.nasa.gov/wps/cgi-bin/wps.py）交互。

（4）火地点监测工作流产品分发：从 CSISS WCS 获取处理结果。

第10章 传感网信息服务平台——GeoSensor

10.1 GeoSensor 系统简介

GeoSensor 由客户端和服务端组成，遵循 OGC 规范，能够利用客户端浏览来自 OGC web 服务和 SWE 环境下的传感器有关服务如 SOS、SPS 所提供的各种数据。

GeoSensor 是一个基于 SOA 架构的传感器观测服务原型系统，如图 10-1 所示，系统由服务端 geoSensor-Server 和客户端 geoSensor-Client 组成。

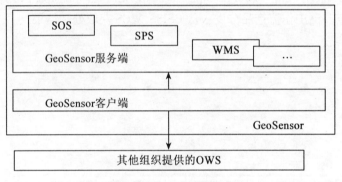

图 10-1 Geosensor 体系图

10.1.1 GeoSensor 服务端

Geosensor-Server 提供了一个服务共享平台，通过 OGC Web 服务标准 WMS、WCS 和 WFS 等发布地理信息数据，同时也提供了 SWE 环境下传感器有关服务如 SOS 和 SPS 等的实现与访问。

（1）数据与传感器规划服务。

SPS 实现数据与传感器规划服务，能够对传感器进行规划调度。

（2）传感器观测服务。

SOS 是面向服务的多用途多源异构传感器观测服务，其请求接口和响应内容遵循 SOS 的规范，实现 OGC 的 GetCapabilities、GetMap 和 GetFeatureInfo 三个操作，提供传感器观测和测量数据的网络化服务。

（3）网络地图服务。

网络地图服务 GeoWMS，其请求接口和响应内容遵循 WMS 的规范，实现 OGC 的

GetCapabilities、GetMap 和 GetFeatureInfo 三个操作,提供 JPEG、PNG 和 GIF 编码的栅格地图服务。

(4) 网络要素服务。

网络要素服务 GeoWFS,其请求接口和响应内容遵循 WFS 的规范,实现 OGC 的 GetCapabilities、DescribeFeatureType 和 GetFeature 三个操作,提供 GML 矢量地图服务。

(5) 网络覆盖服务。

网络覆盖服务 GeoWCS,其请求接口和响应内容遵循 WCS 的规范,实现 OGC 的 GetCapabilities、DescribeCoverageType 和 GetCoverage 三个操作,提供 GeoTIFF 正射影像地图服务。

(6) 网络处理服务。

网络处理服务 GeoWPS,其请求接口和响应内容遵循 WPS 的规范实现,实现 OGC 的 GetCapabilities、DescribeProcess 和 Execute 三个操作,提供 50 多个地理空间数据处理服务,支持基于网络的地理空间数据管理、影像处理和处理服务。

(7) 网络通知服务。

网络通知服务 GeoWNS,其请求接口和响应内容遵循 WNS 的规范实现,支持多模式消息通知的网络通知,可以通过 Email、SMS 和电话等方式向注册用户发送消息。

10.1.2 GeoSensor 客户端

GeoSensor 客户端 GeoSensor-Client 是一个基于 J2EE 环境的完全可配置的软件组件集,用于发现、访问、集成和分析基于开放标准的地理空间数据,不仅支持 GeoSensor-Server 提供的所有服务,也可以访问其他兼容 OGC 标准的服务。

GeoSensor 客户端有以下特点:

(1) 通用的底层框架提供了操作的标准接口,可以扩展和定制框架形成特定的应用程序。例如,一个应用程序架构可以提供通用的窗口、菜单、工具条和状态条等。应用通过修改、添加和定制这些对象而实现特定的功能。在这种情况下,用户不再需要关心整个应用的流程。

(2) 客户端系统提供一种方便快捷的用户界面,用户只要进行简单的参数设置,不必考虑 XML 格式,就可以实现传感器观测服务可视化浏览。可视化的界面设计便于用户更加方便快捷地找到所需的传感器及其观测数据。

(3) 独立的插件式的客户端,遵循 OGC 统一接口规范,方便集成应用。

(4) 客户端系统具有良好的可扩展性和较好的安全性。远程服务器和客户端分布式的处理数据方式可使系统具备良好的容错能力和负载平衡能力。

10.2 技术特点

10.2.1 跨平台的部署

多操作系统的部署:服务器端 n 和客户端均可以在 Windows、Solaris、Linux 操作系统上运行。多浏览器的访问:客户端均可以在 IE、Netscape 等多种浏览器上运行。多应用服务器的部署：服务器端 Server 可以部署在支持 Java 的多种应用服务器上。

10.2.2 开放的地图服务

遵循 OGC 规范，实现了 Web 地图服务 GeoWMS、Web 要素服务 GeoWFS 和 Web 覆盖服务 GeoWCS。使用多协议的地理信息客户端，浏览和操作来自不同站点、不同厂商的 WMS、WFS 和 WCS 服务所提供的数据。

10.2.3 多类型可扩展的传感器服务

传感器规划服务支持的系统多样：支持的传感系统可以是真实的传感器控制系统、可以是卫星轨道预报系统、也可以是数据预定系统，并且可以根据用户的需求进行扩展。

传感器观测服务支持的传感器类型多样：传感器数据的来源可以是动态传感器、原位传感器、微型无线传感器、一个 SOS、一个动态时空数据库或一个仿真传感器系统，并且可以根据用户的需求进行扩展。

10.3 功能简介

10.3.1 传感器服务功能

服务端部署基于 SOS 规范实现的服务，客户端通过接口访问，用户可以利用 SOS 两个事务性操作注册传感器和观测。

服务端部署基于 SPS 规范实现的服务。用户选择进行规划的传感器，通过 SPS 向该传感器请求，指明该任务是否可以被执行，是否提交任务。

SAS 服务不直接提供有关传感器操作的接口，是一种辅助服务，通过多种通信协议（如简单邮件传输协议、短消息、传真和电话等）为 SWE 环境下的客户端和服务端提供异步通信机制，为传感器事件如任务提交和观测等提供异步通信。

10.3.2 网络地图服务功能

通过服务端，可以发布 WCS，利用客户端访问该服务。
通过服务端，可以发布 WMS，利用客户端访问该服务。

10.3.3 网络数据处理服务功能

该服务提供几十种地理空间处理操作，包括 GR_NDVI、GR_buffer、GR_neighbors 等。在服务端可以集成这些地学处理，发布这些服务。客户端通过 WPS 服务提供的 GetCapabilities 接口可以获取该 WPS 的元数据及 DecribeProcess 文档获取到所支持的地学处理。

10.3.4 客户端的基本功能

系统提供放大、缩小、漫游、移动、选取、查询和可视化等操作。选择相应的操作图标，可以对当前传感器地图完成这些操作。

10.4 使用示例

10.4.1 传感器观测服务操作

下面介绍传感器观测服务浏览过程。对于数据浏览客户端主要实现了四种操作：GetCapabilities、GetObservation、GetFeatureOfInterest、DescribeSensor。用户根据实际需求，选择相应 SOS 服务器地址和服务版本，查询到以 XML 模式返回的文档。现在传感器观测服务实现的版本是 1.0.0。

1. GetCapabilities 操作

如图 10-2 所示，服务器地址列表里列出了提供 SOS 服务的地址，版本列表列出了服务版本 1.0.0。通过服务器地址和版本，就可连接到提供传感器观测服务的数据源。版本属性在服务联编过程中匹配服务器和客户端之间特定的服务接口版本。

图 10-2　客户端 GetCapabilities 请求界面

对于 GetCapabilities 操作，通过选择不同的服务器地址和服务版本就可以获得相应的 XML 文档。如图 10-3 所示，根据服务器地址和版本，构建 XML 请求。

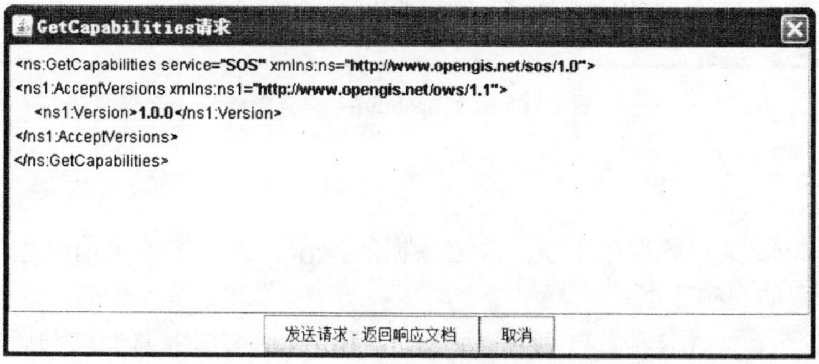

图 10-3　构建 GetCapabilities XML 请求

利用 JAXB 技术，根据相应的 XML schema，生成 GetcapabilitiesDocument 类。该类封装了 GetCapabilities 操作定义的 XML 元素。构建 XML 请求后，就可以发送请求。请求通过 HttpClient 的 PostMethod 方法发送。该方法是自动处理，结果以输入流形式返回。然后把字节流转化为字符串，格式化结果为 XML 文档。如图 10-4 所示，该操作获取的是 IFGI SOS 服务实例的元数据。响应的 XML 文档内容主要包括 SOS 服务实例的 ServiceIdentification、ServiceProvider、OperationMetadata、Filter_ capabilities 和 Contents 信息。

图 10-4　GetCapabilities 响应文档

2. GetObservation 操作

GetObservation 是 SOS 服务中获取观测数据的操作。该操作请求消息包含一个或多个单元约束要检索的观测数据。

如图 10-5 所示，请求界面与 GetCapabilities 类似。通过服务器地址和版本执行初始化服务。后台其实是通过 GetCapabilities 操作，获取相关 SOS 实例的元数据，利用 Service-Descriptor 存储该实例元数据，并根据实际的要求可视化相关参数，用户可以根据实际需要选择参数值。

第 10 章 传感网信息服务平台——GeoSensor

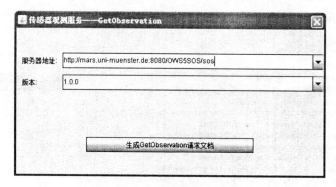

图 10-5 GetObservation 请求界面

选择【RID-Raster image data render for sos】传感器观测数据表现形式，如图10-6所示。

图 10-6 传感器观测数据表现形式

如图 10-7 所示，展示了获取洪水检测观测数据的请求文档。点击【发送请求-返回响应文档】，获取 XML 文档。

图 10-7 GetObservation 请求文档

如图 10-8 所示，展示了获取洪水检测现象观测数据的 XML 文档。该文档显示了关于洪水检测的一些观测信息，如地理位置，观测类型和时间。

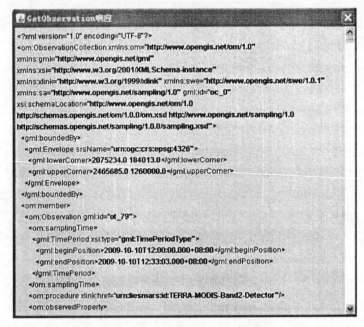

图 10-8 GetObservation 响应文档

如图 10-7 所示，展示了获取洪水检测观测数据的请求文档。点击【发送请求-返回可视化观测值】，获取 SOS 可视化结果。如图 10-9 所示，洪水提取区域即红色部分。

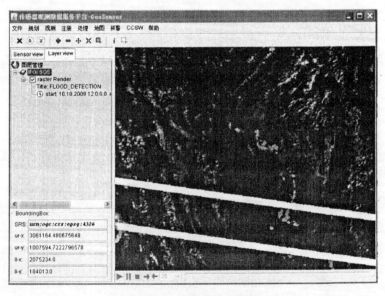

图 10-9 SOS 可视化结果

3. DescribeSensor 操作

通过服务地址和版本信息，执行 GetCapabilities，利用 ServiceDescriptor 存储从服务器中获取了的服务实例元数据。如图 10-10 所示，通过 GetCapabilities 中获得的 Sensor ID 信息，服务和版本属性。用户可以从中选择相应的 Sensor ID，检索气象服务信息关于传感器详细描述信息。

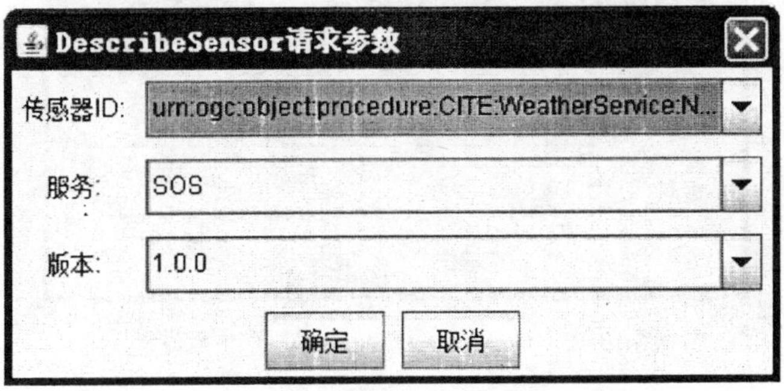

图 10-10 DescribeSensor 操作参数设置

如图 10-11 所示 DescribeSensor 操作响应是以 SensorML 编码的 XML 文档。该文档中包括了传感器 URN、观测类型名称、观测参考系、传感器位置等相应的信息。

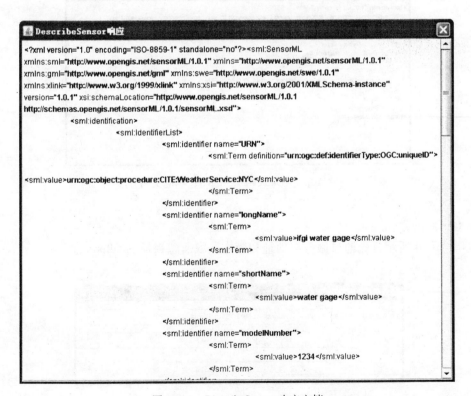

图 10-11 DescribeSensor 响应文档

4. GetFeatureOfInterest 操作

与前面的操作类似，首先执行 GetCapabilities，服务实例元数据存储在 ServiceDescriptor 中。如图 10-12 所示，通过从 GetCapabilities 中获取 FeatureID，用户可以选择感兴趣的，获取 FeatureOfInterest。实验中选定 FeatureID 是 FOI_ TEB。

图 10-12　GetFeatureOfInterest 操作参数设置

如图 10-13 所示 GetFeatureOfInterest 操作响应是 GML 特性的 XML 文档。Feature Id 和文档中的 featureOfInterest 的 gml：id 是匹配的，即 FeatureID。

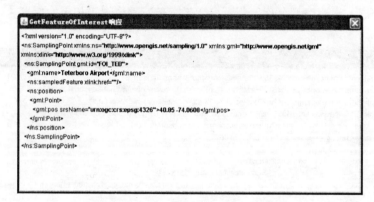

图 10-13　GetFeatureOfInterest 响应文档

5. GetFeatureOfInterest 请求

如图 10-14 所示，先通过服务器地址和版本获取所感兴趣的 Offering。

图 10-14　可视化请求界面

如图 10-15 所示，显示所要添加的观测数据，用户根据实际来选择感兴趣的 Offering。

图 10-15　添加观测数据

如图 10-16 所示，可视化结果，包括地理位置相关信息。该操作获得的一图层的形式存在，可以叠加其他图层。

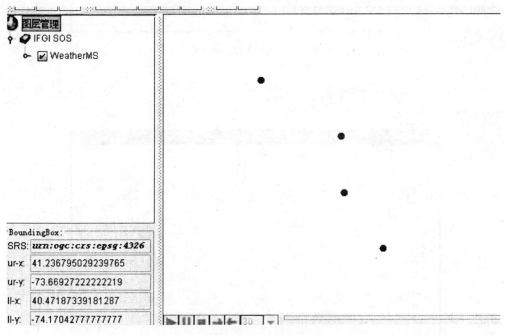

图 10-16　可视化结果

在添加了观测数据之后，就可以统计观测数据。可视化观测数据分为时间序列图和散点图。图 6-17 展示了时间序列图，该图表示观测值随时间的变化。

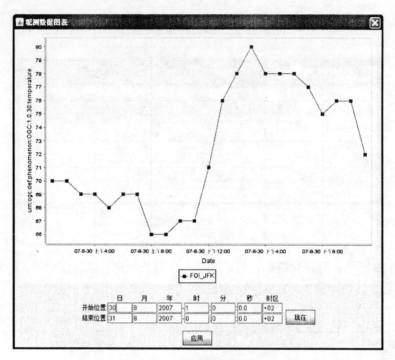

图 10-17 观测数据时间序列图

图 10-18 展示的是观测数据的散点图。

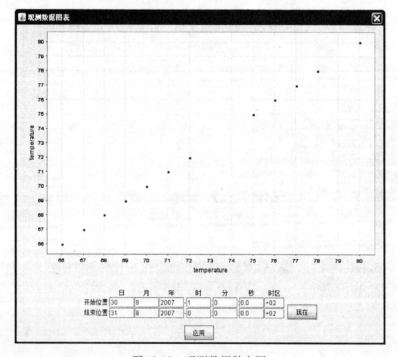

图 10-18 观测数据散点图

6. RegisterSensor 操作

打开菜单栏观测→RegisterSensor，选择服务地址及版本，出现如图 10-19 所示 RegisterSensor 参数设置界面。

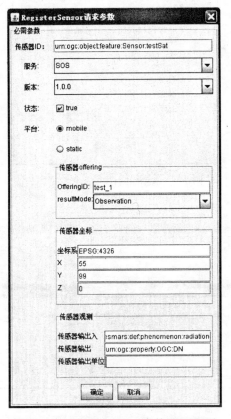

图 10-19 RegisterSensor 参数设置界面

如图 6-20 所示，如果注册成功返回传感器 ID。反之，会出现异常报告。

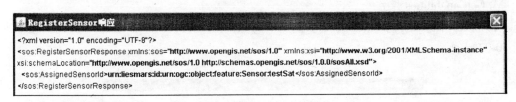

图 10-20 RegisterSensor 响应

7. InsertObservation 操作

打开菜单栏观测→InsertObservation,,选择服务地址及版本，出现如图 10-21 所示 InsertObservation 参数设置界面。

图 10-21　InsertObservation 参数设置界面

如图 10-22 所示，如果插入观测数据成功，返回该观测 ID，唯一标识该 ID，反之返回异常报告。

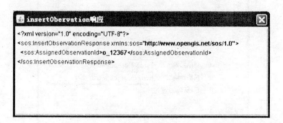

图 10-22　InsertObservation 响应

10.4.2　传感器规划服务操作

1. GetCapabilities 操作

打开主界面，选择传感器【urn：ogc：object：feature：sensor：liesmars：modis】（见图 10-23）。

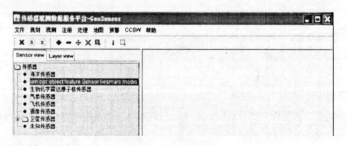

图 10-23　主界面

点击【规划菜单的 connect SPS】,出现 SPS 操作界面,如图 10-24 所示。

图 10-24　SPS 操作界面

点击 GetCapabilities 请求,返回 SPS 操作元数据信息,如图 10-25 所示。

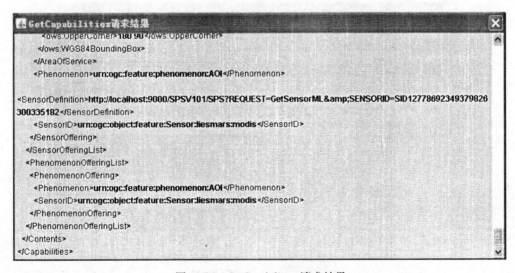

图 10-25　GetCapabilities 请求结果

2. DescribeTasking 操作

点击【发送 DescribeTasking 请求】按钮,返回结果如图 10-26 所示。

图 10-26 DescribeTasking 请求结果

3. getFeasibility 操作

输入需要通知用户通知 id 和通知 URL（通过 WNS 发送通知给用户），输入时间范围和空间范围，点击【getFeasibility】，操作结果如果可行，就进行提交任务（见图 10-27）。

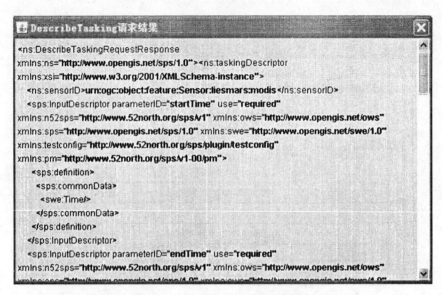

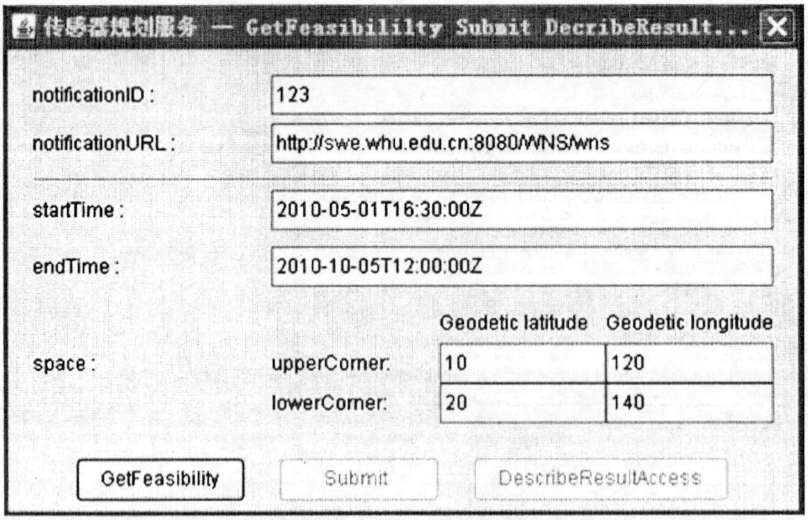

图 10-27 getFeasibility 操作界面

4. Submit 操作

接着上步操作，点击【Submit】，提交任务（见图 10-28）。

第 10 章 传感网信息服务平台——GeoSensor

图 10-28 Submit 操作界面

5. DescribeResultAccess 操作（见图 10-29）。

图 10-29 DescribeResultAccess 操作界面

提交任务后，可以查询规矩数据结果。规划结果返回可以获取数据服务窗口（见图 10-30）。

图 10-30 DescribeResultAccess 操作结果

10.4.3 网络覆盖服务

1. GetCapabilities 操作

选择菜单栏的【地图】→【网络覆盖服务】→【GetCapabilities】，出现如图10-31所示界面，选择服务地址和服务版本。

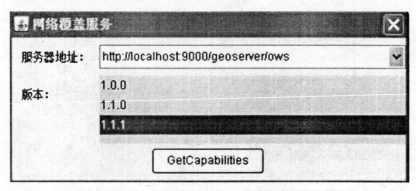

图 10-31　WCS GetCapabilities 请求界面

响应结果如图 10-32 所示。

图 10-32　WCS GetCapabilities 响应结果

2. GetCoverage 操作

选择菜单栏的【地图】→【网络覆盖服务】→【GetCoverage】，出现如图10-33所示界面，选择服务地址和服务版本。

第 10 章 传感网信息服务平台——GeoSensor

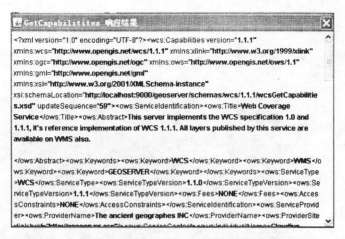

图 10-33　WCS GetCoverage 请求界面

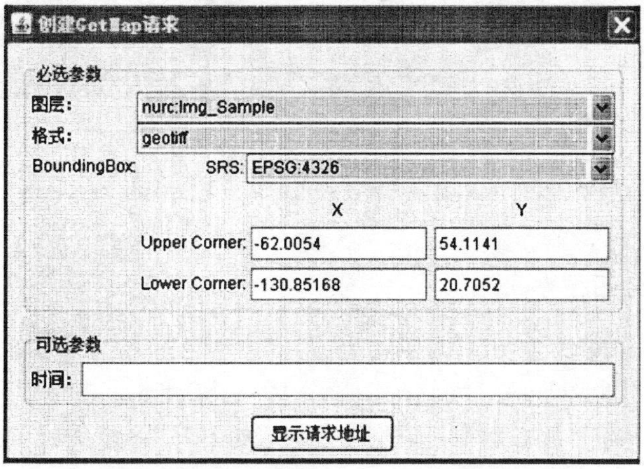

图 10-34　WCS GetCoverage 图层选择界面

图 10-34 所示界面显示了 GeoServer WCS 服务发布的数据，用户可以进行选择所要查看的图层。点击【显示请求地址】，生成请求 URL，点击【发送请求】（见图 10-35）。

图 10-35　WCS GetCoverage 发送请求 URL 地址

请求结果显示在主界面上,显示了名称及坐标范围(见图10-36)。

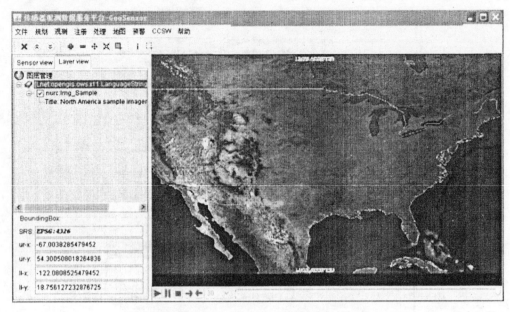

图 10-36 WCS GetCoverage 请求可视化结果

10.4.4 网络地图服务

1. GetCapabilities 操作

选择菜单栏的【地图】→【网络地图服务】→【GetCapabilities】,出现如图10-37所示界面,选择服务地址和服务版本,请求结果响应如图10-38所示。

图 10-37 WMS GetCapabilities 请求服务地址及版本界面

第 10 章 传感网信息服务平台——GeoSensor

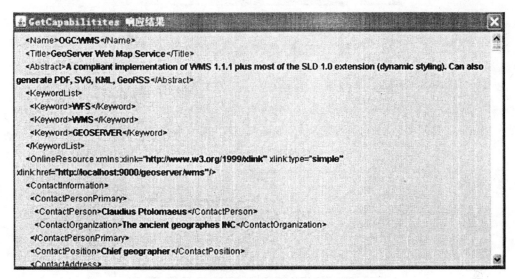

图 10-38　WMS GetCapabilities 请求响应结果

2. GetMap 操作

选择菜单栏的【地图】→【网络地图服务】→【GetMap】，出现如图 10-39 所示界面，选择服务地址和服务版本。

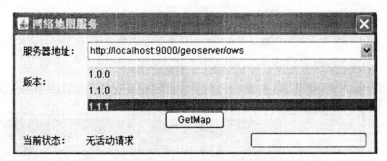

图 10-39　WMS GetMap 请求服务地址及版本界面

点击 GetMap 请求，获取了 WMS 提供的数据。如图 10-40 所示，用户选择要可视化数据及相关参数。点击【显示请求地址】，创建请求 URL，如图 10-41 所示。

请求结果如图 10-42 所示。

图 10-40　WMS GetMap 请求参数界面

图 10-41　WMS GetMap 请求 URL 表达式

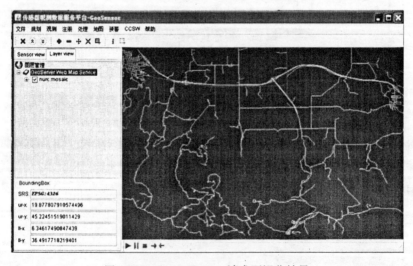

图 10-42　WMS GetMap 请求可视化结果

10.4.5 网络处理服务操作

1. GetCapabilities 操作

选择菜单栏的【处理】→【网络处理服务】，出现如图 10-43 所示界面，选择服务地址和服务版本。点击【GetCapabilities】，获取 WPS 元数据信息。

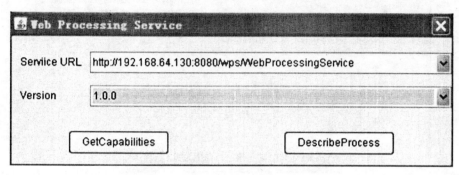

图 10-43 WPS GetCapabilities 请求界面

GetCapabilities 响应结果如图 10-44 所示。

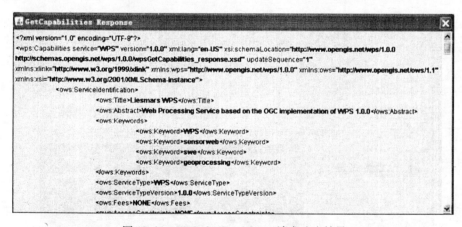

图 10-44 WPS GetCapabilities 请求响应结果

2. 处理操作

选定图层，如图 10-43 操作所示，点击【DescribeProcess】，显示可进行处理的操作，选定【cn.edu.whu.swe.wps.geosensor.GR_buffer】操作，右边文本框显示该操作所需要的参数等元数据。如图 10-45 所示。

选定操作后，点击【Execute】，如图 10-46 所示，参数设定界面，输入所要进行缓冲区操作的图层及范围。

设定参数后，点击【OK】，显示操作后的可视化结果，如图 10-47 所示。

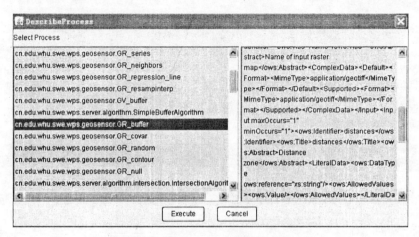

图 10-45　WPS 提供的操作处理

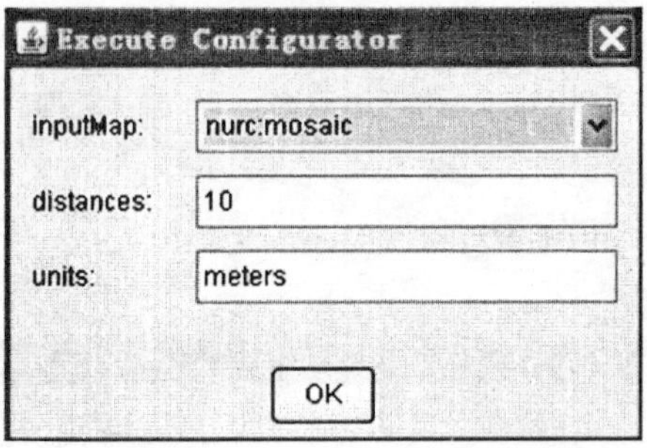

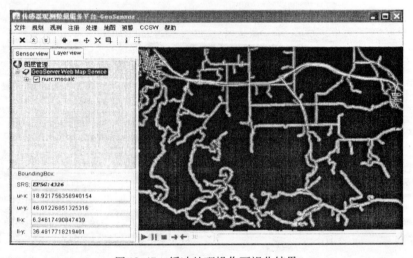

图 10-46　缓冲操作参数设定

图 10-47　缓冲处理操作可视化结果

其他的处理操作类似 cn. edu. whu. swe. wps. geosensor. GR_ buffer，操作过程不再赘述。

第11章 系统用例

11.1 基于传感网服务的鸟类迁徙

在地球科学研究中，各种生物物种演变发展信息的地理时空分布是生态学家的研究热点之一，候鸟迁徙是其中一个研究场景。影响鸟类迁徙的因素很多，例如时间、能量消耗、获取食物的条件、被捕食的风险、气候和天气变化和其他迁徙鸟类的行为等，都有可能使得一些鸟类被迫改变迁徙时间和路线，甚至还有一些鸟类无法完成迁徙行动。

最初的鸟类迁徙研究源于人类的野外观测数据和经验建模，一般采用环志标记法和雷达跟踪法等。但这些方法跟踪范围窄，获取数据难度较大，定量性差，所建的模型难以进行准确预测。20世纪80年代末期开始，遥感卫星跟踪技术开始应用于鸟类跟踪，获取大范围时间和空间上的观测数据（Seegar等，1996；关鸿亮和通口广芳，2000）。上世纪末开始兴盛的微型传感器技术进一步提高了观测精确性。这些多尺度多时空获取的自然环境数据（如山、海、湖泊、植物类别和分布，气候气象信息等）和长期跟踪数据相结合，再经空间信息分析处理，有助于发现候鸟迁徙方向、迁徙路径和选择机理；而通过对鸟类迁徙飞行时的风力和风向等气候因素的观测，有助于准确地把握鸟类飞行时间和飞行距离等，计算鸟的能量消耗，从而可以探索候鸟中转站的选择依据，有助于建立候鸟迁徙策略模型；有助于进一步精化迁徙模型并预测环境变化给候鸟带来的影响。鸟类迁徙模型的建立有利于生物保护学家找到候鸟的潜在栖息地，从而进行有效的保护，还可以根据模型评价和预测鸟类所利用地点的环境变化，进而评估这些变化对鸟类带来的影响，为候鸟保护做出贡献。此外，鸟类迁徙模型研究还有利于其他研究领域的发展。例如，目前有研究表明鸟类迁徙与禽流感等传染病的爆发密切相关，鸟类在迁徙途中会携带H5N1病毒，通过水体或家禽对人类进行传染。因而确定鸟类的飞行路线、停留中转地和随时间变化的飞行位置等信息的时空地理数据和模型对于研究禽流感病毒可能的时空分布和生命周期研究有重大关系。

本用例目标在于使用自适应观测数据服务系统在现有的地球科学模型和对地观测传感网之间建立互操作的桥梁。对地观测传感网信息服务技术基于Web服务标准和技术的SOA架构，而多数地球科学模型都是使用传统的服务器/客户端架构或者是地球科学建模框架（Earth Science Modeling Framework，ESMF）（http://www.esmf.ucar.edu/）下的单一系统。因此，需要研究关联二者之间的机制。

地球科学建模框架是一个软件基础框架，已经被用于很多个研究和运行中心，包括美国国家气象局、海军、空军和陆军、宇航局和多个大学。地球科学建模框架使得这些站点开发的模型能够耦合在一起,用于进行各种科学预报以及模拟仿真(见图11-1)。

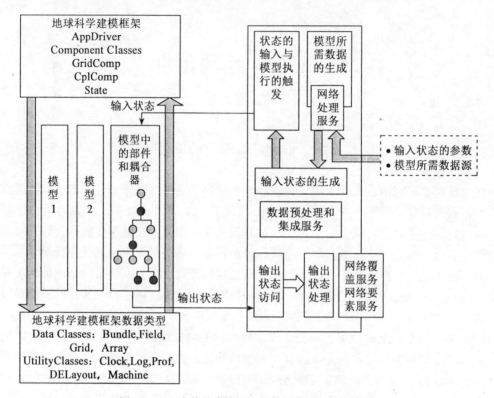

图11-1 地球科学建模框架与数据服务系统交互图

地球科学建模框架是建立地球科学模型以及协调各种编程语言科学模型的框架。它提供了常用运行环境实现地球科学建模框架内组件之间的对话和交互。使用该框架,每个地球科学模型都封装成具有层次组织结构的模块。这些模块可以分为两类:一类是表示真实地球科学模型的格网组件(grid component),另一类是表示组件之间耦合关系的耦合器组件(coupler component)。格网组件对数据进行处理。耦合器组件则负责准备和执行数据转化,通过数据传递连接不同的组件以实现组件之间的通信。每个组件在计算机程序中有一定"域"。组件之间的耦合只能在该范围域内进行。地球科学建模框架基本结构是嵌套式等级树形结构。一个简单的地球科学建模框架耦合应用包括一个应用驱动(AppDriver),一个父级格网组件和两个或多个子级格网组件与耦合组件。

地球科学建模框架的模型通过在各个组件之间交换状态来进行组件间的互操作。交换的状态可分为输入状态(import state)和输出状态(export state)。输入状态包括输入参数、配置以及数据集合;而输出状态包括输出数据以及运行配置集合。输入输出状态的交换是地球科学建模框架与系统外部世界进行通信的机制。

由于地球科学建模框架具有跨平台松散耦合性,越来越多的科学模型开始采用地球科学建模框架。在用例中,基于地球科学建模框架的模型和自适应观测数据服务系统之间的交互通过交换和修改模型组件的输入输出状态实现（见图 11-1）。通过标准的自适应观测数据服务系统 Web 服务接口可以访问和暴露一些中间结果和状态。用例中，自适应观测数据服务系统框架与地球科学建模框架之间的状态交换是通过开放地理信息联盟的网络处理服务实现。使用网络处理服务接口中间件包装器实现模型的互操作性和网络化。

11.1.1 鸟类迁徙模型与数据服务系统互操作框架

架构如图 11-2 所示，包含存档数据服务的工作流和实时数据服务的工作流。主要流程包括：

（1）用户通过目录服务来发现数据库中的历史数据或虚拟数据产品，例如，地形高程数据、植被覆盖数据、地面降水数据、土壤湿度数据、气压数据、温度数据、风力数据和固定鸟类站点观测数据等数据。目录服务不仅包括 OGC 的 CS/W，还可以使用其他科学系统的目录服务，例如 THREDDS。

（2）使用各种数据获取服务来访问历史数据或根据已有的数据和服务器能力来获取虚拟数据产品。用例中所采用的数据获取服务都是基于 OGC 的标准 Web 服务，包括 WCS、WFS 和 WMS。

（3）通过 Web 上可获取的数据处理服务对前一阶段获取的原始数据进行预处理。例如，进行数据格式转换和根据指定的空间范围进行数据子集划分等。

（4）初始化鸟类迁徙模型。本系统中的鸟类迁徙模型是基于地球科学建模框架结构，需要使用经过预处理后的各种数据作为模型输入参数，从而初始化并调用迁徙模型。

（5）输入初始化预测结果到客户端中。鸟类迁徙模型经过调用计算后，产生输出状态，该输出状态可以被输入到系统的科学目标管理系统中进行比较验证。

（6）客户端将初始预测结果与科学目标进行比较并衡量该输出结果是否满足科学研究目标。如果不满足，则实施基于实时数据的预测反馈。在本系统的客户端模块中，人可以作为主要的活动参与者，专家系统是其重要特点。以上过程中的科学研究目标如果没有达到，则需要获取新的实时数据对模型进行进一步的精化修正。

（7）通过目录服务发现实时观测数据。各种实时传感器观测数据也可以如同数据库中的历史数据一样，通过 OGC 的 CS/W 目录服务进行发现。

（8）通过传感器规划服务（SPS）进行实时数据的定制规划。SPS 可以提供按需的数据定制服务，以满足用户需求。

（9）通过传感器观测服务（SOS）进行实时数据访问。一旦 SPS 的数据定制成功后，传感器开始执行任务，任务一旦完成，传感器通过 SAS 进行数据通知，用户使用 SOS 来进行数据访问，其访问操作类似 WCS。

（10）通过预处理模型处理实时数据以满足验证模块的输入标准。为了更好地将观测数据应用于迁徙预测模型中，需要对获取的原始观测数据进行系列的预处理，使之符合预测模型的输入状态要求。

（11）再次进行输出结果预测。新输入状态再次触发调用预测模型，从而产生新的预测输出结果。该结果仍需重复（6）中的比较验证过程。

（12）客户对输出的预测结果进行访问和获取使用。一旦预测模型的输出状态符合客户的科学目标要求，输出数据将通过各种标准的数据访问服务返回给客户，从而实现客户端的进一步应用。

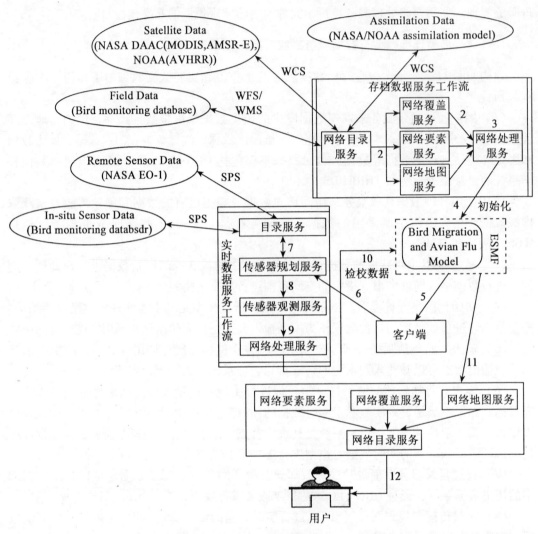

图 11-2 用例框架图

图 11-3 是鸟类迁徙模型互操作架构，反映了鸟类迁徙研究场景中自适应观测数据服务系统与地球系统模型框架之间的状态交换互操作机制。所有的数据预处理和模型仿真预测过程都是作为工作流来进行管理的。在此思想下，状态的预处理就是产生"虚拟产品"的过程。一个工作流可以被创建用于链接、重用已有的服务、观测以及之间产品。使用必要的参数和配置，状态准备网络处理服务产生一个主要的输入状态来初始化引发地球系统模型框架中模型的运行。模型可能包含一些从人类用户或软件程序中产生数据产品的其他工作流。这种新的架构最大化了自适应观测数据服务系统框架和其组件的可重用性、灵活性以及可扩展性。

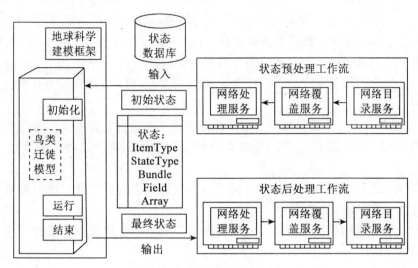

图 11-3　鸟类迁徙模型互操作

用例中鸟类迁徙建模的一个特点在于建模过程涉及许多人类决策问题。人类参与者（actor）在工作流中扮演着主要角色。在虚拟产品的思想下，可以通过各种针对人的工作流标准来实现，例如 BPEL4People。这是一个现有的标准工作流脚本语言来实现人类以一个良性定义的角色参与完整的工作流。

用例框架中的所有数据都可以从自适应观测数据服务系统构架中的目录服务中发现请求或可以通过数据与传感器规划服务组件进行定制。

11.1.2　数据服务工作流

用例中选取了斑胸滨鹬（pectoral sandpipers/calidris melanotos）作为研究对象。斑胸滨鹬是一种季节性迁徙的滨海鸟类，多取食于湿润草甸、沼泽地及池塘边缘。夏季繁殖于俄罗斯极地、西伯利亚及北美洲；越冬于南美洲、澳大利亚及新西兰。春季迁徙时常多见于北美大陆的 Cheyenne Bottoms、Kansas 和 Hackberry Flat 的 Oklahoma 等地（http：//web1.audubon.org/waterbirds/species.php?speciesCode=pecsan）。

用例使用了各种气候数据来模拟和预测斑胸滨鹬（pectoral sandpipers/calidris melanotos）在各种环境条件下飞越美国的大平原和草原壶穴区和加拿大中部。

用例中使用的模块鸟类迁徙模型是由 NASA 的 James A. Smith 博士所开发的（Smith 和 Deppe，2008；Smith，2008）。该模型是基于个体的、空间显示的鸟类迁徙模型。该模型模拟了个体鸟类在动态气候和陆地表面条件下的迁徙路线、时间模式以及能量消耗。体内脂肪是迁徙飞行的主要能量来源。脂肪含量直接决定了鸟的活动消耗，最终影响它的存活以及再繁殖能力。迁徙沿线的湿地以及潮湿栖息地越多，鸟类越能以安全及时的方式满足自身能量需求。对于研究模型中的雌鸟，到达繁殖地时体内保存能力越多越有助于它们繁衍更多后代。此外，证据表明：脂肪保存越多越有利于鸟类在恶劣气候或食物缺乏条件下存活。因此,迁徙途中的湿地中转点对于迁徙候鸟十分重要。但这些湿地中转点数量由于自然波动与人类对湿地的破坏以及气候变化导致的湿地减少,导致了迁徙候鸟面临着巨大的挑战。许多水鸟类由于栖息地的减少和破坏已经经历了数量的减少。Smith博士探索使用了一种新方法来评价鸟类对于陆地上潜在的能量补给点(各种中转点)变化的适应性响应。当陆地平均质量下降、潜在补给点空间变化增加时,鸟类改变其迁徙路线、延长中途停留时间。

Smith博士的鸟类个体迁徙模型是由各种传感器观测数据和野外实地考察数据来驱动考察环境变化对于迁徙路线、时间模式以及健康程度的影响。这些数据大致可以分为3类:

(1)遥感陆地表面数据:包括各种传感器观测的地表温度变化、冰雪覆盖变化、植被指数变化和光合作用初级净生产力等数据;

(2)气候数据模拟模型:由各种气候数据模拟模型产生的长期连续性气压、风力和降水等数据;

(3)野外生态数据:包括各野外观测站点实际观测到的鸟类生态数据,例如鸟种、出现时间和出现次数等;

此外,用于驱动模型的数据还包括其他辅助数据,例如地形分布图等。

用例的数据源可以是数据库中的历史数据或传感器实时获取的数据。前者用于初始化驱动迁徙模型,后者用于进一步改进模型并进行验证。以下表格中列举了部分初始化驱动观测数据和模拟数据源(见表11-1)。

表11-1　　　　　　　　　部分数据源

名称	说明	空间分辨率	时间分辨率
MODIS (TERRA and/or AQUA)	Only TERRA listed		
Surface temp	MOD11A1	1km	8-day
Snow cover	MOD10A2	500m	8-day
Net Photosynthesis (PSN)	MOD17A2	1km	8-day
LAI/FPAR	MOD15A2	1km	8-day
Enhanced Veg. Index (EVI)	MOD13A2	1km	16-day
MODIS NDVI AVHRR NDVI	(UMD GLCF)	250 m 8km	16-day
Land cover dynamics (phenology)	MOD12Q2	1km	annual
Land cover type, IGBP classes	MOD12Q1	1km	annual
Vegetation Continuous Fields	MOD44B	500m	annual
Vegetation Cover Conversion	MOD44A	500m	5-yearly
AMSR-E (AQUA) *	AMSR-E-L3_LandX	25km	Daily

续表

名称	说明	空间分辨率	
Data Assimilation Products	NCEP/NARR GMAO/GDAS		
Wind Fields	{u, v, p}	Varies	3 hr
Precipitation		Varies	3 hr
Soil Moisture	CatchmentModel		

模型使用的数据源包括栅格数据和矢量数据,各种观测数据多为栅格数据,而野外实测数据辅助数据多为矢量数据。而且由于数据源的不同,数据的分辨率的格式各有不同。例如,NASA DAAC 中获取的数据多为 HDF 格式,NOAA/NCEP 模拟数据多为 NetCDF 或 GRB 格式,而源于 Ebird 野外实测数据库的鸟类出现数据则是 TXT 格式。针对各种不同的数据,用例定制了两种不同的数据查询、访问以及预处理服务工作流,这些工作流根据具体的数据类型又使用了各种不同的标准 Web 数据服务,而 OGC 网络处理服务通过统一的标准接口对这些服务进行了封装。

从以上对数据源的分析可知,用例中的数据流可以分为两种。一种是基于数据库获取历史数据的数据工作流,用例中该数据流具有自动发现和访问获取性;另一种是基于对地观测传感网的实时观测数据获取工作流,该流程最大的特点在于其实时性和异步性。这两种数据流共同形成了地球科学建模框架和传感网框架之间的双向数据流图(见图 11-4)。

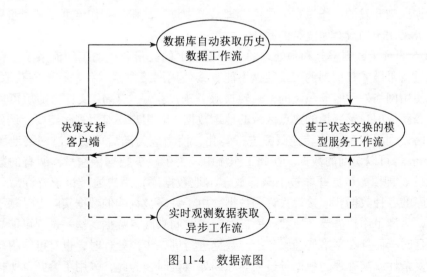

图 11-4 数据流图

1. 自动获取历史数据流

用例中地球科学建模框架模块所需调用服务的初始化数据源于各分布式数据库中已有的历史数据。图 11-5 包括了通过网络目录服务可以查询到的各种数据,其中的栅格数据可以通过网络覆盖服务访问，而各种矢量数据可以通过网络要素服务访问，这些数据都可以通过网络地图服务在客户端的各种浏览器工具里进行浏览，例如在 Google Earth 中显示。

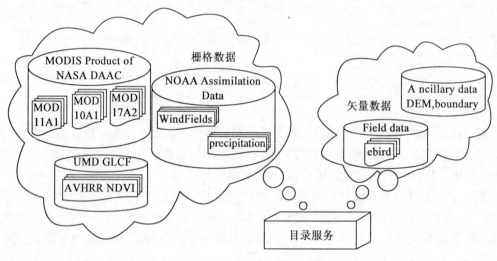

图 11-5　存档数据源

用例的数据流部分由数据输入工作流构成。针对历史数据，发展和实施了自动化数据准备服务来构建输入状态的预处理工作流。该工作流重用自适应观测数据服务系统的 PIAS 模块对数据进行各种预处理，以便获取调用地球科学建模框架框架的鸟类迁徙模型需要的数据。被开发的工作流在工作流管理系统中进行注册。工作流可以进一步用作通用的处理服务来用于构成其他复杂的服务。

图 11-6 表现了数据服务和预处理的通用框架下的矢量数据的工作流系统。在该工作流中，通过目录服务查询到的矢量数据不能直接使用网络要素服务进行访问获取，因此，首先需要使用网络处理服务包装的格式转换服务来产生一个 GML 文件，随后可以通过网络要素服务获取用户感兴趣的热点区域的地理数据，若用户还有可视化需要。例如，使用再通过网络处理服务包装的转换服务进行转化，使之成为随后可以通过网络地图服务或 Google Earth 等可以访问的数据。在此工作流中，为了减少数据传输量，所有的数据都是"虚拟产品"，即原始数据并非被下载存放于本地数据库，用户通过目录查询后，需要通过原数据库的各种数据获取接口去订购数据，由于许多被订购的数据实际上是基于按需的虚拟产品，为满足用户需要，原数据库需要一段时间来准备数据，这一过程可能导致整个工作流的延时；而且在网络处理服务中对数据进行进一步预处理时，也有可能由于数据处理算法的复杂性或被处理的数据量过大等原因导致延时。为此，采用了第九章所提到的异步工作流机制。图 11-7 给出了图 11-6 所示异步流程的工作流图。

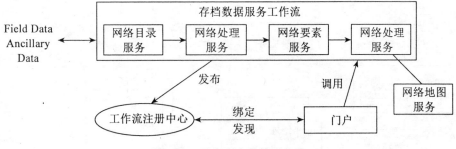

图 11-6　动态历史数据服务流

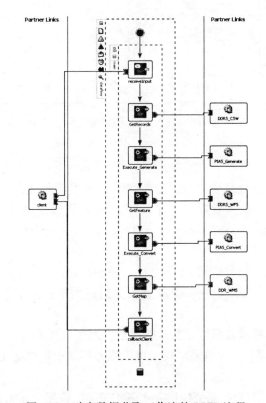

图 11-7　动态数据获取工作流的 BPEL 流程

对于各种历史栅格数据，系统也采用了类似的工作流，不同之处在于使用了不同的数据访问接口服务。

2. 实时观测数据流

对于实时观测数据流，用例也使用了基于协同和事件通知的异步工作流系统，如图 11-8 所示。数据获取与访问接口可以使用户获取各种传感器观测数据元信息。用户基于需求，使用传感器规划服务进行数据定制。一旦任务完成，返回传感器观测通知，用户对观测原始数据进行访问，并进行数据预处理，使之成为输入仿真预测模型的状态参数。

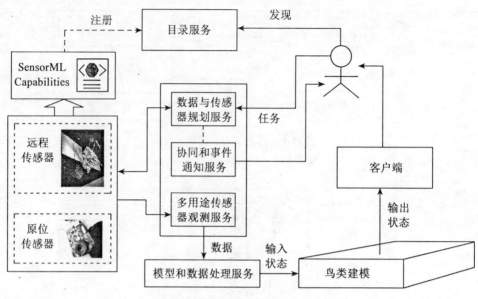

图 11-8 实时规划数据流

本试验中的一个数据流程实例为:

(1) 经过初始化鸟类迁徙模型后,通过客户端的比较验证,发现模型需要高精度分析者查询目录服务的植被覆盖指数,发现 EO-1 卫星可以通过高光谱成像仪(Hyperion)、先进陆地成像仪(Advance Land Imager, ALI)以及大气纠正仪(Atmosphere Corrector)提供高精度影像数据。

(2) 使用传感器规划服务定制 EO-1 登陆区域的影像。

(3) 数据采集任务完成后,传感器规划服务通过网络通知服务通知分析者采集到的影像的位置。

(4) 分析者通过传感器观测服务获取数据后,对于浏览影像中植被覆盖指数感兴趣,查询提供计算 NDVI 的服务。发现系统网络处理服务模块中提供的工作流可以提供该计算服务。

(5) 提交网络覆盖服务请求 ASCII Grid 格式的影像数据,作为迁徙模型的输入参数。

11.1.3 模型状态流

系统中除了各种数据服务工作流外,还包括模型状态反馈的工作流,如图 11-9 所示。历史数据流作为调用模型服务的初始化输入状态输入模型中,产生初始化输出状态,这形成了一个由数据到模型的正向状态流;通过与验证模型的比较,定制实时数据流,再次调用模型服务,形成新的输入输出状态,这形成了一个由模型请求数据的反向状态流。

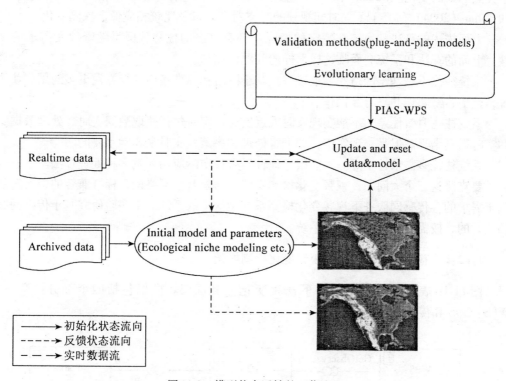

图 11-9　模型状态反馈的工作流

11.2　基于传感网服务的视频变化检测实验

视频变化检测在日常生活中具有广泛的应用，如交通管理（Laparmonpinyo and Chitsobhuk, 2010；Marusiak and Szczepanski, 2006）、森林火灾防护（Kim and Wang, 2009；Zhang, 2007）、环境灾害监测，等等。由于视频变化检测是非常重要的科学问题和应用问题，视频变化检测算法和系统得到大量的研究。

从使用视频数量的多少来看，有基于单视频和基于双视频（或多视频）。单视频往往检测固定视场里人或物的变化。双视频变化检测主要检测相同地方不同时间两视频中同步针的变化。

从系统运行的环境来看，有基于本地的单服务器。这类系统主要是交互式的，系统在与人的交互中完成变化检测。同时，也有基于网络的服务器，如法国 Citilog 开发的基于视频的检测和调查产品。

从算法上看，有大量针对不同情况下的检测算法。Aach 等（1993）研究了基于统计的视频变化检测算法。比较不同统计下相同错误预警率，以及使用马尔科夫随机场方法克服全局阈值问题。Benois-Pineau 和 Khrennikov（2010）使用 p-Adic 神经网络随机学习检测视频中的变化。Fernando 等（2001）提出了使用 B 帧插值宏块数量探测 MPEG-2 压缩视频中突然场景的变化。Gao 等（2008）应用主成分分析方法探测压缩视频的场景变化。Sand 和 Teller（2004）研究了不同时间视频的时空对齐，以及比较相应像素探测变化。

上面描述的算法和系统在特定的情况下都有自己的优势，但是随着现实需求的多样性，上面的算法和系统会面临这样那样的问题，例如：

系统往往不是基于网络和标准接口。基于网络和标准接口，能方便更多的用户使用系统，且更容易实现共享与互操作。

系统往往时效性差，不能实现实时或近实时。实时包括获取数据实时、处理数据实时和实时得到结果。但是，现实中，如灾害处理和决策，实时是非常重要的。

系统往往多需求性不好。不能很好地针对多种实际应用开发多种处理算法。

要克服这三个大问题，视频变化检测系统必须是基于网络的、标准兼容的、实时的和基于需求的。传感网服务下视频变化检测系统是这样的系统。本实验研究基于传感网服务的实时的、按需的视频变化检测系统。

11.2.1 基于传感网服务的视频变化检测框架

图 11-10 表示了传感网服务下视频变化检测框架。框架包括四个部分：客户端、WPS、SOS 和传感器。

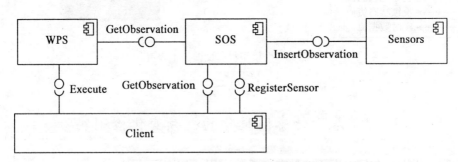

图 11-10　传感网下视频变化检测框架

客户端调用 WPS 和 SOS 的标准接口完成某项任务。WPS 封装基于网络的视频变化检测算法，专门处理视频变化检测。SOS 管理和获取实时传感器数据，并给 WPS 提供实时的数据。传感器包括实体传感器和虚拟的传感器。此系统的一般工作流是：传感器收集数据并插到 SOS 中，SOS 管理数据。然后，WPS 请求 SOS 数据并做变化检测，得到探测结果。

此系统，实时包括 SOS 实时绑定传感器，WPS 与 SOS 实时交互，WPS 实时处理任务。SOS 实时绑定传感器就是 SOS 与传感器实时交互，通过 InsertObservation 操作实现。WPS 与 SOS 实时交互就是 WPS 通过 GetObservation 实时得到观测数据。WPS 得到观测数据就实时做变化检测。

此系统要做到按需处理就得实现柔性 WPS。柔性 WPS 这里指 WPS 能容易开发某种视频变化检测算法。

11.2.2 实时变化检测实现

SOS 绑定传感器是 SOS 和传感器的交互。使用了两种标准事务操作 RegisterSensor 和 InsertObservation。RegisterSensor 登记一个传感器观测实例到 SOS。InsertObservation 插入具体实例传感器的观测到 SOS。观测是基于 O&M 编码方式的 XML 文档。这里面的插入观测是个主动的过程。我们还可以考虑一种被动的过程。当 SOS 接收到观测请求时，如果 SOS 中没有观测数据，则 SOS 可以向传感器请求数据（前提是传感器能得到需要观测的数据）。当传感器得到观测数据时，将观测数据插入到 SOS 中。

WPS 与 SOS 实时交互。次交互的目的是 WPS 实时得到观测数据，有时也将结果数据插回到 SOS 中。WPS 调用 GetObservation 操作从 SOS 获取视频数据。WPS 将处理的视频变化检测结果通过 InsertObservation 操作插回到 SOS 中。许多 SOS GetObservation 操作查询的是存档数据，SOS 是被动插入数据的。存档数据的限制是实时性差。当 SOS 中没有满足请求要求数据的时候，SOS 可以连接传感器顶数据。此时会出现两种情况，一是能及时得到传感器的数据；二是需要一段时间才能得到数据。对于前者，GetObservation 操作很快得到结果；对于后者，GetObservation 操作将停止。当传感器数据可得时，事件服务/通知服务会告知客户端数据准备好了。客户端会重新请求 WPS 处理。

WPS 实时处理视频变化检测任务。WPS 的处理往往要处理多个请求，或者处理的单个请求需要很长的时间，这对 WPS 是一个很大的挑战。如视频变化检测处理，几十秒甚至更长时间处理一对图像，一个视频几百、几千的图像对需要相当的时间。异步处理机制提供了解决思路。异步处理就是不必等到处理完毕才返回结果。异步处理分"拉"和"推"两种方式，"拉"的方式就是用户主动地向服务器发送请求，查询结果和查看任务处理状态。"推"的方式就是服务器主动告诉用户任务的状态和结果。本系统选择"推"的方式，主动地向用户提供任务的状态信息和处理结果的信息。视频变化检测算法将视频解析成一系列的图像来做变化检测，等整个任务完成再返回结果，用户需要等待相当长的时间。能否一边处理检测结果，一边输出结果，是一个问题。本系统引入了一种增量处理的方法。增量处理的方法是指在做动态视频变化检测时，将整个视频的图像系列分成若干个小段来处理，算法每处理一个小段就追加异步结果，直到任务完成。增量处理的好处是能在短时间内返回部分结果，用户等待时间短。时间分段公式如下：

$$T_1 = \{\{t_m, t_n\}\}$$
$$T_2 = \{\{t_r, t_s\}\} \tag{11-1}$$

式中，T_1, T_2 分别表示两个视频的时间段；t_m, t_n, t_r, t_s 分别表示 T_1, T_2 的起始时间和终止时间；内层 "{ }" 表示时间段，可以有多个；外层 "{ }" 表示总的时间段。将它们分段后则表示为

$$T_1=\{\{t_m,t_o\},\{t_o,(t_o+1*\Delta t)\},\cdots,\{(t_o+k*\Delta t),(t_o+(k+1)*\Delta t)\},\{(t_o+(k+1)*\Delta t),t_n\}\}$$
$$T_2=\{\{t_r,t_p\},\{t_p,(t_p+1*\Delta t)\},\cdots,\{(t_p+l*\Delta t),(t_p+(l+1)*\Delta t)\},\{(t_p+(l+1)*\Delta t),t_s\}\}$$
$$\tag{11-2}$$

式中 t_o, t_p 是选择时间分段的起点；k, l 是整数；Δt 是分段的时间间隔。WPS 处理一个动

态视频，1分钟时长的视频就有100幅左右图像，要是做很长时间的变化检测，就需要很长的时间来处理。为了节省时间，一种基于小时间段的缓存方法在系统中得到应用。小时间段缓存是指，第一次处理一个任务的一个时间段数据时，将此时间段分成若干个小时间段缓存，下次请求时，缓存的时间段就可以直接给出缓存的结果。公式（11-2）给出了时间段的分发，Δt 就是小时间段，根据需要设定，如1秒或5秒等。有新的任务请求时，将请求的时间段按公式（11-2）分割，找出每个时间段的小时间段与缓存小时间段的重叠部分，直接说出重叠部分的结果。不够一个小时间段的（$t < \Delta t$）直接处理数据，不缓存结果，缓存只针对完整的一个时间段。没有缓存的时间段，直接处理数据，处理完后缓存结果待下次使用。

图11-11是视频变化检测抽象流程图。

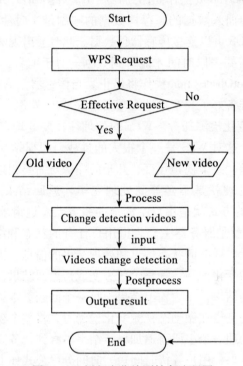

图11-11　视频变化检测抽象流程图

首先，客户端请求Execute请求。WPS判断请求的有效性。如果有效，继续执行，否则退出报错。有效请求下，WPS解析请求并得到输入视频。这些视频都是粗视频，也许需要预处理才能满足视频变化检测算法。视频变化检测后，得到结果。结果处理后得到最终结果。

11.2.3　结果

SOS和WPS是此系统中的两大关键部分，分别为video SOS和video WPS。Video SOS有两个服务器，一个提供视频数据，一个存储结果数据，分别为BIRI SOS和Compusult

SOS。BIRI SOS 数据来自 AXIS PTZ 照相机收集的结果。照相机固定在车上，并伴有全球定位系统 GPS。这套设备为 BIRI SOS 提供了视频数据和每帧的位置信息。Compusult SOS 实现事务观测插入操作，同时提供模拟器，能模拟实时数据。Video WPS 使用 BIRI SOS 作为数据源，并将结果插入到 Compusult SOS。

Compusult SOS 绑定模拟器。所有模拟器的数据来自 Compusult SOS，模拟器随着时间的变化提供不同数据。图 11-12 和 11-13 分别表示请求模拟器数据和返回结果。

```xml
<?xml version="1.0" encoding="UTF-8"?>
<GetObservation service="SOS" version="1.0.0" xmlns:gml="http://www.opengis.net/gml" xmlns="http://www.opengis.net/sos/1.0">
    <offering>DemoTrack</offering>
    <samplingTime>
        <gml:TimeInstant>
            <gml:timePosition>now</gml:timePosition>
        </gml:TimeInstant>
    </samplingTime>
    <procedure>urn:ogc:def:procedure:MobileVideo::mobile_video_1</procedure>
    <observedProperty>IMG_URL</observedProperty>
    <responseFormat>text/xml; subtype="om/1.0.0"</responseFormat>
</GetObservation>
```

图 11-12　SOS GetObservation 请求 XML

```xml
<?xml version="1.0" encoding="UTF-8"?>
<om:ObservationCollection xmlns:gml="http://www.opengis.net/gml" xmlns:om="http://www.opengis.net/om/1.0" xmlns:swe="http://www.opengis.net/swe/1.0.1"
    xsi:schemaLocation="http://www.opengis.net/om/1.0 http://schemas.opengis.net/om/1.0.0/om.xsd" xmlns:xlink="http://www.w3.org/1999/xlink"
    xmlns:xsi="http://www.w3.org/2001/XMLSchema-instance">
    <om:member>
        <Observation gml:id="DemoTrack" xsi:schemaLocation="http://www.opengis.net/om/1.0 http://schemas.opengis.net/om/1.0.0/om.xsd" xmlns="http://www.opengis.net/om/1.0"
            xmlns:sch="http://www.ascc.net/xml/schematron" xmlns:gmd="http://www.isotc211.org/2005/gmd" xmlns:gml="http://www.opengis.net/gml"
            xmlns:sml="http://www.opengis.net/sensorML/1.0.1" xmlns:swe="http://www.opengis.net/swe/1.0.1" xmlns:xlink="http://www.w3.org/1999/xlink"
            xmlns:smil20="http://www.w3.org/2001/SMIL20/" xmlns:smil20lang="http://www.w3.org/2001/SMIL20/Language" xmlns:ism="urn:us:gov:ic:ism:v2"
            xmlns:xsi="http://www.w3.org/2001/XMLSchema-instance">
            <gml:description>null</gml:description>
            <gml:name>null</gml:name>
            <samplingTime>
                <gml:TimeInstant>
                    <gml:timePosition>2010-06-01 07:47:36.0</gml:timePosition>
                </gml:TimeInstant>
            </samplingTime>
            <procedure xlink:href="urn:ogc:def:procedure:MobileVideo::mobile_video_1"/>
            <observedProperty xlink:href="IMG_URL"/>
            <result>
                <swe:DataRecord gml:id="DATA_RECORD">
                    <swe:field name="IMG_URL">
                        <swe:Category definition="urn:ogc:def:phenomenon:MobileVideo::IMG_URL">
                            <swe:value>http://ows-7.compusult.net/wes/SOSClient/TrackBuilder/DemoTrackImages/image4.jpg</swe:value>
                        </swe:Category>
                    </swe:field>
                </swe:DataRecord>
            </result>
        </Observation>
    </om:member>
</om:ObservationCollection>
```

图 11-13　SOS GetObservation 响应 XML

Video WPS 获取 SOS 数据。如图 11-14 和 11-15，按时间范围发送 GetObservation 请求，并得到结果。

```xml
<sos:GetObservation xmlns:xsi="http://www.w3.org/2001/XMLSchema-instance"
 xmlns:sos="http://www.opengis.net/sos/1.0" xmlns:om="http://www.opengis.net/om/1.0"
 xmlns:ogc="http://www.opengis.net/ogc" xmlns:gml="http://www.opengis.net/gml"
 service="SOS" version="1.0.0">
   <sos:offering>1274841638790</sos:offering>
   <sos:eventTime>
     <ogc:TM_During>
       <ogc:PropertyName>samplingTime</ogc:PropertyName>
       <gml:TimePeriod>
         <gml:beginPosition>2010-05-26T00:28:01.0-05:00</gml:beginPosition>
         <gml:endPosition>2010-05-26T00:53:04.0-05:00</gml:endPosition>
       </gml:TimePeriod>
     </ogc:TM_During>
   </sos:eventTime>
   <sos:procedure>urn:ogc:def:procedure:GMU::WPS</sos:procedure>
   <sos:observedProperty>IMG_URL</sos:observedProperty>
   <sos:responseFormat>text/xml; subtype="om/1.0.0"</sos:responseFormat>
</sos:GetObservation>
```

图 11-14　SOS GetObservation 按时间请求 XML

```xml
<?xml version="1.0" encoding="UTF-8"?>
<om:ObservationCollection xmlns:gml="http://www.opengis.net/gml" xmlns:om="http://www.opengis.net/
 http://schemas.opengis.net/om/1.0.0/om.xsd" xmlns:xlink="http://www.w3.org/1999/xlink" xmlns:xsi="http:
  <om:member>
    <Observation gml:id="WPS" xsi:schemaLocation="http://www.opengis.net/om/1.0 http://schemas.op
     http://www.isotc211.org/2005/gmd" xmlns:gml="http://www.opengis.net/gml" xmlns:sml="http://www.open
     http://www.w3.org/2001/SMIL20/" xmlns:smil20lang="http://www.w3.org/2001/SMIL20/Language" xmlns:is
      <gml:description>null</gml:description>
      <gml:name>null</gml:name>
      <samplingTime>
        <gml:TimeInstant>
          <gml:timePosition>2010-05-26 00:28:01</gml:timePosition>
        </gml:TimeInstant>
      </samplingTime>
      <procedure xlink:href="WPS" />
      <observedProperty xlink:href="IMG_URL"/>
      <result>
        <swe:DataRecord gml:id="DATA_RECORD">
          <swe:field name="IMG_URL">
            <swe:Category definition="urn:ogc:def:phenomenon:OWS7::IMG_URL">
              <swe:value>http://ows-7.compusult.net/SOS_WPS/Store/img_565864165.jpeg</swe:value>
            </swe:Category>
          </swe:field>
        </swe:DataRecord>
      </result>
    </Observation>
  </om:member>
  <om:member>
  <om:member>
  <om:member>
  <om:member>
  <om:member>
  <om:member>
</om:ObservationCollection>
```

图 11-15　SOS GetObservation 按时间响应 XML

　　Video WPS 做实时变化检测。WPS 的 Execute 操作如图 11-16。输入是 O&M 文档表示的两个视频数据。两视频分别用"oldVideoData"和"newVideoData"表示，它们的请求分别如图 11-17 和 11-18。输出是参考文档图 11-19 和 11-20，最终表示是一个一直更新的状态信息，分别如图 11-21～11-23。增量处理一次，状态信息更新一次。图 11-24 表示的是执行性能，是对 25 对变化的检测，平均时间是 87 秒。

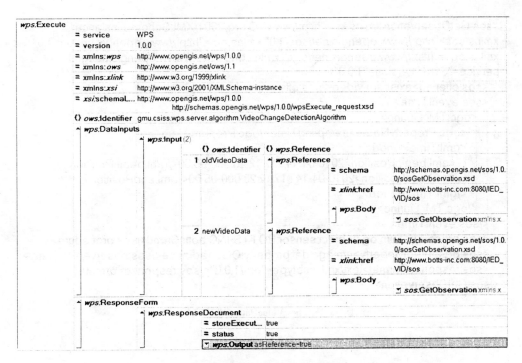

图 11-16　WPS Execute 请求实例

```xml
<sos:GetObservation xmlns:xsi="http://www.w3.org/2001/XMLSchema-instance"
 xmlns:sos="http://www.opengis.net/sos/1.0" xmlns:om="http://www.opengis.net/om/1.0"
 xmlns:ogc="http://www.opengis.net/ogc" xmlns:gml="http://www.opengis.net/gml"
 service="SOS" version="1.0.0">
  <sos:offering>axiscam.video</sos:offering>
  <sos:eventTime>
    <ogc:TM_During>
      <ogc:PropertyName>samplingTime</ogc:PropertyName>
      <gml:TimePeriod>
        <gml:beginPosition>2010-04-13T17:20:58.000-05:00</gml:beginPosition>
        <gml:endPosition>2010-04-13T17:20:59.000-05:00</gml:endPosition>
      </gml:TimePeriod>
    </ogc:TM_During>
  </sos:eventTime>
  <sos:procedure>urn:ogc:object:sensor:BOTTS-INC:bottsCam0</sos:procedure>
  <sos:observedProperty>urn:ogc:def:property:OGC:radiance</sos:observedProperty>
  <sos:responseFormat>text/xml; subtype="om/1.0.0"</sos:responseFormat>
</sos:GetObservation>
```

图 11-17　oldVideoData O&M 请求文档

```xml
<sos:GetObservation xmlns:xsi="http://www.w3.org/2001/XMLSchema-instance"
 xmlns:sos="http://www.opengis.net/sos/1.0" xmlns:om="http://www.opengis.net/om/1.0"
 xmlns:ogc="http://www.opengis.net/ogc" xmlns:gml="http://www.opengis.net/gml"
 service="SOS" version="1.0.0">
    <sos:offering>axiscam.video</sos:offering>
    <sos:eventTime>
        <ogc:TM_During>
            <ogc:PropertyName>samplingTime</ogc:PropertyName>
            <gml:TimePeriod>
                <gml:beginPosition>2010-04-14T17:12:26.300-05:00</gml:beginPosition>
                <gml:endPosition>2010-04-14T17:12:28.000-05:00</gml:endPosition>
            </gml:TimePeriod>
        </ogc:TM_During>
    </sos:eventTime>
    <sos:procedure>urn:ogc:object:sensor:BOTTS-INC:bottsCam0</sos:procedure>
    <sos:observedProperty>urn:ogc:def:property:OGC:radiance</sos:observedProperty>
    <sos:responseFormat>text/xml; subtype="om/1.0.0"</sos:responseFormat>
</sos:GetObservation>
```

图 11-18　newVideoData O&M 文档

```xml
<?xml version="1.0" encoding="UTF-8"?>
<ns:ExecuteResponse xmlns:ns="http://www.opengis.net/wps/1.0.0" xmlns:xsi="http://www.w3.org/2001/XMLSchema-instance"
 xsi:schemaLocation="http://www.opengis.net/wps/1.0.0 http://schemas.opengis.net/wps/1.0.0/wpsExecute_response.xsd"
 serviceInstance="http://data.laits.gmu.edu:8091/wpsr3/WebProcessingService?REQUEST=GetCapabilities&amp;SERVICE=WPS"
 xml:lang="en-US" service="WPS" version="1.0.0" statusLocation="http://data.laits.gmu.edu:8091/wpsr3/RetrieveResultServlet?id=1274841638790">
    <ns:Process ns:processVersion="2">
        <ns1:Identifier xmlns:ns1="http://www.opengis.net/ows/1.1">gmu.csiss.wps.server.algorithm.VideoChangeDetectionAlgorithm</ns1:Identifier>
        <ows:Title xmlns:wps="http://www.opengis.net/wps/1.0.0" xmlns:ows="http://www.opengis.net/ows/1.1" xmlns:xlink="http://www.w3.org/1999/xlink">detect the change of two videos.</ows:Title>
        <ns1:Metadata xmlns:ns1="http://www.opengis.net/ows/1.1" xmlns:xlin="http://www.w3.org/1999/xlink" xlin:type="http://data.laits.gmu.edu:8091/wpsr3/schemas/wps/changedetection/output.xsd"
         xlin:role="urn:ogc:def:procedure:GMU::WPSRESULT" xlin:href="http://data.laits.gmu.edu:8091/wpsr3/Databases/FlatFile/1274841638790changeVideoresult.XML"/>
    </ns:Process>
    <ns:Status creationTime="2010-05-25T22:40:38.783-04:00">
        <ns:ProcessStarted percentCompleted="33"/>
    </ns:Status>
</ns:ExecuteResponse>
```

图 11-19　Execute 操作及时响应

```xml
<?xml version="1.0" encoding="UTF-8"?>
<ns:ExecuteResponse xmlns:ns="http://www.opengis.net/wps/1.0.0" xmlns:xsi="http://www.w3.org/2001/XMLSchema-instance"
 xsi:schemaLocation="http://www.opengis.net/wps/1.0.0 http://schemas.opengis.net/wps/1.0.0/wpsExecute_response.xsd"
 serviceInstance="http://data.laits.gmu.edu:8091/wpsr3/WebProcessingService?REQUEST=GetCapabilities&amp;SERVICE=WPS"
 xml:lang="en-US" service="WPS" version="1.0.0" statusLocation="http://data.laits.gmu.edu:8091/wpsr3/RetrieveResultServlet?id=1274841638790">
    <ns:Process ns:processVersion="2">
        <ns1:Identifier xmlns:ns1="http://www.opengis.net/ows/1.1">gmu.csiss.wps.server.algorithm.VideoChangeDetectionAlgorithm</ns1:Identifier>
        <ows:Title xmlns:wps="http://www.opengis.net/wps/1.0.0" xmlns:ows="http://www.opengis.net/ows/1.1" xmlns:xlink="http://www.w3.org/1999/xlink">detect the change of two videos.</ows:Title>
        <ns1:Metadata xmlns:ns1="http://www.opengis.net/ows/1.1" xmlns:xlin="http://www.w3.org/1999/xlink" xlin:type="http://data.laits.gmu.edu:8091/wpsr3/schemas/wps/changedetection/output.xsd"
         xlin:role="urn:ogc:def:procedure:GMU::WPSRESULT" xlin:href="http://data.laits.gmu.edu:8091/wpsr3/Databases/FlatFile/1274841638790changeVideoresult.XML"/>
    </ns:Process>
    <ns:Status creationTime="2010-05-25T22:40:38.783-04:00">
        <ns:ProcessSucceeded>Process successful</ns:ProcessSucceeded>
    </ns:Status>
    <ns:ProcessOutputs>
        <ns:Output>
            <ns1:Identifier xmlns:ns1="http://www.opengis.net/ows/1.1">changeVideo</ns1:Identifier>
            <ows:Title xmlns:wps="http://www.opengis.net/wps/1.0.0" xmlns:ows="http://www.opengis.net/ows/1.1" xmlns:xlink="http://www.w3.org/1999/xlink">changeVideo</ows:Title>
            <ns:Reference schema="http://data.laits.gmu.edu:8091/wpsr3/schemas/wps/changedetection/output.xsd" mimeType="text/XML"
             href="http://data.laits.gmu.edu:8091/wpsr3/RetrieveResultServlet?id=1274841638790changeVideo"/>
        </ns:Output>
    </ns:ProcessOutputs>
</ns:ExecuteResponse>
```

图 11-20　Execute 操作异步处理

```xml
<?xml version="1.0" encoding="UTF-8"?>
<VideoChangeDetectionOutput xmlns="http://csiss.gmu.edu/wps/changedetection/output"
 xsi:schemaLocation="http://csiss.gmu.edu/wps/changedetection/output
 http://data.laits.gmu.edu:8091/wpsr3/schemas/wps/changedetection/output.xsd"
 xmlns:xsi="http://www.w3.org/2001/XMLSchema-instance">
  <ServiceEndPoint>http://ows-7.compusult.net/SOS_WPS/GetObservation</ServiceEndPoint>
  <ServiceType>SOS</ServiceType>
  <ServiceVersion>1.0.1</ServiceVersion>
  <SensorId>urn:ogc:def:procedure:GMU::WPS</SensorId>
  <ProcessId>1274841638790</ProcessId>
  <StartTime/>
  <EndTime/>
  <VideoStartTime/>
  <VideoEndTime/>
</VideoChangeDetectionOutput>
```

图 11-21 增量处理输出结果 1

```xml
<?xml version="1.0" encoding="UTF-8"?>
<VideoChangeDetectionOutput xmlns="http://csiss.gmu.edu/wps/changedetection/output"
 xsi:schemaLocation="http://csiss.gmu.edu/wps/changedetection/output
 http://data.laits.gmu.edu:8091/wpsr3/schemas/wps/changedetection/output.xsd"
 xmlns:xsi="http://www.w3.org/2001/XMLSchema-instance">
  <ServiceEndPoint>http://ows-7.compusult.net/SOS_WPS/GetObservation</ServiceEndPoint>
  <ServiceType>SOS</ServiceType>
  <ServiceVersion>1.0.1</ServiceVersion>
  <SensorId>urn:ogc:def:procedure:GMU::WPS</SensorId>
  <ProcessId>1274841638790</ProcessId>
  <StartTime>2010-05-26 00:28:01.0</StartTime>
  <EndTime/>
  <VideoStartTime>2010-04-14T17:12:27.000-05:00</VideoStartTime>
  <VideoEndTime>2010-04-14T17:12:28.000-05:00</VideoEndTime>
</VideoChangeDetectionOutput>
```

图 11-22 增量处理输出结果 2

```xml
<?xml version="1.0" encoding="UTF-8"?>
<VideoChangeDetectionOutput xmlns="http://csiss.gmu.edu/wps/changedetection/output"
 xsi:schemaLocation="http://csiss.gmu.edu/wps/changedetection/output
 http://data.laits.gmu.edu:8091/wpsr3/schemas/wps/changedetection/output.xsd"
 xmlns:xsi="http://www.w3.org/2001/XMLSchema-instance">
  <ServiceEndPoint>http://ows-7.compusult.net/SOS_WPS/GetObservation</ServiceEndPoint>
  <ServiceType>SOS</ServiceType>
  <ServiceVersion>1.0.1</ServiceVersion>
  <SensorId>urn:ogc:def:procedure:GMU::WPS</SensorId>
  <ProcessId>1274841638790</ProcessId>
  <StartTime>2010-05-26 00:28:01.0</StartTime>
  <EndTime>2010-05-26 00:53:04.0</EndTime>
  <VideoStartTime>2010-04-14T17:12:27.000-05:00</VideoStartTime>
  <VideoEndTime>2010-04-14T17:12:31.000-05:00</VideoEndTime>
</VideoChangeDetectionOutput>
```

图 11-23 增量处理输出结果 3

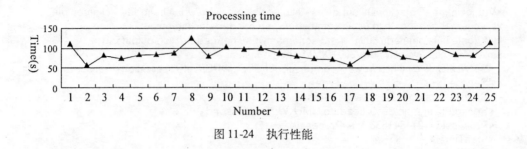

图 11-24　执行性能

柔性 WPS 实现。柔性 WPS 实现关键是 WPS 接口层和域接口层的抽象。对于多种算法，只需执行域接口就可以。

11.3　基于传感网服务的洪水检测与制图

洪水是指大片水体溢出，淹没了平时没有被水覆盖的陆地。当流量超过了河道的容纳能力，河流就会发生洪水，尤其是在弯曲处和曲流地段。而合成孔径雷达（SAR）影像可以用于对洪水区域进行分类。研究发现（Flood-prone areas, 2010）SAR 影像分析可以非常合理地用于检测洪水淹没区域，且结果在以树木和建筑物为主要景观的近河地区与城市中匹配良好。由于 SAR 数据具有明显的反向散射效应，洪泛地区可以通过洪水期间获取的 SAR 影像勾绘出来。相对于 SAR 的波长，淹没地区具有相对光滑的表面，因此这些地区就如同镜面反射般，反射回来自卫星的微波能，并在 SAR 影像上形成暗色调。其他如草地、居民地、稻田、裸地和农用地等则表现出相对粗糙的表面。他们向卫星反射回更多的能量，因而在影像上形成亮色调。洪水淹没区域可以采用诸如 Envi、PCI、Geomaticas 和 Erdas 等商业软件通过人工作业的方法进行分类，这会花费一定的时间。

目前洪水检测与制图系统的实现主要包含以下两种：

（1）单机系统。单机系统指的是运行在 Windows 或 Linux 平台这样的桌面环境上的应用。这种系统需要复杂的后期处理，需要时间和人力资源并向公众分发。这是一个复杂的任务，因为它需要耗费大量时间而且只能处理本地数据。

（2）基于 WebGIS 的系统。由于网络性能的提高，网络应用能够快速地访问空间数据并进行在线的高级制图和分析等处理，WebGIS 技术正走向大众化，能够从任何位置进行并发访问。

决策者们在面临应急响应的情况下（如洪水、干旱等），需要能够快速访问已有的数据集，请求和处理紧急事件的详细数据，并将不同信息源集成为决策基础依据的工具，具体包括卫星遥感数据、现场数据和模拟结果。洪水监测问题所需数据来自于多种不同的数据源，例如遥感卫星（如 ASAR、MODIS 和 MERIS 传感器数据）和现场观测数据（如水位、温度、湿度等）。洪水预报则增加了该任务物理模拟的复杂性。

泰国每年经常遭到受季风影响而引发的洪水，给农业造成了很大损害，已成为洪水检测管理的一个重要问题。以位于泰国中部的季节性洪水多发的昭披耶河流域为例，当前的洪水检测处理仍然受制于长时间的信息延迟。传统的洪水检测需要耗费很长的时间以通过人工方式导入数据和处理数据，而通过地面接收站从卫星获取数据以及通过媒介（如CD-Rom、DVD-Rom 或其他优质媒介）传输图像都是复杂的任务。现在一般使用商业软件（如 PCI-Geometrical、Envi、Erdas Imagine 和 ArcGIS）来处理影像数据并分析结果，然后以图像格式（如 JPG、BMP、TIF）在线发布以实现可视化或对其他客户端的覆盖。显然，这种方法在处理流程中需要大量的手工劳动，其时效性也不能符合救灾的需求。

本节主要是在传感网环境下讨论如何将 SOS、WCS、WPS 和 WFS 组织为一个实时或近实时洪水检测与制图的应用框架，包含如何设计、使用所提出的传感网信息服务的模型、方法和软件以及具体实例。

11.3.1 方法

1. 架构与组件

如图 11-25 所示，传感网环境下洪水自动检测系统的体系架构由以下三个组件构成：基于洪水传感器观测服务（SOS）的数据获取服务，基于网络处理服务（WPS）的洪水检测和制图服务以及洪水门户站点。

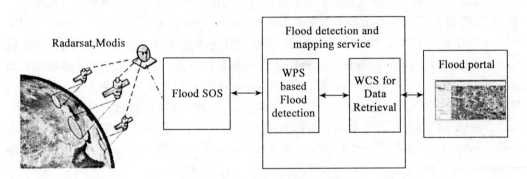

图 11-25　洪水自动检测服务体系架构

a. 洪水传感器观测服务组件

该组件是用于请求、过滤、获取观测数据和传感器系统信息的标准服务接口，也是客户端与观测存储库之间的媒介。洪水传感器观测服务（SOS）操作部分是用来概述用于洪水地区的传感器观测服务（SOS）的典型操作内容。本书使用了 RADARSAT 和 MODIS 数据来进行洪水监测。洪水传感器观测服务（SOS）提供了用 O&M 标准编码的实时或近实时数据。

b. 洪水检测和制图服务组件

网络处理服务（WPS）是一个不含特定处理过程的通用接口。操作标准定义了一套机制，即"可以用来描述和网络化的任意种类地理空间处理过程"，包括一种描述数据输入输出的通用机制。此类机制支持数据的直接输入或对数据源的间接引用，并能与其他 OGC 标准协作以实现专用数据传输。

OGC 网络覆盖服务（WCS）接口标准提供了一系列接口允许 GIS 客户端通过网络请

求原始数据值。网络覆盖服务描述了发现、查询或数据转换操作。客户端发出请求并将它发给使用 HTTP 的网络要素服务器。网络覆盖服务以有助于决策支持的形式，提供了对洪水监测与制图的潜在细节与丰富信息的访问手段。可以通过服务描述文件、地理覆盖服务器 URL 和地理覆盖名称来访直接问一个 WCS 服务器。

网络覆盖服务（WCS）接口和操作通过基于 WPS 的洪水检测服务与外界相连，即 WCS 服务中的"WCS-T"操作。中间件可以部署内置式 WCS 服务，并实现多种数据服务的转换。

c. 洪水门户站点

地理传感器门户通过符合 OGC 相关规范的客户端来提供一个足够灵活的、可扩展的架构，以支持各种 OGC 网络服务（OWS）的访问以及传感网环境下的数据获取可视化。例如传感器观测服务（SOS）就提供了各种各样的数据。Geo-Sensor 是一个基于面向服务架构（SOA）原型的传感器观测服务框架，可以满足应用开发者的需求。它为开发者提供了一个可自定义的、可扩展的系统，并支持可重用设计。

2. 洪水检测传感器观测服务的实现

OGC 传感器观测服务（SOS）实施规范定义了一个用于请求、过滤和获取观测值及传感器系统信息的网络服务接口。观测值可以从现场传感器或动态传感器获得。SOS 有三个强制性的核心操作：GetCapabilities、DescribeSensor 和 GetObservation。其中，GetCapabilities 操作提供了访问 SOS 服务元数据的方法。几种可选择的、非强制性的操作也进行了定义。GetObservation 操作通过时空查询实现对现象的过滤，以提供对传感器观测和测量数据的访问手段。RegisterSensor 和 InsertObservation 两种操作用于支持相关事务。此外还有六种增强操作，具体包括获得结果（GetResult）、获得感兴趣地物（GetFeatureOfInterest）、获得感兴趣时间的地物（GetFeatureOfInterestTime）、描述感兴趣地物（DescribeFeatureOfInterest）、描述观测类型（DescribeObservationType）和描述结果模型（DescribeResultModel）。

a. 基于 SensorML 的 MODIS 和 RADARSAT 传感器描述

MODIS 仪器的扫描宽度为 2330km，Terra 卫星能够在每一天到两天时间内完成对整个地球表面的覆盖。其探测设备能够探测 36 个光谱波段。MODIS 的空间分辨率（最小像素尺寸）如下：波段 1 和波段 2（$0.6\mu m \sim 0.9\mu m$）为 250m，波段 3 到波段 7（$0.4\mu m \sim 2.1\mu m$）为 500m，波段 8 到波段 36（$0.4\mu m \sim 14.4\mu m$）为 1000m。

MODIS 洪水传感器观测服务的构建使用 250m 分辨率的 MODIS 表面反射数据，它是此次监测工作使用的主要数据。由于其高时相分辨率，MODIS 有助于每天的洪水变化监测。MODIS 洪水 SOS 是基于洪水反射特性的。

本节利用近红外波段的反射值来识别泰国中部平原的洪水。我们使用一个命名为 TERRA-MODIS-Band2（NIR）.xml 的 SensorML 文档来描述 MODIS 第二波段的元数据，例如输入指的是 MODIS 第二波段输入值，输出则指的是 MODIS 第二波段图像灰度值，如图 11-26 所示。

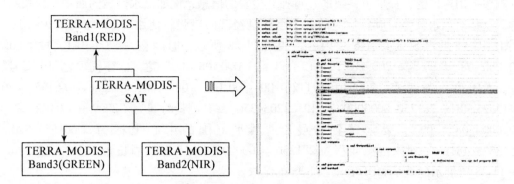

图 11-26　MODIS 第二波段 SensorML 实例文件

由于 SAR 具有穿透云层的能力，从 RADARSAT 卫星获得的 SAR 影像能够用于洪水监测。因此，在合适的时间段应用 SAR 影像会极大地有助于洪水地图的编辑和及时更新。采用 SensorML 文档编码的 RADARSAT 系统元数据如图 11-27 所示。

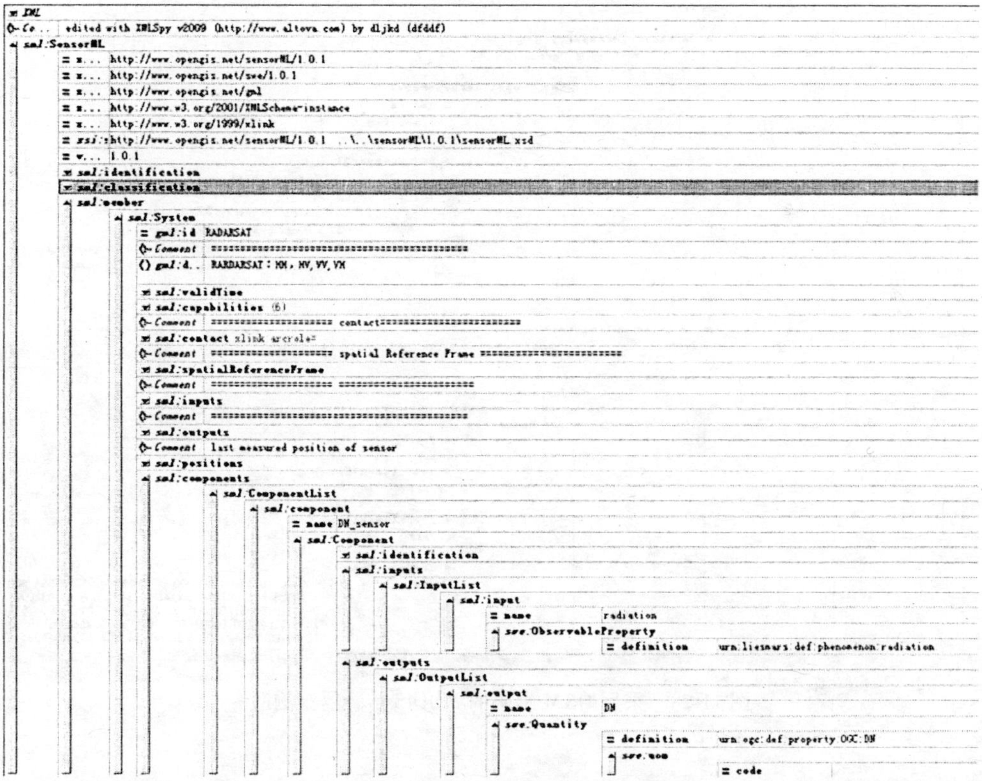

图 11-27　RADARSAT SensorML 实例文件

MODIS 和 RADARSAT 数据使用 O&M 来进行编码。MODIS 与 RADARSAT 洪水传感器

观测服务用途广泛，提供了一致的、可独立检验的信息，例如洪水区域的面积、周长和位置。这是对洪水预警与应急响应的一个重要且经济的增强。使用 O&M 编码的 MODIS 与 RADARSAT 洪水 SOS 共有 6 项内容，如图 11-28 所示，时间在"2009-10-10T12：00：00.000+08：00"与"2009-10-10T 12：33：03.000+08：00"之间，不同项之间由逗号隔开。对于第一条记录"2009-10-10T12：00：00.000＋08：00，Bangkok，661554.820，1513525.481，281250.00000000，3121.32034356"，其测量时间为"2009-10-10T12：00：00.000＋08：00"，要素位置为曼谷，洪水范围的中心坐标为（661554.820m，1513525.481m），洪水区域面积为 281250.00000000，洪水区域周长为 3121.32034356m。图 11-28 所展示的就是 MODIS 洪水 SOS 的结果。

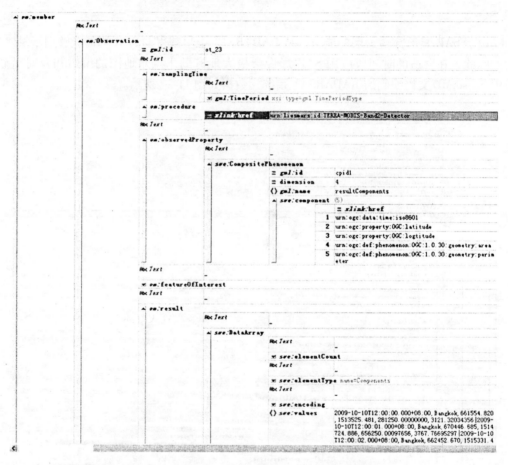

图 11-28　采用 O&M 编码的 MODIS 传感器观测服务

洪水范围从 RADARSAT 影像上提取，如图 11-29 所示。对于记录"2009-10-10T12：00：01.000+08：00，Bangkok，2767.71388711，345292.78466797，505268.759，1367875.000"，测量时间为"2009-10-10T12：00：01.000＋08：00"，要素位置为曼谷，洪水区域周长是 2767.71388711m，面积为 345292.78466797，中心坐标为(505268.759m,67875.000m)。

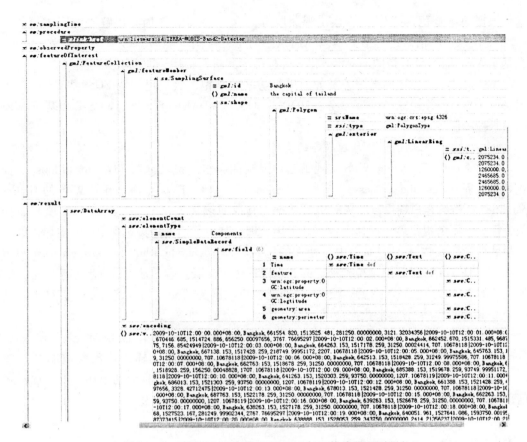

图 11-29 采用 O&M 编码的 RADARSAT 传感器观测服务

b. MODIS SOS 与 RADARSAT 传感器描述和观测数据注册

RegisterSensor 操作请求包含一个作为参数的 SensorML 描述，InsertObservation 操作请求则需要一个以观测为参数的 O&M。在 O&M 模型中观测被定义为一个通过专门流程来获取感兴趣要素属性估计值并返回结果的事件。O&M 描述了关于属性估计值元数据的一般模型。在测试中，我们使用 RegisterSensor 操作来注册 TERRA-MODIS-Band2，采用 InsertObservation 操作向 SOS 插入洪水观测数据。SOS 与 PostGreSQL 数据库 PostGis 进行通讯，以通过 RegisterSensor 操作和 InsertObservation 操作来插入元数据和观测信息。描述传感器硬件的元数据信息采用 SensorML 进行编码。成功注册后，它将返回在 SWE 客户端注册的 SensorID，并以此获取传感器描述来判断该 SOS 服务是否能满足观测需求。根据 O&M 规范编码的观测数据通过 InsertObservation 操作插入到 PostGis 中，observationID 将被返回至 SWE 客户端。

c. MODIS SOS 与 RADARSAT 传感器描述和观测数据发布与查询

我们能够通过 DescribeSensor 操作使用 SensorID 获取传感器描述。观测数据可以通过 GetObservation 操作获得。MODIS 和 RADARSAT 数据结果采用 O&M 编码，与通过 InsertObservation 操作插入的数据相一致。

根据 SOS 规范，我们为传感器观测服务定义了 WSDL 文档。在解决方案中，使用 O&M 对洪水检测信息进行编码，以使通讯中的每一个副本能够理解 SOS 的语义。此外，在基于 XML 的 WSDL 帮助下，SOS 以一种标准形式进行描述，便于服务的集成。

WSDL 是一套描述网络服务及如何进行访问的规范。我们已经为 SOS、WCS 和 WPS 定义了 WSDL，并建立了如下服务：MODIS SOS、RADARSAT SOS、WCS-T 和基于 WPS 的洪水检测服务。

3. 洪水检测与制图网络处理服务的实现

GR_ Flood_ Detection WPS 实现了三种强制性操作：获取能力（GetCapabilities）、描述处理过程（Describe Process）与执行（Execute）。GR_ Flood_ Detection WPS 的 GetCapabilities 操作给客户端提供服务等级元数据，其返回值是包含多个元素的 XML 文档，如服务标识、服务提供者、操作元数据和可用处理。其中可用处理集包含由服务器提供的第二版处理的简要描述。在本书中，处理的标识符是 "cn. edu. whu. swe. wps. geosensor. GR_ Flood_ Detection" 且洪水检测处理的处理版本为第二版。客户端可以获取基于服务元数据文档的 XML 来进行洪水检测处理，并确定客户端服务器交互的规范版本，其结果通过一个 GetCapabilities 请求来获得。

洪水检测网络处理服务（WPS）的 DescribeProcess 操作能够向客户端提供 "cn. edu. whu. swe. wps. geosensor. GR_ Flood_ Detection" 处理的输入输出参数的详细描述，如图 11-30 所示。处理描述信息包含一个或多个对请求处理标识的描述。每一项描述信息包括关于处理的简要信息、元数据以及对输入输出参数的描述。

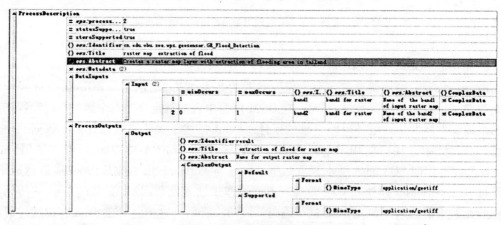

图 11-30　洪水检测处理的描述

"GR_ Flood_ Detection" 处理的描述涉及了两种类型的 "数据输入" 参数和一种 "处理输出" 结果。"数据输入" 参数是所需的波段，具体的波段输入参数为第一波段和第二波段。输入值是以 "image/tiff" 类型存储的 MODIS 卫星影像。"处理输出" 结果是以 "image/tiff" 类型存储的栅格图层。

如图 11-31 所示，洪水检测网络处理服务（WPS）的 Execute 操作执行了由客户端触发的"洪水检测"处理过程。返回的结果是以红色表示洪水区域的栅格图层。客户端能够执行服务器实施的洪水检测处理，以提取泰国洪水区域。

图 11-31　洪水区域提取的执行请求

11.3.2　泰国洪水检测与制图实验及结果

1. 研究区

如图 11-32 所示，泰国中部（中央平原）分布着湄滨河、王建民河、于戎河、南河、昭披耶河、帕萨克河与塔金河等河流的下游河段，河水从泰国湾流入大洋。其地理位置位

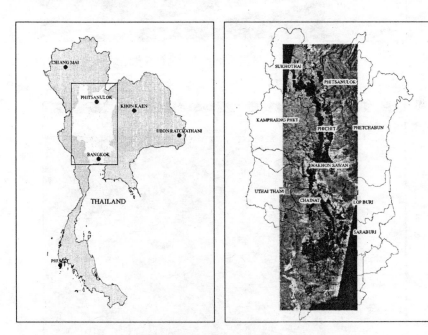

图 11-32　泰国中部（中央平原）研究区

于北纬 13°25′到 17°30′之间、东经 99°20′到 101°30′之间，覆盖面积大约为 92306 平方公里。研究区包括 22 个行政省，地形由平原与山脉组成，河流位于该地区的中部，最高山

峰的海拔大约1500米。气候受西南季风与东北季风的影响，平均温度为27.6摄氏度。年均降水量约为1208.8毫米。

2. 结果

Geo-Sensor 展示了通过 GeoServer 在 WCS 中显示最后的洪水分类图，并从 WCS 服务器请求数据源。该工作流能够以矢量格式输出洪水区域。MODIS 数据的可视化结果（如图 11-33 所示）和 RADARSAT 数据的可视化结果（如图 11-34 所示）在 GeoSensor 客户端上显示。红色和粉色的区域代表采用 O&M 编码的洪水地区。

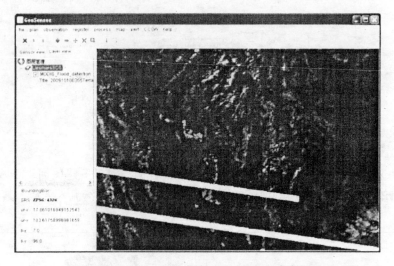

图 11-33 MODIS 洪水检测 SOS 的可视化结果

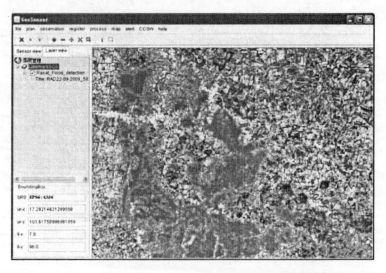

图 11-34 RADARSAT 洪水检测 SOS 的可视化结果

第 12 章 总结和展望

12.1 全书总结

归纳起来，本书的主要内容包含：

在对地观测传感网的概念及特征上，首先阐明了传感器的定义与分类、传感器网络的定义、服务架构、服务模式、标准规范和应用案例。其次，阐述了传感网（Sensor Web）的概念和发展历程；介绍了美国宇航局传感网（NASA Sensor Web）的相关研究项目，重点介绍了 Sensor Web1.0 和 Sensor Web2.0 的观测体系和功能流程；阐述了开放地理信息联盟传感网（OGC Sensor Web）的四个信息模型、五个接口规范和三种服务流程。最后，从系统角度、计算角度和应用角度，分析了对地观测传感网（Earth Observation Sensor Web）的内涵及外延，给出了对地观测传感网的三层架构，概括了对地观测传感网的八大特征。

在对地观测信息服务模型上，从基于目录导航的原始数据下载、基于元数据的查询与预订、开放式观测数据服务和即时观测数据服务的迁移研究了对地观测数据的服务模式。①提出了耦合决策模型和虚拟传感网的自适应观测数据服务系统架构；②详细论述了自适应观测数据服务系统的五个核心部件：协同和事件通知服务（CENS）、事件目标监视服务（EGMS）、数据和传感器规划服务（DSPS）、数据发现与访问服务（DDRS）和数据处理模型服务（DPMS）；③详细论述了自适应观测数据服务系统的四个信息模型和编码规范：地理标志语言（GML）、传感器建模语言（SensorML）、观测和度量编码规范（O&M）和变换器模型语言（TML）；④详细论述了自适应观测数据服务系统的三种服务模式：直接数据访问、虚拟数据访问和实时数据访问模式；⑤详细论述了自适应观测数据服务系统的四种接口协议：存档地球空间数据在线服务协议、实时地球空间数据在线观测服务协议、传感器数据处理接口协议和自适应观测数据服务接口协议。

在对地观测传感网资源规划上，提出了基于 Web 服务的数据系统和传感器统一规划服务方法（DSPS）。①介绍了 OGC 的传感器规划服务（SPS）的设计需求、七个操作接口、交互流程和国内外 SPS 的实现情况；②详细论述了 DSPS 的体系架构、交互设计、实现和优缺点；③详细论述了 DSPS 的关键技术：基于资源适配器的规划服务中间件、基于消息通知机制的任务调度机制、基于抽象工厂类的多模式消息适配器和基于插件机制的客户端适配器组件；④阐述了 DSPS 与卫星轨道预报模型（SGP4）和美国对地观测系统数据交换中心数据预订系统（ECHO）连接的实现。

在对地观测数据服务上，提出了多用途传感器观测服务（SOS）的实现和注册方法。

①介绍了传感器观测服务的三个核心操作和九个可选操作,阐述了传感器观测服务的两种典型交互序列,分析了已有传感器观测服务的实现和存在的不足。②提出了面向服务的多用途 SOS 体系框架、部件组成、交互流程、服务实现以及 EO-1 Hyperion 观测数据、IFGI 水文观测数据和 NSSTC 气象站观测数据实验。③提出集成 OGC 的目录服务和传感器观测服务的地学传感器数据的访问方法和体系架构,包含分布式地学观测服务、基于 ebRIM 的目录服务、SOS 注册与搜索服务中间件和地学传感器门户四个部件;探讨了观测数据注册的流程、观测能力注册的更新、目录服务中海量历史观测数据的管理和可视化搜索等实现技术;基于传感器观测服务和目录服务标准,设计和实现了服务注册原型系统,并用 EO-1 的高光谱观测数据注册实例进行了验证。

在对地观测数据发现上,提出了基于本体推理和能力匹配的开放地理信息服务发现方法。首先阐述开放地理信息服务发现和本体自动建立、推理查询的体系结构和部件组成;其次具体介绍开放地理信息服务搜索引擎的关键环节和数据流程;再次阐述了根据能力信息和本体类自动建立本体实例方法;最后阐述了开放地理信息服务发现系统的实现和实验。

在对地观测数据访问上,提出了基于片段模式匹配和基于语义模式匹配的多版本地理信息服务统一访问方法。①阐述了地理信息服务统一访问的概念和体系,提出了服务统一访问的三种方法;②详细论述了基于片段的模式匹配方法(Fragment)的体系架构、方法实现和实验结果,包含模式文件动态解析和分割、相似模式片断的识别和模式片断匹配及匹配结果组合三个步骤;③详细论述了基于语义的模式匹配方法(NSS)的体系架构、方法实现和实验结果,包含模式预处理、标签概念关系计算、节点概念关系计算等步骤;④分析了信息提取和转换的基本原理,提出了基于样式表处理引擎的自动转换方法,制定了信息提取和转换规则,对多版本 WFS 和 WCS 的信息转换进行了实验;⑤基于 Java 语言,设计和实现了多版本网络服务统一访问原型系统,并在南极空间数据基础设施信息集成进行了应用。

在对地观测数据处理方面,提出了基于云架构的传感网数据处理方法。①阐述了地理空间数据具有数据量大,种类繁多,处理模型多样等特点,提出了传感网数据处理服务模型;②分析了地理空间数据网络处理服务分类,包含空间处理、时间处理、专题处理和元数据处理四大类;③提出了 WPS 耦合分布式处理环境的架构,并以 Apache Hadoop 和 NDVI 计算为例,阐述了 WPS 和分布式处理环境的具体耦合方法。

在传感网服务协同和事件通知方面,主要介绍了使用异步消息通知来扩展 OGC Web 服务实现异步 Web 服务的传输机制。异步 web 服务通常可以在应用层和底层网络传输层两个级别来实现。首先介绍了异步 Web 服务的调用模式以及目前常见的传输协议,在此基础介绍了实现异步 web 服务的通用方法。针对目前 OGC Web 服务的通信机制,基于 OGC SWE 中的异步通信服务,提出了一种基于异步消息通知扩展的 OGC 服务方法。

在传感网服务组合方面,提出了知识驱动的传感网服务链构建方法。①阐述了工作流的定义和发展历程,重点比较了 SOAPFul 网络服务、RESTFul 网络服务和 WPS 服务组合方式的优缺点;②阐述了地理信息服务链的定义和实现方式,分析了透明链、半透明链和不透明链服务的编制方法;③分析了传感网服务链构建的难点,提出了传感网地理空间过程建模的生存周期包含三个阶段：知识、信息和数据阶段，具体阐述了抽象工作流、具体工作流的实现和转化；④以野火热点探测为例，阐述了基于 BPEL 的传感网服务工作流的构建和执行。

在传感网信息服务平台实现和应用方面，介绍了 GeoSensor 的体系结构、技术特点和主要功能。并以基于传感网服务的鸟类迁徙、基于传感网服务的视频变化检测、基于传感网服务的泰国中原地区洪水检测和制图为例，阐述了传感网信息服务平台的应用。

12.2 发展趋势

随着大量的高分辨率遥感卫星的运行，基于有线或无线传感器的地基观测技术也迅速发展，各种地基观测系统的数量呈指数递增。然而，单纯地增加传感器资源，仍然难以有效满足地球陆表监测综合性、应急性等多样化的需求，主要原因在于：①卫星观测系统不能协同；②空天地异构传感器缺乏耦合机制；③观测与决策服务缺乏关联。

对地观测传感网（Butler，2006）是对地观测领域出现的新方法，它是将具有感知、计算和通信能力的传感器以及传感器网络与万维网相结合而产生的，具备大规模网络化观测、分布式信息高效融合和实时信息服务的能力，目前已经在加州森林野火（Chen 等，2010a）、泰国洪水检测（Kridskron 等，2012）、南极雪冰自动提取（Chen 等，2010b）等方面进行了初步应用。空天地一体化对地观测传感网（Earth Observation Sensor Webs）（如图 12-1 所示）由协同观测系统和聚焦服务系统组成。

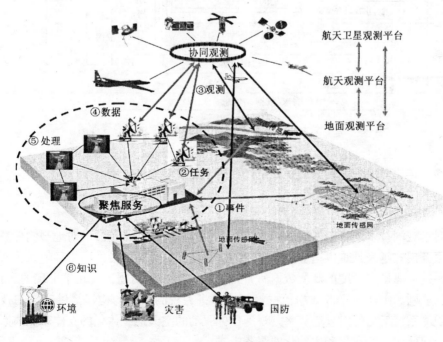

图 12-1 空天地一体化对地观测传感网概念图

协同观测系统是由许多分布式资源组成的协同观测网，分散资源通过网络整合成一个独立、自主、任务可定制、动态适应并可重新配置的观测系统（NASA，2008），它能够充分利用观测系统多平台动态耦合、多传感器信息互补、多资源联合观测的优势，更加充分合理、有效地利用观测资源，全面地提高对地观测的能力，满足日益多样的观测需求。

聚焦服务系统（如图12-2所示）在互联网环境下，通过一系列标准接口来提供自动化的传感器规划与调度（Chen等，2011a）、异构观测数据获取（Chen等，2011b）及在线数据处理（Chen等，2010c）等服务，从而实现网络环境下多传感器资源的动态管理（Chen等，2009a）、事件智能感知、按需观测（Chen等，2011c）、观测融合、数据同化和智能服务（Chen等，2009b），从已有的地球空间信息（4A——Anytime，Anywhere，Anything and Anyone）服务能力转变为灵性（4R——Right Time，Right Information，Right Place and Right Person）服务水平（John等，2008；Simonis，2007；Sheth等，2008）。

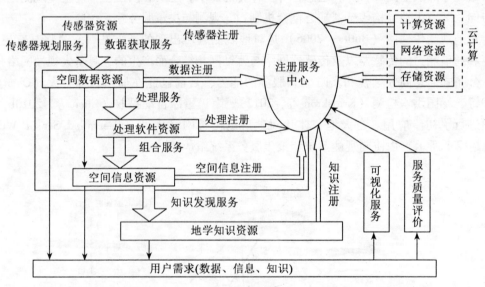

图12-2 基于空天地一体化对地观测网的地理空间信息服务网

空天地一体化对地观测传感网呈现出以下三个重要的发展方向。

12.2.1 对地观测传感网服务

随着对地观测技术的不断发展，对地观测应用的不断深化，传统的对地观测传感网系统架构及服务模式越来越难以适应复杂多变的观测任务、动态难控的网络环境、分布式异构的传感系统、海量多尺度的观测数据所带来的新需求、新问题；近几年出现的云计算、语义网、物联网、IPV6、Web数据挖掘等新技术将为观测系统的构建提供有力的技术支撑，对地观测系统架构的发展趋势将是观测任务驱动的空天地一体化的立体观测体系，提供虚拟化、智能化、普适化和主动化的服务模式。

1. 对地观测资源的虚拟化服务

云计算是一种基于互联网的、大众参与的计算模式，其计算资源（计算能力、存储能力、交互能力）是动态、可伸缩、且被虚拟化的，以服务的方式提供（李德毅等，2011）。这种新型的计算资源组织、分配和使用模式，有利于合理配置资源并提高其利用率，促进节能减排，实现绿色计算，为对地观测传感网服务系统构建提供了一种新型模式。

云计算关键技术之一就是动态创建高度虚拟化的资源供用户使用，对对地观测传感网来说资源主要是指分布在空-天-地的各类观测资源、数据资源、计算资源、存储资源、网络资源和处理模型资源等，将上述资源进行合理的组织、分配，提供随需而变的服务方式，提高资源的利用率，以适应复杂、多样的对地观测任务，是对地观测传感网虚拟化服务的发展趋势。

2. 对地观测资源的智能化服务

语义网（Semantic Web）是万维网之父 Tim Berners-Lee 在 1998 年提出的一个概念，它的核心是：通过给全球信息网上的文档添加能够被计算机所理解的语义，从而使整个因特网成为一个通用的信息交换媒介。

Sheth 等（2008）提出了语义传感网（Semantic Sensor Web）的概念，它是一种用空间、时间、专题语义元数据标记传感器和数据的方法，实现传感网资源的智能发现、推理、规划以及服务。Probst 等（2006）人提出了基于本体的 OGC 观测和测量模型表达，该方法构建在 OGC 的传感网网络是能规范上，利用语义网技术对资源进行明确详尽描述和一致性表达，有助于资源的精确发现和自动组合，可以实现机器的自动理解，也为智能化服务奠定了基础。Henson 等（2009）基于 O&M-OWL 建立的语义传感器观测服务（Semantic SOS，SemSOS），为传感器数据增加了语义注释，采用观测与测量本体模型实现了传感器观测高层次的查询和推理。

3. 对地观测资源的普适化服务

下一代互联网 IPV6——Internet Protocol Version 6 的普及和推广，将使 IP 地址的容量提高到 2^{128}，更多的传感器将会接入网络，并泛存在于周围环境，人们可以随时随地获得需要的传感数据和服务。

同时，人类传感网（Human Sensor Web）技术也不断发展，它联合社区中的个体获取的各类观测，利用移动通信技术，基于服务方式传播社区收集的观测数据，并接受个体、特定用户群体、社会团体的反馈。目前人类传感网已经基于 SWE 的标准框架集成了两类观测：人类感应观测（如文本描述）和人类收集观测（如通过智能手机进行的测量）。H2.0 项目就是一个人类传感网的典型代表（Ürrens 等，2009），该项目定量获得的用户影响和感观，并利用反馈机制支持水资源的管理服务。

对地观测资源与服务已日益融入人们的生活环境，人类本身也作为观测资源加入其中，"无所不在的传感器，人人都是传感器"的普适化时代已经到来。

4. 对地观测资源的主动化服务

面向服务的体系构架（Service Oriented Architecture，SOA）主要适用于请求响应模式，缺乏主动性（Kong 等，2009）。而事件驱动的体系架构（Event Drvien Architecture，

EDA) 能够弥补这一缺陷 (Papazoglou and van den Heuvel, 2007), 能够对事件适时做出反应, 很好地协调业务处理 (Kong 等, 2009, Michelson, 2006)。

对地观测是一个感知过程, 需要对地球事件适时做出反应, 适合采用 EDA 构架。OGC 为将事件驱动方法应用于传感网进行了多年的努力。EDA 的关键技术发布/订阅 (Eugster 等, 2003) 首先在 SAS 中得到了支持。作为 SAS 的继任, SES 增加了对复杂事件/事件流处理 (Luckham, 2001) 的支持。WNS 实现了异步的消息通讯功能。此外, SPS 2.0 对传感器、观测和任务有关的事件提供了一定的支持。因此, 在对地观测传感网环境下, 如何根据地球事件, 合理地进行观测、处理和决策任务的分解与协作, 进而提供对地观测资源的主动服务, 是一个挑战。

12.2.2 对地观测传感网融合

对地观测传感网获取的观测数据具有多角度、多波段、多尺度、多时间序列等特征, 为了综合有效地利用多源异构观测数据, 融合互补信息并消除数据冗余, 需要研究网络环境下传感器及其观测数据级、特征级和决策级融合模型、接口和实现机制, 为决策支持提供信息更加丰富的数据集。

图 12-3 是对地观测传感网融合环境示意图, 融合的软件单元包含聚合器、处理器和查看器, 负责完成传感器与数据的收集、合并、产生、合成、可视化和过滤。

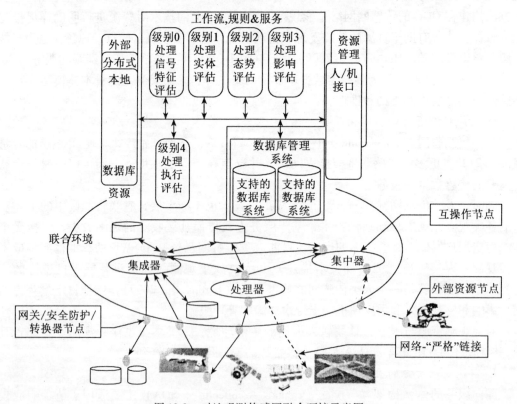

图 12-3 对地观测传感网融合环境示意图

对地观测传感网融合根据处理的阶段和语义级别分为传感器级融合（Sensor Fusion）、对象/特征级融合（Object/Feature Fusion）和决策级融合（Decision Fusion）三大类。传感器级融合考虑不同观测特性的传感器观测到很好特征化的观测，包括不确定的。融合处理涉及合并相同现象的传感器观测成一个组合的感测；和分析测量的特性。对象/特征级融合包括处理观测到更高级别的语义特征和特征处理。决策级融合关注客户端给分析者和决策者可视化、分析和编辑数据到融合产品为了理解在上下文中状况的环境。

OWS-7 有两个与融合有关的研究组：Sensor Fusion Enablement（SFE）和 Feature & Decision Fusion（FDF）。SFE 研究动态视频融合以及动态传感器跟踪和通知，SFE 提供的服务和部件有：移动影像传感器观测服务、变化检测网络处理服务、跟踪服务、网络通知服务，动态视频数据收集服务和动态视频传感器融合客户端。FDF 基于 OWS-6 开发的地理处理工作流和决策支持服务，开发了信息目录状态、网络处理服务和融合客户端。OWS-8 研究观测融合，包含视频移动对象的探测、跟踪和标记。对地观测传感网融合的主要挑战包括以下几方面：

1. 传感器/数据级融合

多传感器及数据融合能很好地特征化不同观测特性的传感器测量，和融合同一现象的多传感器测量成联合的观测，得到一致的中间数据。主要挑战包括：发现满足用户中间要求的传感器系统、观测和观测处理；决定传感器能力和测量质量；访问传感器自动允许软件处理和地理观测的参数；获取实时或时间系列的观测；规划传感器获取感兴趣的观测；预订和预警传感器和传感服务；识别、分类和关联实体；融合处理通过访问处理引擎和相关信息；得到特征化的一致观测。

2. 特征级融合

特征融合是处理观测到更高级别的语义特征和特征处理，使用这些特征识别、整合、关系、解析和组织。主要挑战包括：实体关联、集合和相关分析，识别实体活动、它们在空间和时间中结构和功能的变化；研究元数据描述来源、质量和不确定性；发现数据和服务；整合、综合数据；分析空间时间和语义（如实体映射、过滤、相关、模拟和可视化）；解析、链接、组织和共享融合源和融合输出的数据模型、编码和服务；采用地理工作流驱动的自动处理；最终得到语义层次更高的特征。

3. 决策级融合

决策级融合关注客户端给分析者和决策者可视化、分析和编辑数据到融合产品理解在上下文中状况的环境。融合不同的数据和信息伴随着处理、政策和限制。主要挑战包括：整合数据源成一个融合处理；融合处理提供输入给决策过程。发现决策者和分析者控制的融合处理的数据资源；获取实时或时间系列的基于标准编码的数据，该数据能融合成有用的信息；决定数据和有数据融合的产品的质量和有效性；融合不同的数据和信息，这些数据和信息满足决策支持者要求的处理、政策和限制；在空间客户端应用中，表示得到的信息；能够与其他的决策者和分析者共享这些信息。

12.2.3 对地观测语义传感网

语义传感网是为了传感资源的一致性表达和精确访问与发现以及机器的自主理解而产

生的热点研究问题。它是指在网络环境下，对传感资源进行语义注释、管理、查询操作的标准网络化信息基础设施。对地观测语义传感网采用语义网技术，将语义注释加入到传感网信息模型和服务接口中，通过本体模型的构建来实现。其中，语义注释起到了链接 SWE 中基于 XML 的元数据标准和语义网中基于 RDF/OWL 的元数据标准的作用，提供了传感器、网络和域等概念的明确描述，可以更好地描述传感器组成，进行合理的传感器分类，便于传感网的数据搜索、信息查询和推理，有利于实现数据共享和高效的信息管理。此外，语义传感网中本体构建和规则定义（Sheth 等，2008）对于传感网中异构多类型传感器数据的互操作性、分析和推理都起到了重要作用。

对地观测传感网需要实现航天、航空和地面多传感器的协同观测、多平台的相互关联和传感器的联合调度；需要针对瞬时突发事件，长期渐变事件，设计不同的协同观测流程和聚焦服务模型；需要从传感器调度、观测数据获取、观测数据处理和在线服务等方面提供标准的服务接口；需要从用户需求出发，提供观测机制与应用模型。依据上述需求和传感网的特点，对地观测传感网面临的语义挑战为：

1. 对地观测传感网顶层本体构建

语义传感网的重要挑战之一是要建立标准化的顶层本体，根据不同的应用领域，如水文、大气、陆表过程，建立领域本体库，明确顶层本体和领域本体之间的关系。对地观测整个链条的顶层本体是传感网资源高层次词汇核心的集合，提供了核心概念和地理空间的知识架构，用来描述独立于域的一般概念。顶层本体（侯丽珊等，2006）需要包括时间和空间这些基础概念及其相互关系的定义，其准确性和概括性，影响着整个传感网本体的建立。所以构建过程中，尽可能地考虑语义传感网需要描述的所有传感资源，保证顶层本体的合理性和规范性。

顶层本体需要对各个领域有着充分的了解和统一认识。领域本体是对某一研究领域具有针对性，需要定义和描述特定领域的传感器和数据等本体。对地观测传感网的本体构建需要传感器、观测/数据、事件、应用模型、服务、计算资源、通信资源等方面的研究，用 OWL 表示出这些本体及其之间的关系，从而构建出较完善的语义传感网的顶层本体。

2. 时空多尺度传感网资源语义关联

对地观测传感网需要通过可变区域多尺度时空演化规律的空天地联合观测方法，具有全面的事件感知能力和强大的协同观测能力。融入语义的传感器数据，有助于观测数据时空变化趋势的解译和推理。事件驱动的语义描述（Sheng 等，2010）为实现快速的空天地协同观测与聚焦服务奠定基础。OGC 规范定义了四种事件机制（Tomas 和 Johannes，2008），通过组合和关联多个事件可以提取更高层次的信息；并且提出了传感器事件服务（SES：Sensor Event Service）（Echterhoff 和 Everding，2008），用于传感器观测信息的事件管理。时空多尺度语义关联机制未来研究的主要挑战包括：语义技术如何更好地表示传感资源时空属性，时空相关本体应如何定义，本体语言如何表示时空现象，时空语义传感网的架构组件等。

3. 传感网时空语义智能搜索

已有的搜索引擎只能针对关键字或词的搜索，所有包括该词或字的信息数据都作为搜索结果反馈给用户。这种搜索引擎的不能表现时空属性或是只表示了空间属性，并且效率和准确性不高，还需要进一步的筛选或再次搜索，不能实现快速查找，无法实现智能搜索（Gao等，2010）。为了更好地满足用户的搜索需求，需要创建一种基于本体的搜索工具，实现没有精确关键词匹配时，也可以查找出同义词的描述词句，完成传感资源的精确搜索。例如，Swoogle（目录和搜索引擎）可以搜索出互联网上所有采用RDF资源描述的各种本体；OntoSelect Ontology Library可以提供RDFs、DAML以及OWL本体服务。虽然它们优于传统的搜索引擎，但仍无法提供特定时间段和特定区域的结果，实现传感资源的时空变化趋势的显示。

语义传感网的智能搜索应该考虑到以下因素：传感网资源高效的数据集成；超大数据量的管理；第三方应用和用户搜索界面服务的灵活性；相关性查询的智能算法；时空的语义表达以及搜索资源的位置属性信息的显示。依据语义传感网中定义的各种规则、推理过程和算法，建立具有时空相关特征的传感资源本体，实现可以提供自动更正、自动扩展和相似性查询的智能搜索服务。

4. 传感网时空相关推理机制

时空推理是传感网推理的重要研究方向，可以解决与目标地物的空间关系和时间特征相关的推理问题。人们容易理解传感资源空间布局和时间属性的逻辑关系，但是机器难以认识到这些复杂的时空关系是如何表示和操作的。所以，如何让机器理解数据的空间特征和时间关系的复杂性是实现时空相关推理的关键。

传感网的时空语义推理机制需要具有明确规则的推理引擎来表示时空限制条件的方法，更好地为传感网的时空语义智能搜索服务（Chen等，2011）。根据传感网本体的时空属性描述和语义网的知识发现数据发掘方法，归纳出适用于对地观测资源的时空推理方法（Locher，2007）。实现方法包括：一是加入新的句法要素和语法方面的语义扩展，便于机器进行传感数据的学习；二是加入预测模型，有助于时空管理推理机制的研究。

5. 传感网时空信息智能服务

现今的服务链主要是基于语法的工作流组合服务（Chen等，2010），为了构建可共享、可协同和可扩展的空天地一体化对地观测传感网，实现对地观测"事件感知→信息提取→聚焦服务"的转化机理，需要建立基于语义的时空信息智能化处理与聚焦服务（Yang等，2011；Chen等，2010）。智能服务研究的主要内容：长期渐变环境监测任务的服务模式；突发性事件应急响应任务的聚焦服务；基于语义的信息处理和决策支持的智能服务机理；时空信息智能服务的组合模式。

构建语义传感网最终目的是从不同层次、不同角度向不同需求的用户提供及时可靠的信息服务，满足各种综合性、区域性和专题性的决策需要。所以，未来的发展需要构建O&M-OWL和SensorML-OWL，实现语义传感器规划服务（SemSPS）和语义传感器警告服务（SemSAS）等智能服务以及服务的自动选取和智能组合，为网络中传感器和传感器数据的发现、访问、控制和推理等操作提供一个更高层次的平台。

参 考 文 献

[1] Briefs[EB/OL]. [2012-07-26]. http://www.nasatech.com/Briefs//Oct99/NPO20616.html.

[2] Delin K A, Jackson S P. The Sensor Web: A New Instrument Concept in the SPIE Symposium on Integrated Optics[EB/OL]. [2010-03-09]. http://www.sensorwaresystems.com/historical/resources/sensorweb-concept.pdf.

[3] San Gross N. The Earth Will Don an Electronic Skin [M]. Business Week, 1999.

[4] 李德仁. 论广义空间信息网格和狭义空间信息网格[J]. 遥感学报, 2005, 9(5): 513-520.

[5] Butler D. 2020 computing: Everything, everywhere [J]. Nature, 2006, 440 (7083): 402-405.

[6] Akyildiz I F. A Survey on Sensor Networks [J]. IEEE Communications Magazine, 2002, 40 (8): 102-114.

[7] Tilak S, N B, Abu-Ghazaleh, et al. A taxonomy of wireless micro-sensor network models[J]. ACM SIGMOBILE Mobile Computing and Communications Review Archive, 2002, 6(2): 28-36.

[8] Yuen K. A distributed framework for correlated data gathering in sensor networks [J]. IEEE Transactions on Vehicular Technology, 2006, 57(1): 578-593.

[9] Blumenthal J, Handy M, Golatowski F, et al. Wireless Sensor Networks-New Challenges in Software Engineering[C]. Germany: IEEE, 2003.

[10] Bernholdt D, Bharathi S, Brown D, et al. The Earth System Grid: Supporting the Next Generation of Climate Modeling Research [J]. Proceedings of the IEEE, 2005, 93(3): 485-495.

[11] David C, Estrin D, Srivastava M. Overview of sensor networks [J]. IEEE Computer, 2004, 37(8): 41-49.

[12] Philippe B, Johannes G, Praveen S. Towards Sensor Database Systems [C]. USA: Springer, 2001.

[13] 宫鹏. 环境监测中无线传感器网络地面遥感新技术[J]. 遥感学报, 2007, 11(4): 545-551.

[14] Havinga P, Etalle S, Karl H, et al. EYES-Energy Efficient Sensor Networks[C]. Italy: Springer, 2003.

[15] Yao Y, Gehrke J. The cougar approach to in-network query processing in sensor networks [J]. Sigmod Record, 2002, 31(3): 9-18.

[16] Madden S R, Franklin M J, Hellerstein J M, et al. An inquisitional query processing system for sensor networks [J]. Acm Transactions On Database Systems, 2005, 30(1): 122-173.

[17] Carlo C, Matteo G, Marco G, et al. Mobile Data Collection in Sensor Networks: The TinyLIME Middleware[J]. Special Issue on PerCom, 2005, 1(4): 446-469.

[18] Li S Q, Lin Y, Son S H. Event detection services using data service middleware in distributed sensor networks[J]. Telecommunication Systems, 26(2-4): 351-368.

[19] Di L P. Geospatial Sensor Web and Self-adaptive Earth Predictive Systems (SEPS)[C]. In: NASA AIST PI Conference, 2007.

[20] Kang L. A Standard in Support of Smart Transducer Networking [C]. USA: IEEE 1451, 2000.

[21] 徐勇军,朱红松,崔莉. 无线传感器网络标准化工作进展[J]. 信息技术快报, 2008, 6(3): 5-12.

[22] Alan M, David C, Joseph P, et al. Wireless sensor networks for habitat monitoring[J]. Wireless Sensor Networks, 2004(4): 399-423.

[23] Geoffrey W A, Konrad L, Matt W, et al. Deploying a wireless sensor network on an active volcano[J]. IEEE Internet Computing, 2006, 10(2): 18-25.

[24] Gilman T, Joseph P, David C, et al. A microscope in the Redwoods[C]. USA: ACM, 2005.

[25] Liu Y H, He Y, Li M, et al. Do wireless sensor networks scale? A measurement study on GreenOrbs [C]. Hong Kong: Infocom, 2011 Proceedings IEEE, 2011.

[26] Delin K A, Jackson SP. Some, Sensor Webs, NASA Tech Jose: 2001.

[27] Talabac S J. Sensor Webs: An Emerging Concept for Future Earth Observing Systems[C]. 2003.

[28] Advanced Information Systems Technology Program. 2005 [cited; Available from: http://esto.nasa.gov/sensorwebmeeting/files/ROSES-05%20AIST%20NRA%20Section%201.doc.].

[29] Report N T. Report from the Earth Science Technology Office (EST) Advanced Information Systems Technology (AIST) Sensor Web Technology Meeting[C]. San Diego: 2007.

[30] OGC ® SWE Common Data Model Encoding Standard (Version 2.0.0), OGC Approved Standard. 2011 [Available from: http://www.opengeospatial.org/standards].

[31] OGC ® Sensor Model Language (Version 2.0.0), OGC Implementation Specification Standard. 2007 [Available from: http://www.opengeospatial.org/standards].

[32] OGC ® Observation and Measurement (Version 2.0.0), OGC Approved Standard. 2011 [Available from: http://www.opengeospatial.org/standards].

[33] OGC ® Event Markup Pattern Language (Version 0.3.0), OGC Discussion Paper. 2008 [Available from: http://www.opengeospatial.org/standards].

[34] OGC ® Sensor Planning Service Implementation Standard (Version 2.0.0), OGC Approved Standard. 2011 [Available from: http://www.opengeospatial.org/standards].

[35] OGC ® Web Notification Service Implementation Standard (Version 0.1.0), OGC

Approved Standard. 2005 [Available from: http://www.opengeospatial.org/standards].

[36] OGC ® Sensor Alert Service Implementation Standard (Version 0.9), OGC Best Practices Standard. 2006 [Available from: http://www.opengeospatial.org/standards].

[37] OGC ® Sensor Observation Service (Version 1.0), OGC Implementation Standard. 2007 [Available from: http://www.opengeospatial.org/standards].

[38] OGC ® Sensor Event Service Implementation Standard (proposed) (Version. 0.3.0), OGC Discussion Paper. 2008 [Available from: http://www.opengeospatial.org/standards].

[39] Sohlberg R, Justice C, Ungar S, et al. Experiments with user centric GEOSS architectures [C]. Barcelona, Spain: IGARSS, 2007.

[40] Portele C. OpenGIS Geography Markup Language (GML) Encoding Standard (Version 3.2.1). Wayland, MA, 2007.

[41] Botts M, Robin A. OpenGIS Sensor Model Language(SensorML) Implementation Specification (Version1.0.0). OGC Document Number: 07-000, Open Geospatial Consortium, Wayland, MA, USA, 2007: 180.

[42] Cox S. OGC Observation and measurement(Version 0.13.0). Open Geospatial Consortium, OGC, Document Number: 05-087r3, Wayland, MA, USA, 2006: 136.

[43] Havens S. OpenGIS Transducer Markup Language (TML) Implementation Specification (Version 1.0.0). OGC Document Number: 06-010r6, Open Geospatial Consortium, Wayland, MA, USA, 2007: 258.

[44] de La Beaujardiere, J (ed.). Web Map Service Implementation Specification 1.1.0, OGC Document OGC-01-047r2[EB/OL]. June 2001. http://www.opengis.org/techno/specs/.

[45] Vretanos P. Web Feature Service Implementation Specification V1.1, OGC Document OGC-04-094. 2004.

[46] Evans J, Bernhard B, Di L, et al. Web Coverage Service (WCS), Version 1.0.0, OGC 03-065r6, OpenGIS © Implementation Specification. Open GIS Consortium[EB/OL]. [2012-05-24]. http://www.opengis.org/docs/03-065r6.pdf.

[47] Nebert D, Whiteside A. OpenGIS Catalog Service Specification 2.0, OGC Document 04-021r2. 2004.

[48] Percivall G. OpenGIS International Standards for GEOSS Interoperability Arrangements[C]. IEEE International Conference: IGARSS, 2006.

[49] Hubert S, Drabczyk. OGC SWE in WARMER project[J]. SPIE, 2007(6937): 1-5.

[50] 52north. http://52north.org/maven/project-sites/swe/sps/1.0.0/index.html.

[51] Mandl D, Sohlberg R. Sensor webs with a service-oriented architecture for on-demand science products[J]. SPIE, 2007, 6684(14): 1.

[52] IBM. IBM Developer Article-Exploring the fundamentals of architecture and services in an SOA, http://www.ibm.com/developerworks/webservices/library/ar-archserv1/index.html.

[53] Havlik D, Bleier T, Schimak G. Sharing Sensor Data with SensorSA and Cascading Sensor Observation Service[J]. Sensors, 2009, 9(7):5493-5502.

[54] Min M, Chen N C, Di L P, et al. Augmenting the OGC Web Processing Service with Message-Based Asynchronous Notification[C]. In: Proc. Geoscience and Remote Sensing Symposium, IGARSS 2008.

[55] Forman IR. Java reflection in action [M]. Greenwich: 2004.

[56] Anthony L, Stuart K. Precise Visual Specification of Design Patterns[C]. Proceedings of the 12th European Conference on Object-Oriented Programming, Computer Science, 1998.

[57] Montenbruck O, Gill E. Real-Time Estimation of SGP4 Orbital Elements from GPS Navigation Data[C]. In: 15th International Symposium on Space Flight Dynamics, 2000.

[58] 史纪鑫, 曲广吉. 用模型和卡尔曼滤波实现空间碎片轨道预报[J]. 航天器环境工程, 2005, 22(5):273.

[59] Gilman J. ECHO 10.0 Client Partner's Client Partner Guide. In: NASA ECHO Project, Document Version 10.7, 2008.

[60] GeoBliki: http://www.geobliki.com/pages/History. (Accessed July 21, 2008).

[61] VAST: http://vast.uah.edu/joomla/index.php. (Accessed July 21, 2008).

[62] N52 North SOS: http://52north.org/index.php?option=com_projects&task=showProject&id=4&Itemid=127. (Accessed July 21, 2008).

[63] Chen N C, Di L P, Wang W, et al. Grid enabled geospatial catalogue web services[C]. In: Proc. American Society for Photogrammetry and Remote Sensing, ASPRS Annual Conference, Baltimore, USA, 2005.

[64] Nebert D, Whiteside A. OGC catalogue services specification (Version 2.0.0). Open Geospatial Consortium, OGC, Document Number: 04-021r3. Wayland, MA, USA, 2005.

[65] Voges U, Senkler K. OpenGIS catalogue services specification 2.0, ISO19115, 2005.

[66] ISO19119 application profile for CSW2.0 (Version0.9.3). OGC Document Number: 04-038r2, Wayland, MA, USA, 2005.

[67] Wei Y, Di L P, Zhao B, et al. The design and implementation of a grid-enabled catalogue service[C]. Seoul, Korea: Proceedings of Institute of Electrical and Electronics Engineers (IEEE) International Geoscience and Remote Sensing Symposium(IGARSS), 2005.

[68] Schumacher R, Lentz A. Dispelling the Myths. MySQL AB[EB/OL]. [2012-07-08]. http://dev.mysql.com/tech-resources/articles/dispelling-the-myths.html.

[69] MeiervW. eXist: An open source native XML database[C]. Lecture Notes in Computer Science, 2003.

[70] Yue P, Di L P, Zhao P S, et al. HSemantic Augmentations for Geospatial Catalogue Service[C]. Proceedings of 2006 IEEE International Geoscience and Remote Sensing Symposium: Denver, Colorado, USA, 2006.

[71] 马胜男, 魏宏, 刘碧松. 地理信息标准研制的国内外进展及思考[J]. 武汉大学学报(信息科学版), 2008, 33(9):886-891.

[72] 章汉武,桂志鹏,吴华意. 网格环境下空间信息服务注册中心的设计与实现[J]. 武汉大学学报(信息科学版). 2008,33(5):533-536.

[73] Zhao P S,Deng D N,Di L P,et al. Geospatial Web Service Client [C]. ASPRS 2005 Annual Conference:Baltimore,Maryland,2005.

[74] Bernard L. Experiences from an implementation Testbed to Set up a National SDI[C]. In proceedings of 5th of the Association of Geographical information Laboratories in Europe (AGILE):Lyon,France,2002.

[75] Raskin R. Enabling Semantic Interoperability for Earth Science Data [OL]. http://sweet.jpl.nasa.gov/EnablingFinal.doc,2009.

[76] Islam L,Bermudez B,Beran S,et al. Ontology for Geographic Information-Metadata[OL]. [2009-05-23]. http://loki.cae.drexel.edu/~wbs/ontology/iso-19115.htm.

[77] Zhao P S,Di L P. Semantic Web Service Based Geospatial Knowledge Discovery[C]. Proceedings of 2006 IEEE International Geoscience and Remote Sensing Symposium:Denver, Colorado,USA,2006.

[78] Di L P,Zhao P S,Yang W,et al. Ontology-driven Automatic Geospatial-Processing Modeling based on Web-service Chaining[C]. Proceedings of the Sixth Annual NASA Earth Science Technology Conference:College Partk,MD,USA,2006.

[79] 白玉琪. 空间信息搜索引擎研究[D]. 中国科学院研究生院博士学位论文,2003.

[80] 白玉琪,杨崇俊,刘冬林等. 基于OpenGIS WMS的空间信息搜索引擎系统原型[J]. 中国图像图形学报,2004,9(1):107-110.

[81] 张建兵,杨崇俊. 海量空间信息隐形搜索的研究[J]. 计算机工程,2006,32(22):58-60.

[82] 张建兵,刘冬林. 空间信息隐形搜索引擎研究[J]. 计算机工程与应用,2008,44(9):165-167.

[83] 乐小虬. 非结构化网络空间信息智能搜索与服务研究[D]. 中国科学院研究生院博士学位论文,2006.

[84] Arpirez J,Perez A G,Lozano A,et al. (Onto)'agent:An ontology based WWW Broker to Seleet Ontologies [C]. In:Go mez-Perez A,Be njamins V R. eds. Proceedings of the Workshop on Application of Ontologies and Problem- Solving Methods UK 1998:16-24.

[85] Ontoprise. Ontobroker [OL]. http://www.ontoprise.de/deutsch/start/produkte/ontobroker/,2009.

[86] InfoLab. Scalable Knowledge Composition (SKC) [OL]. http://infolab.stanford.edu/SKC/,2009.

[87] 乐鹏. 语义支持的空间信息智能服务关键技术研究[D]. 武汉大学博士学位论文,2007.

[88] 陆建江,张亚非,苗壮等. 语义网原理与技术[M]. 北京. 科学出版社,2007.

[89] 邵留国. 基于本体论的智能检索研究[M]. 长沙:中南大学出版社,2003.

[90] 陶皖,姚红燕. OWL本体关系数据库存储模式设计[J]. 计算机技术与发展,2007,17

(2):111-114.

[91] Nebert D, Whiteside A. OGC™ Catalogue Services Specification(Version2.0.0). OGC Document Number:04-021r3,2005:187.

[92] Hu W, Qu Y. Block matching for ontologies[C]. Proceedings of the 5th International Semantic Web Conference:LNCS Springer,2006.

[93] Castano S, Antonellis V, De Capitanidi V S. Global viewing of heterogeneous data sources [J]. IEEE Trans Data Knowledge,2001,13(2):277-297.

[94] Miller A G. WordNet:A lexical database for English[J]. Communications of the ACM,1995 38(11):39-41.

[95] Aumueller D, Do H H, Massmann S, et al. Schema and ontology matching with COMA++ [C]. Proceedings of the 24th ACM International Conference on Management of Data:ACM Press,2005.

[96] Seidenberg J, Rector A. Web ontology segmentation:analysis classification and use[C]. Proceedings of the 15th International World Wide Web Conference:ACM Press,2006.

[97] Stuckenschmidt H, Klein M. Reasoning and change management in modular ontologies [J]. Data and Knowledge Engineering,2007,63 (2):200-223.

[98] Tu K, Xiong M, Zhang L, et al. Towards imaging large-scale ontologies for quick understanding and analysis[C] Proceedings of the 4th International Semantic Web Conference: LNCS,Springer,2005.

[99] Sana S, Aicha N, Benharkat A. Pre-matching:Large XML Schemas Decomposition Approach [C]. OTM 2009 Workshops:LNCS,2009.

[100] Ziegler P, Kiefer C, Sturm C, at al. Detecting similarities in ontologies with the soqasimpack toolkit [C]. In: 10th Int Conference on Extending Database Technology (EDBT 2006),2006.

[101] Giunchiglia F, Shvaiko P. Semantic matching[J]. The Knowledge Engineering Review Journal,2003,18(3):265-280.

[102] Gangemi N, Guarino C, Masolo A, et al. Sweetening WordNet with DOLCE[J]. AI Magazine,2003,24(3):13-24.

[103] Giunchiglia F, Shvaiko P, Yatskevich M. S-Match:an algorithm and an implementation of semantic matching[J]. Proceedings of ESWS,2004:61-75.

[104] Le Berre D. A satisfiability library for Java[EB/OL]. 2004. http://www. sat4j. org/.

[105] 关佶红,虞为,安扬. GML 模式匹配算法[J]. 武汉大学学报(信息科学版),2004,29 (2):169-174.

[106] 王育红,陈军. 基于实例的 GIS 数据库模式匹配方法[J]. 武汉大学学报(信息科学版),2008,33(1):46-50.

[107] Melnik S, Garcia-Molina H, Rahm E. Similarity Flooding:A Versatile Graph Matching Algorithm[C]. San Jose, California:18th International Conference on Data Engineering, USA,2002.

[108] Bernstein P, Melnik S, Petropoulos M, et al. Industrial-strength schema matching[C]. Paris, France:SIGMOD Record,2004.

[109] Erhard R, Philip A, Bernstein. A survey of approaches to automatic schema matching [J]. VLDB Journal,2001,10(4):334-350.

[110] Adler S, Berglund A, Caruso J, et al. Extensible Markup Language(XML)1.0[EB/OL]. [2006-07-21]. Available at http://www.w3.org/TR/2006/REC-xml-20060816/.

[111] Ann N,周生炳. XML 从入门到精通[M]. 北京:电子工业出版社,2002.

[112] 刘政敏,牛艳芳. XML 相关技术综述[J]. 现代情报,2003(8):57-59.

[113] Berglund S, Boag D, Chamberlin M, et al. XML Path Language(XPath) 2.0. W3C Working Draft. The WorldWide Web Consortium[EB/OL]. [2005-07-05]. http://www.w3.org/TR/xpath20/2006W3C(1999)"XML Path Language. http://www.w3.org/TR/xpath.

[114] Adler S, Berglund A, Caruso J, et al. Extensible Stylesheet Language (XSL) Version 1.0. W3C Recommendation. The World Wide Web Consortium[EB/OL]. [2001-10-15]. http://www.w3.org/TR/xsl/2006.

[115] W3C:XML query Language. 2001. http://www.w3.org/TR/xquery.

[116] Boag S, Chamberlin D, Fernandez M, et al. XQuery 1.0:An XML Query Language, W3C Candidate Recommendation. The WorldWide Web Consortium[EB/OL]. [2006-06-08]. http://www.w3.org/TR/xquery/2006.

[117] Gövert N, Kazai G. Overview of the Initiative for the Evaluation of XML Retrieval (INEX)[C]. In Proceedings of the First Workshop of the Initiative for the Evaluation of XML Retrieval, ERCIM Workshop Proceedings,2003.

[118] Witten H, Moffat A, Bell T C. Managing Gigabytes:Compressing and Indexing Documents and Images [M]. USA:Academic Press,1999.

[119] Pehcevski J, Thom A, Vercoustre A M. Hybrid XML retrieval:Combining information retrieval and a native XML database[J]. Information Retrieval,2005,8(4):571-600.

[120] Pehcevski J, Thom A, Vercoustre A M. Enhancing content-and-structure information retrieval using a native XML database[C]. In Proceedings of The First Twente Data Management Workshop on XML Databases and Information Retrieval (TDM'04),2004.

[121] Jussi M. Effective Web Data Extraction with Standard XML Technologies. IBM Research Report[J/OL]. [2006-12-24]. http://www.10.org/cdrom/papers/pdf/p102.pdf.

[122] XHTML:The Extensible HyperText Markup Language. W3C Recommendation[EB/OL]. [2002-01]. http://www.w3.org/TR/xhtml1.

[123] 宋艳娟,李金铭,陈振标. 基于 XSLT 的 PDF 信息抽取技术研究[J]. 计算机与数字工程,2008(5):156-159.

[124] Khun Y F. XSLT 精要:从 XML 到 HTML[M]. 北京:清华大学出版社,2002.

[125] Clark J. XSL Transformation (XSLT) Version 1.0 [M/OL]. [1999-09-16]. http://www.w3.org/TR/1999/REC-xslt-19991116/.

[126] 李伟,郑宁. 运用 XML 和 XSLT 技术实现 WEB 页面的重用[J]. 计算机应用,2004

(3):103-105.

[127] 胡平,李知菲. 使用 XSLT 解决数据异构问题[J]. 电脑开发与应用,2005(5):61-62.

[128] Megginson D. Simple API for XML(SAX) Version 2.0[M/OL]. [2010-03-05] http://www.megginson.com/index.html.

[129] W3C. Document Object Model(DOM) Level 2 Core Specification. W3C Recommendation [M/OL]. http://www.w3.org/TR/DOM-Level-2-Core/.

[130] 王丛刚,翟裕忠. 一个 XSLT 处理器设计[J]. 计算机工程,2002(3):47-50.

[131] Eckerson W. Searching for the Middle Ground [J]. Business Communications,1995,25 (9):46-50.

[132] Curbera F,Duftler M,Khalaf R,et al. Unraveling the web services Web:An introduction to SOAP,WSDL and UDDI [J]. IEEE Internet Computing,002,6(2):86-93.

[133] AntSDI. What's AntSDI http://www.antsdi.scar.org/eggi,2006.

[134] SCAR(Scientific Committee on Antarctic Research). http://www.scar.org/.

[135] ADD (Antarctica Digital Database). http://www.nbsacuk/ public/magic/add _ main.html.

[136] KGIS(King George Geographic System). http://www.geographie.uni-freiburgde/ipg/forschung/ap3/kgis/new/guest/indexphp.

[137] AAD(Australian Antarctia Division). http://www.aad.gov.au/.

[138] Chen N C,Chen Z Q,He J. Interoperable AntSDI-the Geospatial Information Gateway to Antarctica:Architecture and Application[J]. The International Archives of the Photogrammetry,Remote Sensing and Spatial Information Sciences,2008,XXXVII(B8):825-830.

[139] Holt A. Asynchronous operations and Web services part 1:A primer on asynchronous transactions. IBM DeveloperWorks[M/OL]. [2012-01-03]. http://www.ibm.com/developerworks/webservices/library/ws-asynch1/index.html.

[140] Giancarlo T,Eugenio Z. Client-Side Implementation of Dynamic Asynchronous Invocations for Web Services[C]. Long Beach,CA:IEEE International Parallel and Distributed Processing Symposium,2007.

[141] Holt A. Asynchronous operations and Web services,Part 2 Programming patterns to build asynchronousWeb services. [2012-01-15]. http://www.ibm.com/developerworks /library/ ws-asynch2 /index.html.

[142] Marco B,Stefano C,Mario P,et al. Managing Asynchronous Web Services Interactions. Proceedings of the IEEE International Conference on Web Services (ICWS' 04):2004.

[143] Marco B,Giuseppe G,Christina T. Asynchronous Web Services Communication Patterns in Business Protocols[C]. NewYork,USA:Springer Berlin /Heidelberg,2005.

[144] Eran C. Develop asynchronous Web services with Axis2. [2008-09-18]. http://www.ibm.com/developerworks/library/ws-axis2/index.html.

[145] Markus V,Michael K,Uwe Z,et al. Patterns for Asynchronous Invocations in Distributed

Object Frameworks. Germany:IRESS,2003.

[146] Uwe Z,Markus V,Michael K. Pattern-Based Design of an Asynchronous Invocation Framework for Web Services[J]. International Journal of Web Service Research,2004,1(3):1-14.

[147] Doug L,Steve V,Werner V. Guest Editors' Introduction:Asynchronous Middleware and Services[J]. IEEE Internet Computing,2006,10(1):14-17.

[148] Open GIS Consortium Inc,Web Notification Service,version:0.0.9. OGC 06-095,Open Geospatial Consortium,2007.

[149] W3C. Web Services Addressing(WS-Addressing). [2008-09-18]. http://www.w3.org/Submission/ws-addressing/.

[150] Mouli N,Srivathsa T V. Approaches to Asynchronous Web Services:Analysis of Design Alternatives for Messaging. IBM developerWorks [M/OL]. [2003-06-12]. http://www.ibm.com/developerworks/webservices/library/ws-asoper/.

[151] Open GIS Consortium Inc,OpenGIS ® web services architecture description(OGC 05-042r2) Version:0.1.0. [2005-11-17].

[152] Open GIS Consortium Inc. Wrapping OGC HTTP-GET/POST Services with SOAP. version 0.1.2008. [2008-01-24].

[153] Open GIS Consortium Inc. OWS 2 Common Architecture:WSDL SOAP UDDI(OGC 04-060r1)OGC Discussion Paper. 2005.

[154] Open GIS Consortium Inc,OpenGIS ® Web Processing Service (OGC 05-007r7). Version:1.0.0. 2007b.

[155] Open GIS Consortium Inc,OWS Messaging Framework (OMF)(OGC 03-029). Version:0.0.3. 2003-01-20.

[156] Stanoevska-Slabeva K,Wozniak T,Ristol S. Grid and Cloud Computing—A Business Prespective on Technology and Applications [C]. New York:Springer Heidelberg Dordrecht,2010.

[157] Markus K,Reuven C,Jeff K,et al. Twenty-One Experts Define Cloud Computing[M/OL]. [2012-05-14]. http://cloudcomputing.sys-con.com/read/612375_p.htm.

[158] Chen N C,Di L P,Yu G,et al. Geo-processing workflow driven wildfire hot pixel detection under sensor web environment[J]. Computers & Geosciences,2010,36(3):362-372.

[159] Dean J,Ghemawat S. MapReduce:simplified data processing on large clusters. SanFrancisco,CA,USA:Proceedings of the 6th conference on Symposium on Operating Systems Design & Implementation,2004.

[160] Adams H. Asynchronous operations and Web services part 1:A primer on asynchronous transactions. 2002.

[161] Yu,M. A polyarchical middleware for self-regenerative invocation of multi-standard ubiquitous services in Web Services[C]. Proceedings IEEE International Conference,2004.

[162] Alameh N. Chaining geographic information Web services[J]. Internet Computing,2003,7

(5):22-29.

[163] Curbera F, Khalaf R, Nagy W A, et al. Implementing BPEL4WS: the architecture of a BPEL4WS implementation [J]. Concurrency and Completion: Practice and Experience 2006,18(10):1219-1228.

[164] Juric M, Mathew B, SarangP. Business Process Execution Language for Web Services: BPEL and BPEL4WS. Oltin, Birmingham, UK: Packt Publishing Ltd,2004.

[165] Vretanos P A. OGC Web feature service implementation specification (Version1.1.0). OGC Document Number:04-094, Open Geospatial Consortium, Wayland, MA, USA,2005.

[166] Keens S. OWS-4 Workflow IPR, Workflow descriptions and lessons learned (version 0.09). OGC Document Number: 06-187r1, Open Geospatial Consortium, Wayland, MA, USA,2007.

[167] Institute of Electrical and Electronics Engineers (IEEE),1990. IEEE Standard Computer Dictionary: A Compilation of IEEE Standard Computer Glossaries, New York, NY,218.

[168] Zhao P S, Di L P, Yu G, et al. Semantic Web-based geospatial knowledge transformation [J]. Computers & Geosciences,2009,35(4),798-808.

[169] William S S, Protagoras N C, Mark R F, et al. Fifteen years of satellite tracking development and application to wildlife research and conservation. Johns Hopkins APL Technical Digest,1996,17(4):401-411.

[170] 关鸿亮,通口广芳. 卫星跟踪技术在鸟类迁徙研究中的应用及展望[J]. 动物学研究,2000,21(5):412-415.

[171] James A S, Jill L D. Modeling Bird Migration in Changing Habitats[C]. Maryland, USA: NASA Carbon Cycle and Ecosystems Joint Science Workshop,2008.

[172] James A S. Simulating the Effects of Wetland Loss and Inter-Annul Variability on the Fitness of Migratory Bird Species[C]. Boston, USA: IGARSS,2008.

[173] Laparmonpinyo P, Chitsobhuk O. A Video-Based Traffic Monitoring System Based on the Novel Gradient-Edge and Detection Window Techniques[C]. Singapore: Computer and Automation Engineering (ICCAE),2010.

[174] Marusiak K, Szczepanski M. Video based road traffic detection and analysis[EB/OL]. [2012-07-05]. http://www.karlik.elsat.net.pl/files/iccvg_83_1.pdf.

[175] Kim D, Wang Y. Smoke Detection in Video[C]. Los Angeles, CA, USA: WRI World Congress on Computer Science and Information Engineering,2009.

[176] Zhang D. Real-time flame detection in video acquired from moving camera[J]. Computer Science,2007(4):955-960.

[177] Aach T, Kaup A, Mester R. Statistical model-based change detection in moving video[J]. Signal Process,(1993)31:165-180.

[178] Benois-Pineau J, Khrennikov A. Significance delta reasoning with padic neural networks: application to shot change detection in video[J]. Computer Science,2010(53):417-431.

[179] Fernando W A C, Canagarajah C N, Bull D R. Scene change detection algorithms for

content-based video indexing and retrieval[J]. Electronics & Communication Engineering Journal,2001,13(3):117-126.

[180] Gao L,Jiang J,Liang J,et al. PCA-based approach for video scene change detection on compressed video[J]. Electronics Letters,2006,42(24):1389-1390.

[181] Sand P,Teller S. Video matching[J]. ACM Transactions on Graphics(TOG)-Proceedings of ACM SIGGRAPH,2004,23(3):592-599.

[182] Chen N C,Li D R,Di L P,et al. An automatic SWILC classification and extraction for the AntSDI under a Sensor Web environment[J]. Canadian Journal of Remote Sensing,2010, 36(S1):1-12.

[183] Kridskron A,Chen N C,Peng C H,et al. Flood detection and mapping of the Thailand Central plain using RADARSAT and MODIS under a sensor web environment. International Journal of Applied Earth Observation and GeoInformation,2012,13(1):245-255.

[184] NASA. Report from the earth science technology office(ESTO) advanced information systems technology (AIST) Sensor Web meeting[C]. Orlando FL. GreenBelt, MD: NASA Earth Science Technology Office,2008.

[185] Chen Z Q,Chen N C,Di L P,et al. A flexible Data and Sensor Planning Service for virtual sensors based on Web Service[J]. IEEE Sensors Journal,2011a,11(6):1429-1439.

[186] Chen N C,Di L P,Chen Z Q,et al. An efficient method for near-real-time on-demand retrieval of remote sensing observations[J]. IEEE Journal of Selected Topics in Applied Earth Observations and Remote Sensing(High Performance Computing Special Issue), 2011b,4(3):615-625.

[187] Chen N C,Di L P,Gong J Y,et al. Automatic On-demand Data Feed Service for AutoChem based on Reusable Geo-Processing Workflow[J]. IEEE Journal of Selected Topics in Applied Earth Observations and Remote Sensing (Sensor Web Special Issue),2010c,3(4): 418-426.

[188] Chen N C,Di L P,Yu G,et al. Use of ebRIM-based CSW with SOSs for registry and discovery of remote-sensing observations[J]. Computers & Geosciences,2009a,35 (2):360-372.

[189] Chen Z Q,Di L P,Yu G,et al. Real-time on-demand motion video change detection in the sensor web environment[J]. The Computer Journal,2011c,54(12):2000-2016.

[190] Chen N C,Di L P,Yu G. A flexible geospatial sensor observation service for diverse sensor data based on Web service[J]. ISPRS Journal of Photogrammetry and Remote Sensing, 2009b,64(1):274-282.

[191] John D,Thomas U,Gerald S,et al. An Open Distributed Architecture for Sensor Networks for Risk Management[J]. Sensors,2008(8):1755-1773.

[192] Simonis I. The Sensor Web: GEOSS's Foundation Layer[C]. GEO Secretariat,The Full Picture,Tudor Rose,2007.

[193] Sheth A,Henson C,Sahoo S S. Semantic sensor web[J]. IEEE Internet Computing,2008,

12(4):78-83.

[194] 李德毅,林润滑,郑纬民. 云计算技术发展报告[M]. 北京:科学出版社,2011:13-22.

[195] Probst F, Gordon A, Dornelas I. Ontology-based representation of the OGC observations and measurements model [EB/OL]. Open Geospatial Consortium Inc. OGC Discussion Paper,2006.

[196] Henson C A, Pschorr J K, Sheth A P, et al. SemSOS: semantic sensor observation service [C]. Collaborative Technologies and Systems,2009. CTS '09. International Symposium on, IEEE,2009.

[197] Ürrens E H, Bröring A, Jirka S. A Human Sensor Web for Water Availability Monitoring [C]. Berlin, Germany: Proceedings of OneSpace 2009-2nd International Workshop on Blending Physical and Digital,2009.

[198] Kong J Y, Jung J Y, Park J W. Event-driven service coordination for business process integration in ubiquitous enterprises [J]. Computers & Industrial Engineering,2009,57(1): 14-26.

[199] Papazoglou M P, Heuvel W J. Service oriented architectures: approaches, technologies and research issues[J]. Vldb Journal,2007,16(3):389-415.

[200] Michelson B M, Sr V P, Sr C, et al. Event-Driven Architecture Overview - Event–Driven SOA Is Just Part of the EDA Story [EB/OL]. [2012-06-25]. http://dx.doi.org/10.1571/bda2-2-06cc.

[201] Eugster P T. The many faces of publish/subscribe[J]. Acm Computing Surveys,2003,35(2),114-131.

[202] Luckham D C. The Power of Events: An Introduction to Complex Event Processing in Distributed Enterprise Systems[C]. Boston, MA, USA: Addison-Wesley Longman Publishing Co. Inc,2001.

[203] Arctur D. Summary of the OGC Web Services, Phase 7(OWS-7) Interoperability Testbed [EB/OL]. [2012-04-20]. http://portal.opengeospatial.org/files/? artifact_id=40840.

[204] Percivall G. OGC ® Fusion Standards Study, Phase 2 Engineering Report[M/OL]. [2012-04-20]. http://portal.opengeospatial.org/files/? artifact_id=41573.

[205] Request for Information (RFI) for Decision Fusion Standards Study[EB/OL]. [2012-04-20]. http://portal.opengeospatial.org/files/? artifact_id=38987&format=pdf.

[206] Request for Quotation (RFQ) And Call for Participation (CFP) OGC Web Services Initiative-Phase 8(OWS-8) Annex B OWS-8 Architecture[EB/OL]. [2012-04-20] http://portal.opengeospatial.org/files/? artifact_id=41689.

[207] Sheth A, Henson C, Sahoo S S. Semantic sensor web[J]. Internet Computing, IEEE,2008, 12(4):78-83.

[208] 侯丽珊,金芝,吴步丹. 需求驱动的Web服务建模及其验证:一个基于本体的方法[J]. 中国科学E辑(信息科学),2006(10):1189-1219.

[209] Sheng H, Zhao H, Huang J, et al. A spatio-velocity model based semantic vent detection

algorithm for traffic surveillance video[J]. Science China(Technological ences),2010,53(s1):120-125.

[210] Gao Y,Gao S,Li R,et al. A semantic geographical knowledge wiki system mashed up with Google maps[J]. Science China(Technological Sciences),2010,53(s1):52-60.

[211] Chen N,Chen Z,Hu C,et al. A capability matching and ontology reasoning method for high precision open GIS service discovery[J]. International Journal of Digital Earth,2011,4(6):449-470.

[212] Locher A. SPARQL-ML:knowledge discovery for semantic web[M]. Zurich:University of Zurich,2007.

[213] Yang C,Chen N C,Di L. Restful based heterogeneous geoprocessing workflow interoperation for sensor web service[J]. Computers & Geosciences,2012(47):102-110.